Thure Brandt

Behandlung weiblicher Geschlechtskrankheiten

Thure Brandt

Behandlung weiblicher Geschlechtskrankheiten

ISBN/EAN: 9783743451926

Hergestellt in Europa, USA, Kanada, Australien, Japan

Cover: Foto ©berggeist007 / pixelio.de

Manufactured and distributed by brebook publishing software (www.brebook.com)

Thure Brandt

Behandlung weiblicher Geschlechtskrankheiten

Behandlung

weiblicher Geschlechtskrankheiten

von

Thure Brandt.

Zweite, vermehrte Auflage.

Mit 53 Abbildungen im Texte.

BERLIN NW.
FISCHERS's MEDICINISCHE BUCHHANDLUNG.
H. Kornfeld.
1893.

Herrn Geheimrath

Prof. Dr. B. S. Schultze,

Kommandeur des kgl. schwed. Wasaordens etc. etc.

und

Prof. Dr. Friedrich Schauta

in Dankbarkeit gewidmet.

An den Leser!

In den vorliegenden Blättern sind die Erfahrungen meines ganzen Lebens, soweit sie sich auf meine gynäkologische Thätigkeit beziehen, niedergelegt. Ich prätendire dabei nicht, Ausserordentliches geleistet, oder in wissenschaftlicher Beziehung Vollendetes dargestellt zu haben; ich strebe lediglich darnach, meine menschliche Pflicht zu erfüllen, indem ich zu Nutz und Frommen aller Leidenden das der Oeffentlichkeit übergebe, was mich der allmächtige Herr in seiner Gnade hat finden lassen.

So gut ich es vermocht, habe ich alles Wesentliche dargestellt, und trotzdem sich da und dort vielleicht Mängel finden werden, hege ich doch die Zuversicht, dass das Gute und Richtige allenthalben wird gewürdigt werden.

Es ist mir als einfachem schwedischen Gymnasten doppelt schwer geworden, für einen ärztlichen Leserkreis und in einer Sprache zu schreiben, der ich nur wenig mächtig bin. Ich habe darum an verschiedener Stelle Hülfe suchen müssen, die mir — ich bemerke dies hier gerne — mit grosser Zuvorkommenheit gewährt wurde.

Dafür will ich hier Dr. Kindblom und all den deutschen Herren Aerzten, die dazu beigetragen, mein Buch fertig zu stellen, meinen wärmsten Dank aussprechen.

Ganz besonders muss ich in dieser Beziehung des Herrn Prof. Dr. F. Schauta gedenken, der die Liebenswürdigkeit hatte Manuscript und Correcturen durchzusehen, dem ich manchen guten Rath verdanke und ohne dessen Hinzuthun dies Buch wohl nie erschienen wäre.

Stockholm, im December 1890.

Thure Brandt.

Vorwort zur II. Auflage.

Seit Erscheinen der I. Auflage sind kaum 2 Jahre verflossen. Dass in so verhältnissmässig kurzer Frist eine neue Auflage nöthig wird, zeigt mir, dass meine Lehren Anklang gefunden und dass ich mich nicht getäuscht, als ich bei Veröffentlichung meines Buches mich der Hoffnung hingegeben, es werde das Gute und Richtige in demselben allenthalben gewürdigt werden. Dieser Erfolg erfüllt mich denn auch mit Freude und gewährt mir am Abend meines Lebens reiche Genugthuung für all die Widerwärtigkeiten, mit welchen ich bei Beginn meiner Laufbahn und auch später zu kämpfen hatte.

Auch bei der neuen Auflage habe ich der Mithilfe und Unterstützung Verschiedener zu gedenken. In erster Linie war es wiederum Herr Prof. Schauta, der in selbstlosester Weise die Durchsicht des Materials für dieselbe übernahm, ferner Herr Dr. Bourcart, der mir viele seiner Zeichnungen für dies Werk überliess.

Diesen, so wie Allen, die mich mit Rath und That unterstützt, sei hier wärmster Dank gesagt.

Stockholm, im April 1893.

Thure Brandt.

Inhalt.

B. Specieller Theil.

(Anwendung und Wirkung manueller und gymnastischer
Behandlung bei Krankheiten und Anomalien
der weiblichen Geschlechtsorgane).

I. Ueber die Entstehung und Entwicklung meines Verfahrens.

Gewiss haben nicht nur Aerzte, sondern auch Laien die Frage aufgeworfen, wieso es gekommen, dass ich mich der gymnastischen Behandlung weiblicher Beckenleiden gewidmet; einer Behandlung, die so sehr von der gebräuchlichen ärztlichen abweicht.

Hierauf könnte ich kurz antworten: Die Erfahrung, dass die gymnastische Behandlung schon im Allgemeinen als sehr nützlich anerkannt, den ganzen Organismus stärker und gesunder macht, eine ganze Reihe örtlicher Leiden heilt, bei welchen sogar ärztliche Behandlung vergebens gewesen, liess mich zu der Annahme gelangen, dass dieselben Grundsätze, welche bei der mechanischen Behandlung anderer Theile des Körpers als richtig anerkannt sind, auch bei der Behandlung und Heilung von Krankheiten der Beckenorgane ihre Geltung haben müssten, da der Körper des Menschen ein zusammenhängendes Ganze bildet, dessen Organe einander gegenseitig beeinflussen.

Jedoch will ich in Folgendem zu zeigen versuchen, wie ich fast unabsichtlich allmählich zu dem im Folgenden zu erörternden Verfahren geführt worden bin.

Nachdem ich vom Herbst 1842 an am kgl. gymnastischen Central-Institut in Stockholm den hauptsächlich von den Professoren Branting und Georgi ertheilten Unterricht in den verschiedenen Zweigen der Gymnastik für mich auszunutzen suchte, und daselbst im Jahre 1843—44 als Extralehrer wirkte, erhielt ich Anstellung als Gymnast in Norrköping, wo ich sogleich etwa fünfzig, grösstentheils weibliche Patienten zu heilgymnastischer Behandlung übernahm, deren Anzahl mit jedem Semester stieg. In den fünf Jahren, während welcher ich dort wirkte, hatte ich zwei Sommer hindurch Gelegenheit

Brandt.   1

in der Kaltwasser-Heilanstalt des für Gymnastik eingenommenen, menschenfreundlichen Dr. Lagberg zu Söderköping als Gymnast thätig zu sein. Ich hatte somit reichlich Gelegenheit eine Menge Erkrankungen bei Frauen kennen zu lernen.

Es war im Sommer 1847 als ein Patient zu mir kam, welcher Hülfe gegen einen plötzlich entstandenen Vorfall des Mastdarmes verlangte. Da ärztlicher Beistand nicht sofort zu erlangen war, und ich nicht wusste, wie ein solcher Fall von Aerzten behandelt wurde, kam ich auf folgende Idee: Ich brachte den Patienten in krummhalb-liegende Stellung, schob die rechte Hand im linken Hypogastrium durch die Bauchdecken tief ins Becken hinab, und zog unter gleich-zeitiger sanfter Schüttelung nach einwärts und aufwärts. Ich be-absichtigte damit unterhalb der Biegung des Dickdarms einen An-griffspunkt zu gewinnen und somit mechanisch ein Einziehen des prolabirten Darmes zu Stande zu bringen. Es gelang, so dass der Darm reponirt wurde, ohne jemals wieder vorzufallen. Allerdings hatte der Patient den Prolaps aus zufälliger Ursache erst kurz vorher an demselben Tage bekommen. Seitdem hatte ich mehrmals Gelegen-heit, meistentheils bei Kindern, solche Fälle manchmal auch chro-nischer Natur zu heilen.

Im Jahre 1859 hatte ich ein Fräulein v. Z., ungefähr 18 Jahre alt und von kleinem, zartem Körperbau, zu behandeln. Sie war vor einem Jahre wegen eines Rückenleidens mit Moxen gebrannt worden und seitdem bettlägrig. Während der Zeit waren die Menses sehr heftig und dauerten manchmal 10—12 Tage. Damals kannte ich weder die Massage noch die Hebung des Uterus. Ich behandelte sie mit ableitenden Bewegungen und u. A. mit einer Art zitternder Drückung, ungefähr gegen die Ileosacralfugen gerichtet, wobei viel-leicht der Druck auf die grossen Venen als das eigentlich Wirksame anzusehen war. Die profusen Blutungen hörten bald auf und kehrten später nicht wieder. Im Ganzen wurde die Patientin etwa zwei Monate lang behandelt; war aber noch 11 Jahre hindurch bettlägrig. Endlich gelang es mir, sie durch eine magnetisch-gymnastische Cur zu heilen. Im Jahre 1871 fand Dr. Sköldberg kein Unterleibsleiden mehr. Sie lebte noch 1889, ohne meines Wissens je ein Recidiv der Blutung gehabt zu haben.

1850 bekam ich von Dr. Liedbeck eine seiner Schriften, worin die Notiz enthalten war, dass in Dalekarlien der Gebärmuttervorfall sehr häufig vorkomme, und wie ein Blitz fuhr mir's durch den Kopf: „Vielleicht können diese Vorfälle auf ähnliche Weise geheilt werden, wie der des Mastdarms." Ich las in Bock's Lehrbuch der Anatomie

die diesbezüglichen Capitel nach, und es schien mir klar, dass es
möglich sein müsse, in der oben angedeuteten Stellung der Patientin
mit einer ähnlichen Bewegung beider Hände die Gebärmutter zu
fassen — vorausgesetzt, dass dieselbe reponirt war — und durch
Ziehen nach aufwärts die fixirenden Theile so zu stärken, dass die
Gebärmutter ebenso wie der Mastdarm innerhalb des Beckens bliebe.
Ueber diese Idee und ihre Ausführung hatte ich Zeit, mehr als
1½ Jahre lang nachzudenken, bevor ich Gelegenheit fand, sie zu
verwirklichen.

Am 10. August 1861 kam eine 47jährige Patientin zu mir, die
seit 27 Jahren an Gebärmuttervorfall litt, und in den letzten drei
Jahren denselben in einer selbst erfundenen primitiven Bandage hatte
tragen müssen. Da aber die Beschwerden in der letzten Zeit jede
Arbeit zum Erwerb des Lebensunterhaltes verhinderten, so trieb die
Noth das Weib, meine Hülfe zu suchen. Nach insgesammt vierzehn-
tägiger Behandlung mit Lendenkreuzklopfung und der schon angedeuteten Hebung der Gebärmutter war die Patientin geheilt.
Schon nach der ersten Behandlung blieb die Gebärmutter innerhalb des Beckens. Am 10. August 1881 sah ich die Patientin das
letzte Mal; sie war gesund geblieben.

Als ich darauf mit Prof. Hartelius zusammentraf und dieses Falles
erwähnte, forderte er mich auf, vor der Behandlung im Interesse
der Wissenschaft jede Patientin möglichst genau zu untersuchen,
um erstens vollständig die Beschaffenheit des Uebels, und zweitens,
was auf gymnastischem Wege erreicht werden könnte, zu erfahren.
Er versicherte zugleich, dass noch kein Gymnast dies versucht habe.
Seitdem habe ich immer die Patientin vor der Behandlung, so gut
als ich es konnte, untersucht, wobei ich von Anfang an die offene
Handstellung benutzte, die ich später beschreiben werde, da mir
keine andere bekannt war.

Im September 1861 begann die Behandlung zweier anderer
Patientinnen, von denen die eine an einfachem Prolapsus uteri, die
andere ausserdem an zwei etwa orangengrossen Vorfällen der vorderen
Scheidewand litt. Nach einwöchentlicher Behandlung war der Scheidenvorfall verschwunden, jedoch bei beiden Patientinnen das untere Ende
der Gebärmutter in der Vulva noch zu sehen. Da die Patientinnen
Erntearbeit zu verrichten hatten, wurde die Behandlung 14 Tage lang
ausgesetzt; hierauf dauerte die Behandlung noch zwei Wochen, bis
beide Patientinnen gesund waren. Am 16. August 1886 hatte ich
zuletzt von der Einen Nachricht, dass sie hinsichtlich des Vorfalles
gesund geblieben war; die Andere aber hatte ich Gelegenheit genau

zu untersuchen, wobei die Lage und Beschaffenheit der Gebärmutter durchaus normal war. Beide hatten je eine Geburt mit lebenden Kindern gehabt; Erstere in dem der Behandlung folgenden Jahre, Letztere 5 Jahre nach derselben.

Natürlich verbreitete sich das Gerücht von meinen Curen rasch in der ganzen Umgegend und eine Menge von Patientinnen suchte bei mir Hülfe gegen ähnliche Uebel, wie Senkungen, Lageveränderungen, Anschwellung der Gebärmutter etc.

Es schien mir einleuchtend, dass einer Senkung. d. h. einem beginnenden Prolaps, noch leichter durch dasselbe Mittel abgeholfen werden könnte, das schon einen ausgesprochenen Prolaps geheilt hatte, ebenso dass eine Deviation, insofern sie durch Erschlaffung und Nachgeben von den nur in einer Richtung befestigenden Theilen entstanden wäre, leichter zu beheben sein müsste, als wo alle Befestigungsmittel erschlafft wären wie bei Prolapsen; man brauchte nur die Bewegungen mit Berücksichtigung auf die Stellen der Erschlaffung zu modificiren. Nach einiger Zeit gelang es mir auch erwähnte Uebel zu heilen.

Dass in geschwollenen Theilen durch Reibung und Druck Resorption bewirkt werden kann, war schon lange bekannt; ich suchte mit Vorsicht dies bei den Hebebewegungen zu verwerthen, indem ich die Gebärmutter theils zwischen den Händen, theils gegen das Kreuzbein während des Aufziehens derselben drückte. Anschwellungen der Gebärmutter wurden somit auch in dieser Weise geheilt.

Hierauf wurde im Frühjahr 1862 meine Hülfe von einer Bauersfrau in Anspruch genommen, welche acht schwere Entbindungen durchgemacht hatte und seit der letzten, einer Zangengeburt, an unfreiwilligem Harnabgang litt. Da der Harn auf normalem Wege, und nicht wie bei Blasenscheidenfistel durch die Scheide hervorkam, musste ich eine Schwäche des Blasenschliessmuskels annehmen. Ich wandte Stützgegenstehend, Kreuzklopfung nebst krummhalbliegend, Unterschambeindrückung, die ich beiderseits gegen den Blasenhals richtete und 3—4 mal wiederholte, an. Eine halbe Stunde nachher erklärte die Patientin, dass das Harntröpfeln aufgehört hätte. Am folgenden Tage behauptete sie, vollständig gesund zu sein; nur mit Schwierigkeit konnte ich sie überreden, die Cur noch einige Tage fortzusetzen. Sie blieb später gesund.

Unter der sich immer vergrössernden Anzahl von Patientinnen befanden sich auch mehrere, die an Fluor albus und Erosionen litten. Es schien mir gewiss, dass dieser Fluss als Folge einer Hyperämie der Uterusschleimhaut aufzufassen sei. Ich versuchte daher das Streben der Natur sich selbst zu heilen, möglichst zu unterstützen, indem ich das Blut von der Gebärmutter und dem Innern des Beckens abzuleiten, sowie durch Klemm- und Drückbewegungen die Resorption zu befördern suchte. Ich wandte daher gegen erwähnte Uebel täglich wiederholte Hebungen der Gebärmutter an, wobei ich diese zu klemmen und drücken suchte, und natürlich bestimmte Drückungen von verschiedenen Seiten wiederholte, und nebenbei machte ich active ableitende Bewegungen. Auch diese Patientinnen wurden schnell geheilt, wenigstens im Verhältniss zu denen, welche nach den ärztlichen Methoden behandelt wurden.

Schon 1862 versuchte ich die Uterushebung anzuwenden, um eine stärkere Menstruation hervorzurufen, weil ich glaubte, dass diese Bewegung einen stärkeren Blutandrang nach dem Becken bewirke. Statt dessen verschwand sogar noch sofort die geringe Blutung, die schon vorhanden war, was sich das nächste Mal wiederholte. Nachher versuchte ich dieselbe Bewegung vorsichtig und mit besserem Erfolge gegen abnorme Blutungen zu verwenden. Schon 1863 gelang es mir durch Hebungen der Gebärmutter, mit Drückungen verbunden, in einem Falle heftige, 10 bis 12 tägige Blutung zu heben.

Die Erfahrung lehrte mich allmählich, dass die Hebungen in vielen Fällen nicht genügten, um die Gebärmutter in ihre normale Vorwärtslage zu bringen. Durch Untersuchungen lernte ich dann in diesen Fällen, dass die Gebärmutter theils in verschiedener Art und nach verschiedenen Punkten der Wände des Beckens fixirt sein konnte, theils dass sie wegen ihrer Kleinheit oder wegen zu starker Spannung der Bauchdecken durch die Hebebewegungen manchmal gar nicht beeinflusst wurde.

Dann sah ich die Nothwendigkeit ein, die verkürzten Theile auszudehnen. Mir schien dies, mit genügender Vorsicht gemacht, viel leichter auszuführen, als z. B. die Streckung bei einer Kniecontractur, welche mir früher gelungen war. Diese Anschauung bewährte sich auch. Wenn aber die Dehnungen auch sehr einfach auszuführen waren, so zeigte es sich jedoch später, dass sie das Gefährlichste meines ganzen Verfahrens waren, da bei Anwendung von zu viel Kraft Entzündung der Gebärmutter, der Eierstöcke oder sonstiger Organe im Becken die Folge sein konnte.

Besonders bei Rückwärtslagerungen zeigte es sich, wie ungenügend die damaligen Uterushebungen waren. Ich fühlte daher das Bedürfniss, in anderer Weise die Gebärmutter zu reponiren.

In stehender Stellung der Patientin konnte ich bis zu einem gewissen Grade die Gebärmutter durch das Rectum reponiren; wenn ich aber darauf die Patientin in krummhalbliegender Stellung untersuchte, fand ich, dass der Uterus entweder ganz zurückgefallen war oder dass sie wenigstens noch nicht in normale Lage gebracht war. Letzteres konnte jedoch jetzt bimanuell leicht gemacht werden. Es begegneten mir daher im Anfange oft grössere oder kleinere Schwierigkeiten bei den Repositionsversuchen, bis allmählich Erfahrung und grosse Uebung mich lehrten, die Reposition in verschiedener Art je nach den Fällen auszuführen.

Indem ich seit dem Herbst 1861 während mehrerer Jahre hauptsächlich Gebärmutterhebungen ohne Beihülfe gegen Uteruserkrankungen gebrauchte, hatte ich zwar manchmal erstaunlich schnelle und glückliche Erfolge, in der Mehrzahl der Fälle aber, besonders bei Rückwärtslagerungen, zog sich die Zeit der Behandlung über 5, 8 selbst 9 Monate hin. Es schien daher die Behandlung im Grossen beinahe unausführbar, da wohl die wenigsten Patientinnen Neigung und Gelegenheit hatten, sie so lange fortzusetzen.

Als ich im Jahre 1868 eine Rückwärtslagerung ohne erwünschten Erfolg mehr als ein halbes Jahr hindurch behandelt hatte, indem nach jeder Hebung der vorher reponirten Gebärmutter trotz grösster Vorsicht und meiner grossen Uebung diese immer wieder darnach retrovertirt gefunden wurde, fing ich an, während der Hebung die Wirkung auf den Uterus gleichzeitig zu untersuchen. Bei einer Menge Patientinnen, bei denen Hebungen aus verschiedenen Ursachen angewandt wurden, vergewisserte ich mich seitdem durch gleichzeitige Untersuchung, dass die Gebärmutter in vielen Fällen entweder nach irgend einer Richtung entschlüpfte ohne gefasst zu werden, oder sogar nahe daran war, herausgepresst zu werden. Ich lernte so die Nothwendigkeit und den Vortheil kennen, bei Hebungen die innere Stütze an der Vaginalportion gleichzeitig zu gebrauchen, nicht nur um das Umkippen nach hinten zu verhindern, sondern auch um die Ausführung zu kontrolliren und zu verbessern. Es entstand so von selbst die Behandlung mit Beihülfe, welche schnellere und sicherere Wirkung zeigte, und ich habe es später als eine Pflicht gegen meine Patientinnen und im Interesse meines Verfahrens angesehen, immer in dieser Weise die Hebungen auszuführen, wo nicht besondere Veranlassung vorlag, die Hebungen allein vorzunehmen.

Da aber diese innere Stütze während der Hebungen nothwendig war, lernte ich dabei, immer von der Seite unter dem Knie der Patientin einzugehen, und auch in dieser Weise bimanuell zu untersuchen.

Während der Zeit hatte es sich auch gezeigt, dass die Patientinnen ausser ihren Unterleibsleiden auch an einer Menge verschiedener anderer Leiden, wie Obstipation, chronische Diarrhöe, Störungen der Gefässthätigkeit, Blutandrang nach dem Kopfe u. s. w. litten. Es war einleuchtend, dass die lokale Behandlung in solchen Fällen keine vollkommene Genesung bringen würde, wenn sie nicht durch eine Behandlung des ganzen Organismus unterstützt würde. Ich suchte diese Forderung theils durch gymnastische Bewegungen, theils durch leichte Wasserbehandlung zu erfüllen.

Im Jahre 1847 hatte ich die erste Gelegenheit, in einem schwierigeren Falle das anzuwenden, was ich im gymnastischen Central-Institute erlernt hatte, und was später „Massage" genannt wurde. Es handelte sich um ein schweres Knieleiden; das Knie war stark gebeugt und fast unbeweglich. Die Kranke konnte sich auf das betreffende Bein gar nicht stützen. Durch Massage und vorsichtige Dehnungen der beiderseitigen straffen Theile, sowie andere dabei nöthige gymnastische Bewegungen wurde sie allmählich besser und endlich geheilt.

Seit 1863 wandte ich gegen Anschwellungen der Beckenorgane, — der Ort der Anschwellung wurde natürlich im Anfange nicht so genau diagnosticirt, wie z. B. später, wo ich die Behandlung binnanuell auszuführen gelernt hatte — feine Zitterdrückungen an, die mit äusserster Vorsicht rund um die betreffende Stelle gemacht wurden, während für die Gebärmutter-Erkrankungen damals die Hebungen mit mehr oder weniger Druck angewandt wurden. Nachdem ich aber den innern Finger zur Untersuchung bei den Hebungen anzuwenden gelernt hatte, wurde dies auch bei der Massage gethan, wobei der Finger auch eine Stütze gewähren konnte. Diese Zitterdrückungen mit der äusseren Hand gegen den Zeigefinger als Stütze ausgeführt, waren seitdem unter dem Namen von „Doppeldruck" viele Jahre hindurch, besonders für die Gebärmutter, ziemlich viel in Anwendung.

Im Jahre 1866 kam eine Patientin, Frau A. P. aus K., die eine Anschwellung des Eierstockes hatte, in meine Behandlung. Ausser vom Becken ableitenden Bewegungen wandte ich dagegen Zitterdrückungen, durch die Bauchwand ausgeführt, an, benutzte aber dabei den untersuchenden Finger als innere Stütze, um dadurch die anzuwendende Kraft besser bestimmen zu können. Da ich aber befürchtete durch den Druck, wenn etwa eine Eiterbildung im Exsudate vorhanden wäre, eine gefährliche Entleerung hervorzurufen, fing ich an, statt dessen kleine leichte Kreisbewegungen mit den freien Fingern auszuführen. Später wurden je nachdem Zitterdrückungen oder Kreisbewegungen, beide „Doppeldruck" genannt, auf den Uterus, die Parametrien und die Eierstöcke, sowie auf Beckenexsudate angewandt. Der Name „Doppeldruck" wurde 1874 gegen „Massage" vertauscht, und seitdem wurden im Allgemeinen nur die Kreisreibungen bei zu- und abnehmendem Drucke gebraucht.*)

Die Behandlung eines grösseren chronischen Exsudats habe ich zuerst im August 1871 versucht und guten Erfolg damit erzielt. Die betreffende Patientin hatte nach einer puerperalen Bauchfellentzündung eine harte Anschwellung an der vorderen Bauchwand, welche sich im Hypogastrium von der rechten Spina il. ant. sup. schräge nach links unten bis einen Zoll über die Mittellinie am linken Schambein erstreckte und in ihrem Verlauf abwärts dem rechten horizontalen Schambeinaste folgte. Die Patientin wurde, wie seitdem eine grosse Menge anderer, dauernd gesund, was ich mehr als 10 Jahre später bestätigen konnte.

Ungefähr 1870 ist mir zum ersten Mal gelungen, einen Scheidenvorfall zu heilen; es war eine junge kräftige Frau, Multipara. Im Jahre 1873 war mir selbst bei einer 53jährigen Frau die Heilung eines Scheidenvorfalles gelungen.

Im August 1872 habe ich zum ersten Mal angefangen, eine bewegliche Niere zu behandeln.

Nachdem mein Schüler Dr. Nissen, Kristiania, die Fortsetzung der Behandlung auch während der Regel im Jahre 1874 mit Vortheil angewandt hatte, versuchte ich allmählich dasselbe, und habe dies seit 1875 immer befolgt.

1877 wurde ich durch einen Aufsatz von Professor Voss, Kristiania (im Nord. Med. Arkiv VIII 2 1876) auf die Bedeutung des Beckenbodens für die Lage des Uterus aufmerksam gemacht. Dies gab mir Veranlassung die schon gebräuchliche Knietheilung mit erhobenem Becken ausführen zu lassen; es war leicht schon an sich selbst zu finden, wie dadurch eine active Spannung in der Beckenbodenmuskulatur entstand. Diese Knietheilung hat sich später immer mehr bewährt.

Obschon es mir in den meisten Fällen gelang, meinen Patientinnen ihre Gesundheit wiederzugeben, war es doch manchmal unmöglich die Gebärmutter bei Rückwärtslagerungen dauernd in normale Lage

---

*) Ich habe also nicht, wie man behauptete, die Idee der Massage von Dr. Metzger entlehnt, sondern bin ganz einfach durch die verschiedenen Zufälligkeiten bei meinen Patientinnen und mein Streben ihnen zu helfen, Schritt für Schritt vorwärts geführt worden.

zu bringen. Ich machte Versuche, besondere Nervendrückungen.
Modificationen der Hebebewegungen etc., jedoch ohne damit zum
Ziele zu kommen. Im Jahre 1887 endlich fand ich in der unter-
brochenen Form der Hebung ein wirksames Mittel, und haben sich
seitdem die Rückwärtslagerungen als ebenso dankbar zu behandeln
gezeigt wie andere Unterleibsleiden, und namentlich die Prolapse,
welche ebenfalls in einigen Fällen der Behandlung trotzten und
sich sogar manchmal als unheilbar erwiesen.

Schon vom Anfange an habe ich stets gewünscht, den Aerzten
Alles offen darzulegen, was ich gefunden. Da sie sich jedoch, besonders seit 1864, sehr ablehnend verhielten, blieb mir nur der
Ausweg übrig, durch fortgesetzte Arbeit und die etwa zu erreichenden
Erfolge, diesen Widerstand zu überwinden. Der Kürze unseres
Lebens eingedenk, suchte ich, um die Methode zum Heil der Kranken
zu bewahren, Schülerinnen einzuüben, und begann für diese Aufzeichnungen zu machen, die ihnen gleichsam als Leitfaden dienen
sollten. Nun war es oft nöthig, dass ich oder meine Schülerinnen
die Kranken zu Hause behandelten, wo besondere gymnastische
Geräthe nicht zu erhalten waren. Ich bemühte mich daher, meine
Schülerinnen daran zu gewöhnen, bei der Ausführung der Bewegungen
nur solche Geräthe anzuwenden, die überall zu finden sind, wie Stühle
Tische, Wände, Thüren, Sopha oder Betten. Deshalb gebrauchte
ich, mit Ausnahme von gewöhnlichen Plinten, keine besonderen
gymnastischen Geräthe und bin damit immer gut ausgekommen.

Der erste Gynäcologe, welcher ernstlich mein Verfahren einer
ehrlichen und unbefangenen Prüfung unterwerfen wollte, war der
vorurtheilsfreie und geschickte Dr. Sven Sköldberg. Im Jahre 1871
beehrte er mich mit einem viertägigen Besuch in Sköfde, wo ich
seit 1862 beschäftigt war, und folgte genau meiner damaligen Behandlung der 63 Patientinnen. Mündlich und schriftlich ersuchte er
mich wiederholt, nach Stockholm zu kommen, versprach mir
Patientinnen zu schicken, deren Behandlung zu verfolgen und deren
Zustand zeitweise selbst zu untersuchen und nach Beendigung der
Behandlung die Erfolge zu kontrolliren, ebensowie die Resultate zu
veröffentlichen.

Schliesslich liess ich mich überreden und zog nach Stockholm
im Herbst 1872. Hier kam u. A. eine Patientin mit einem grösseren
Exsudate in der linken Seite des Beckens, welche von mehreren
Aerzten erfolglos behandelt worden, und nach einigen Consultationen
auch von Dr. Sköldberg als unheilbar entlassen worden war. Sie frug
ihn nun, ob sie sich an mich mit Aussicht auf Erfolg wenden könne.

worauf er erwiderte: „Ich bin nicht im Stande, Ihnen dazu zu rathen, sollten sie sich aber dazu entschliessen, wäre ich Ihnen dankbar, wenn ich der Behandlung folgen könnte; kann Brandt Sie heilen, so will ich der Erste sein, den ausserordentlichen Werth seiner Behandlungsmethode anzuerkennen." Einige Zeit später erfuhr er, dass sie gesund sei und an Vergnügungen theilnähme, was ihn veranlasste, sie zu sich zu bitten. Die Patientin folgte seiner Aufforderung, verfehlte ihn aber zwei Tage, und am dritten — war er todt! — Das war am 22. Oktober 1872. — Die Patientin war viele Jahre später noch gesund.

Von Dr. Sköldberg eingeladen, seine Vorlesungen über Lageveränderungen der Gebärmutter zu hören, hatte ich nur Gelegenheit dreien derselben beizuwohnen. In der dritten und letzten vor seinem Tode waren seine letzten Worte: „Da aber eine Operation misslingen kann, ist es erfreulich, dass man in letzterer Zeit versucht hat, mittelst Gymnastik diese Leiden ohne Instrumente und ohne Operation zu heilen. Wie Sie wissen, ist es Major Brandt, der sich damit beschäftigt. Da er jetzt hier ist, um die Sache einer wissenschaftlichen Prüfung von meiner Seite zu unterwerfen, heisse ich diejenigen von Ihnen, die sich daran betheiligen wollen, in seinem Namen herzlichst willkommen." Seine Schüler sind dieser Aufforderung nicht nachgekommen! Ehre dem Andenken dieses Mannes!!

Seitdem habe ich lange warten müssen, bis ein Fachmann mein Verfahren einer gründlichen Prüfung werth erachtete. Durch den Gross-Industriellen Herrn Robert Nobel wurde Dr. Paul Profanter veranlasst meine Behandlungen im Anfange des Jahres 1886 einige Monate hindurch zu beobachten. Er hatte für den Werth des Verfahrens offene Augen und suchte mich gegen meinen Willen dahin zu bringen, dass ich nach dem Auslande fuhr, um in einer Klinik meine Behandlungsmethoden zu demonstriren und die hierdurch erreichten Resultate einer Kontrolle zu unterziehen. Nur sein reges Interesse und seine unablässig wiederholten Aufforderungen haben es vermocht, dass ich in meinem hohen Alter in Begleitung des Dr. Nissen nach Jena fuhr, wo wir vom Geheimrath Herrn Professor B. Schultze aufs Freundlichste aufgenommen wurden und unter unbefangener steter Kontrolle mit einer Anzahl passender Patientinnen arbeiten konnten. Es ist nicht meine Sache, mich über die Resultate zu äussern; doch sehe ich, dass seitdem das Interesse für meine Behandlungsweise in immer weitere Kreise gedrungen ist und unter den Fachmännern immer reger wird.

Ich hoffe daher, dass der Herr, der mich als ein unbedeutendes
Werkzeug, um werthvolle Wahrheiten zu entdecken und zu verbreiten,
gebraucht hat, und durch dessen Gnade es mir vergönnt war, die
sich entgegenstellenden Hindernisse zu überwinden, auch Alles, was
wahr und brauchbar in meinem Verfahren ist, in die Hände der
Aerzte der ganzen Welt bringen wird.

———————

Von mir über die Gymnastik veröffentlichte Aufsätze und
Brochuren:

„Uterinlidanden och Prolapser" 1864.

„Nouvelle Methode gymnastique et magnétique pour le traitement
des organes du bassin 1888.

Gymnastiken. Stockholm 1884.

Ausserdem ist von Dr. Roth in London eine englische Ueber-
setzung einiger meiner Aufzeichnungen unter dem Titel: Brandt's
treatment of uterine diseases and prolapsus by the movement cure
1882 erschienen.

II. Allgemeines.

Die Vorbedingung einer richtigen und vernünftigen Behandlung
ist: durch genaue Untersuchung über die örtlichen und allgemeinen
Krankheitszustände eine richtige Auffassung zu bekommen, d. h.
eine richtige Diagnose zu stellen. Da aber zu einer wissenschaftlichen Diagnose ein viel grösseres Maass von Wissen erforderlich
ist, als wir Gymnasten in der Regel besitzen oder erwerben können,
so müssen wir uns damit begnügen, die uns beschiedenen geringeren
Kenntnisse zu benutzen und unser Beobachtungs- und Beurtheilungs-
vermögen möglichst anzustrengen, um die Schwierigkeiten, die sich
uns entgegenstellen, zu überwinden.*)

———————

*) Ich benutze diese Gelegenheit, um zu sagen, dass der in meinem Ver-
fahren nicht bewanderte Heilgymnast, mag er auch sonst noch so tüchtig sein,
ausser Stande ist, auf eigene Faust kranke Frauen, die ein Unterleibsleiden haben,
zu behandeln.

Meine leitende Anschauung ist die: Wo das Gefäss- und Nervenleben normal ist, da ist auch Gesundheit; in jedem Falle von
Erkrankung, örtlicher oder allgemeiner, ist dies mehr oder weniger
gestört.

Daher suche ich durch Fragen und objektive Untersuchung
zu erforschen, wie es mit jenen beiden Thätigkeiten in den verschiedenen Theilen des Körpers sich verhält, nämlich am Kopfe,
am Halse, den Armen, der Brust, dem Rücken, dem Bauch, dem
Becken, den Schenkeln und den Füssen. und ausserdem erkundige
ich mich nach der Gemüthsbeschaffenheit und dem Schlafe. Ergeben
irgend welche Angaben der Patientin den Verdacht auf ein örtliches
Leiden. so muss eine genaue örtliche Untersuchung stattfinden.

Bei der allgemeinen Behandlung leiten mich folgende Betrach-
tungen: Wir wissen, dass gewisse Bewegungen auf bestimmte Organ-
theile oder gegen bestimmte Krankheitsverhältnisse wirken, ferner
dass wir den Organen oder Körpertheilen Nahrungsmaterial zu-
führen oder von denselben ableiten können. Die Blutbewegung wird
von der Nerventhätigkeit bestimmt und regulirt. Es ist daher
immer auf die Nerventhätigkeit die grösste Aufmerksamkeit zu
richten. Alles Erwähnten eingedenk, kann ich gewisse Bewegungen
bestimmen, die so zu sagen das Gerippe der Behandlung bilden.
Wenn aber dann die Gesammtwirkung nach einer gewissen Richtung
hin relativ zu gross d. h. schädlich würde, so füge ich dazwischen
neue Bewegungen ein, die in anderer Richtung wirken, wodurch
das Gleichgewicht der Wirkung hergestellt wird.

Die Erfahrung hat mich jedoch gelehrt, dass man oft sicherer
vorwärts kommt und besseren Erfolg hat, wenn man im Anfange eine
Zeit lang die Behandlung einseitig nach einer gewissen Richtung
hin wirken lässt, nämlich dorthin, wo die Nerven- und Gefässthätigkeit relativ weniger kräftig ist. Bei gewissen Brustleiden z. B., wo
man öfters die Lebensthätigkeit in den unteren Extremitäten zurück-
gesetzt findet, sucht man zunächst diese zu erhöhen, und erst wenn
dies erreicht ist, die kräftigere Bewegungsbehandlung auf die oberen
Körpertheile auszudehnen.

Wo Alles normal ist, nehme ich an, dass die Lebensthätigkeit
in voller Kraft bis in die äussersten Theile wirksam ist. Wo dies
nicht der Fall ist, suche ich nicht nur durch verschiedene Bewegungen, sondern oft auch durch Wasserbehandlung diese Thätigkeit in den betreffenden Theilen wiederherzustellen. Die Wasserbehandlung wird sehr milde und nur bei hinreichend hoher Temperatur
angewandt. Sie besteht in schnelleren Wasserbestreichungen (nie

während der Menses) grösserer oder kleinerer Theile des Körpers, und gleich darauf Trockendrücken mit Handtuch ohne Reibung; hierauf lässt man die Patientin im Bette mit Decken zudecken oder nach dem Ankleiden sich bewegen.

In der Regel wird in einer gymnastischen Tagesbehandlung („Recept") ungefähr diese Reihenfolge beobachtet: Eine Brustbewegung, Extremitätenbewegungen (abwechselnd für die unteren und die oberen), für die Rumpfmuskeln, für die inneren Theile des Bauches (und des Beckens), weiter für den Kopf und Hals, dann eine für die unteren Extremitäten und zuletzt eine Respirationsbewegung. Die örtliche Behandlung bei weiblichen Unterleibskrankheiten findet daher gleich nach den passiven Bauchbewegungen oder den sonstigen Rumpfbewegungen statt. Dass aber Umstände Abänderungen in dieser Reihenfolge veranlassen können und müssen, ist natürlich. Manchmal beginne ich mit anderen Theilen, wie Kopf und Rücken, oder mit den Extremitäten. Wenn z. B. die Patientin ausser Blutandrang nach dem Kopfe auch an Kopfschmerz, sowie an einer Erkrankung des Halses leidet, so würde die örtliche Specialbehandlung aller dieser Leiden im Zusammenhang zu viel auf einmal sein, um die volle Wirkung derselben zu erhalten. Dann theile ich dieselbe in zwei oder drei Theile, beispielsweise in der Art, dass ich mit Kopfrollung und Plan-Armbeugung anfange, nach einigen Bewegungen für die unteren Extremitäten die Halsbewegungen, die wichtigsten Kopfbewegungen aber erst nach den Bauch- und Beckenbewegungen gleich vor der letzten Beinbewegung ausführe.

Wenn z. B. bei einer Myositis passive Resorptionsbewegungen und aktive Bewegungen auf derselben Partie angewendet werden sollen, werden jene zuerst ausgeführt, und diese folgen unmittelbar nach, um frisches Blut den kranken Theilen zuzuführen. Bei Nervendrückungen dagegen hat die Erfahrung gezeigt, dass die beabsichtigte reizende Wirkung mehr oder weniger ausbleibt, wenn active Bewegungen gleich darauf folgen. Die activen Bewegungen kommen daher zuerst, dann die Nervendrückung.

Nur bei Patientinnen, welche an zu geringen oder ganz ausgebliebenen Menses leiden, leite ich das Blut zum Becken. Sonst gilt es mir als eine unerlässliche Regel bei meinen Patientinnen mehr oder weniger das Blut davon abzuleiten. Deshalb bin ich theils auf eine viel geringere Anzahl von Bewegungen beschränkt, als anderen Gymnasten zu Gebot stehen, theils habe ich eine Menge der Bewegungen modificiren oder sogar vollständig umändern müssen. Dass man ausserdem die Ausführung jeder Bewegungsform je nach den individuellen Verhältnissen. sogar je nach dem jeweiligen Zustande modificiren muss. betrachte ich als eine Pflicht gegen die Kranken.

Die gymnastische Behandlung soll nicht unmittelbar nach der Mahlzeit ausgeführt werden. Die beste Zeit ist Vormittags, einige Stunden nach einem nicht zu starken Frühstück. Dass vor der örtlichen Behandlung Stuhlgang wenn nur irgend möglich stattgefunden haben, jedenfalls aber die Blase unmittelbar vorher entleert werden soll, brauche ich wohl kaum zu bemerken.

Dass übrigens gleichzeitig mit der gymnastischen Behandlung auch anderweitige ärztliche gebraucht werden kann, wenigstens insofern dieselbe die Ausführung oder Wirkung jener nicht behindert, ist selbstverständlich. Ebenso ist es manchmal unerlässlich, soviel wie möglich diätetischen und allgemein hygienischen Vorschriften zu folgen.

Besonders ist es in vielen Fällen nöthig, Vorsicht in Betreff der Cohabitation zu üben. Aus Erfahrung weis ich, dass in dieser Hinsicht der Ehegatte oft viel Schuld trägt. und dass es gar nicht überflüssig ist, Warnungen diesbezüglich zu geben. Wenn die Frau von der Gefahr nicht unterrichtet ist, lässt sie sich leicht von dem Ehegatten überreden, bis oft schwere Folgen sowohl für sie, wie für das Familienleben entstehen. Es ist nicht nur barbarisch, sondern auch manchmal sehr gefährlich, die Frau nicht zu schonen, wenn entzündliche Exsudate im Becken vorhanden sind. Eine frühzeitige Cohabitation nach der Entbindung sollte wohl so unpassend und unsauber scheinen, dass sie nicht in Frage kommen könnte, jedoch habe ich Veranlassung auch davor zu warnen.

Die örtliche Behandlung des Unterleibes ist natürlich nur dann zu beginnen, wenn Schmerzen oder besondere Beschwerden vorhanden sind; der einzige Fall, in dem sonst eine Behandlung berechtigt wäre, bildet die Sterilität. Man wird aber oft nicht im wahren Interesse der Patientin handeln, wenn man dann die Cur unterbricht, sobald die Schmerzen aufhören; es scheint gewissenhafter, dieselbe noch einige Zeit fortzusetzen, theils um eine etwaige bessere Lage der Gebärmutter zu erzielen, theils um sich zu vergewissern, dass die Besserung Bestand hat. Und dies um so viel mehr, als es gar nichts Ungewöhnliches ist, dass solche Patientinnen sich zeitweise besser fühlen, zeitweise wieder mehr von ihrem Leiden geplagt sind. Zwar sieht man oft, dass Patientinnen, die bei Lageveränderungen der Gebärmutter an mehr oder weniger schweren Unterleibsbeschwerden leiden, schon nach kurzer Behandlung von diesen befreit werden, obschon die Lage fortwährend abnorm bleibt, und man könnte dann die Behandlung als gelungen ansehen, wenn die Patientin sich andauernd gesund fühlt. Es kann aber doch nicht geleugnet werden, dass wenn die Gebärmutter noch vergrössert, gesenkt oder noch in fehlerhafter Lage bleibt, die Frau viel mehr zu einem Rückfall ihrer Beschwerden disponirt. Deshalb begnüge ich mich selten damit, die Beschwerden zu entfernen, sondern suche immer der Gebärmutter ihre normale Lage wiederzugeben. Allerdings gelingt dies keineswegs immer. Nach meiner Erfahrung hat es sich auch gezeigt, dass da, wo die Gebärmutter ihre normale Lage wieder erlangt hat, ein Recidiv der Schmerzen nicht so leicht entstanden ist. Andererseits hat aber auch manchmal die Gebärmutter ihre normale Lage lange vor dem Aufhören der Schmerzen bekommen.

Die Besserung der Patientin tritt sehr oft schubweise ein, so dass Alles manchmal lange Zeit ganz unverändert bleiben, dann aber plötzlich eine grosse Veränderung eintreten kann. Oefters treten diese Veränderungen nach der Regel auf.

Mit Ausnahme seltener Fälle, wo ich bei gefährlicheren Ereignissen die Patientinnen habe auswärtig besuchen müssen, sind diese täglich einen längeren oder kürzeren Weg mit mehr oder weniger Treppensteigen zu mir gegangen. Bei meiner Arbeit in Jena 1886—1887 hatte ich Gelegenheit, den grossen Vorteil wahrzunehmen, die Patientinnen in einer Klinik zu behandeln. Es wäre gut, wenn die Patientinnen immer in demselben Hause oder in nächster Nähe und am besten ohne Treppensteigen wohnten, auch schon deshalb weil man dann bei gefährlicheren Ereignissen leichter Gelegenheit hat, die Patientinnen 2—3 mal täglich zu behandeln.

Man hat geglaubt, dass die ganze Behandlung ebenso leicht auszuführen, als zu verstehen sei, aber alle Erfahrungen zeigen das Gegentheil. Wie langsam geht es doch zu lernen, eine Untersuchung schnell und gut auszuführen! Wenn man die nöthige Uebung erworben hat, von einer Seite zu untersuchen, braucht man nur die Stellung und die Hände umzutauschen, um sich als Anfänger zu fühlen: man fühlt wenig, bewegt sich ungeschickt, und quält die Patientin mehr als nöthig. Solche Unannehmlichkeiten haben doch die Patientinnen stets lange genug von jedem Anfänger auszustehen, weil, auch wenn man praktischen Unterricht erhält, die Behandlung nicht schnell erlernt werden kann, da Vieles sowohl für die Patientin wie für den Arbeitenden allzu anstrengend ist, um auf einmal lange und ohne Schaden fortgesetzt werden zu können. —

Eine Discussion in der norwegischen ärztlichen Gesellschaft der Aerzte 1874 über diese Krankenbehandlung schien die Bereitwilligkeit einiger Aerzte zu zeigen, solche Theile der Behandlung, die vom Arzt persönlich ohne Assistenz ausgeführt werden können, anzunehmen, dagegen mein Verfahren, so wie es eben bestand, d. h. locale Behandlung, unterstützt durch anderweitige, dem sonstigen Zustande der Patientin angepasste Bewegungen, zu verwerfen. Durch lange Erfahrung belehrt, wie Frauen, welche an Genitalaffectionen leiden, fast immer noch andere Beschwerden haben, möchte ich wenigstens nicht mit gutem Gewissen die unterstützenden Mittel, allgemeine Bewegungen und Wasserbehandlung, entbehren, und bezweifle, dass dieselben durch Medicin oder Heilbrunnenwasser ersetzt werden können.

Wie aus meiner schon erwähnten Erfahrung in den ersten Jahren hervorgeht, ist auch Assistenz bei den Hebebewegungen des Uterus selten gut zu entbehren; zur Ausdehnung von Verwachsungen und zur Massagebehandlung ist nur eine Person nothwendig, und zwar ist hierzu der Arzt die geeignetste, da diese Behandlungsweisen nicht nur etwas schmerzhaft, sondern auch mit gewissen Gefahren verbunden sind. So lange aber die Aerzte diese Behandlung nicht angenommen hatten, musste auch diese von Nichtärzten ausgeführt werden. Es wäre auch zu bedenken, ob es nicht am besten wäre, wenn die hier behandelten Krankheiten von Frauen behandelt werden könnten. Dass eine kräftige und geschickte Frau mit nicht zu kurzen Fingern wenigstens eine geringere Anzahl von Kranken behandeln kann, ist erfahrungsgemäss erwiesen. Die kürzeren Finger und geringeren Kräfte der Frauen aber machen es ihnen bei wachsender Anzahl der Patientinnen oft unmöglich, das zu erfüllen, was man verlangen muss. Das Richtige ist also, theoretisch und praktisch tüchtige männliche Spezial-Gymnasten oder noch besser Aerzte auszubilden.

Es wäre jedoch eine Verschwendung der kostbaren Zeit des Arztes, wenn er selbst Alles auszuführen hätte. Auch deshalb hat er Gehülfen nöthig, die am besten weibliche sind. Ein anderer ärztlicher Vorschlag geht dahin, dass der Arzt zur Hülfe der Gebärmutterhebung und bei den allgemeinen Bewegungen der Billigkeit halber nur Weiber einüben solle, die weder anatomisches noch physiologisches Wissen und keine näheren Kenntnisse der localen Behandlung zu haben brauchen. Dies ist aus dem Grunde zu verwerfen, weil solche Bewegungsgeber unwissentlich zum Nachtheil der ganzen Behandlung den Intentionen des Arztes geradezu ent-

gegen arbeiten können. Es ist z. B. sehr leicht möglich bei anderen
der Patientin nothwendigen Bewegungen, wie die Querbauchstreichung,
Magenknetung etc., die eben in richtige Lage gebrachte Gebärmutter
wieder umzuwerfen. Demnach können diese Assistenten nie genug
unterrichtet und für diese Behandlungsweise interessirt sein, wenn
man das Beste erreichen will.

Bei der Wahl der Gehülfen ist ganz besonders darauf Bedacht
zu nehmen, dass sie nicht nur weiche und feinfühlende Hände,
sondern auch kräftige und lange Finger haben. Wenn man auch
in der Regel bei der Untersuchung mit kürzeren Fingern aus-
kommt, so ermüdet man doch bei anhaltender Arbeit viel
schneller, und wird so mit geringerem Erfolge arbeiten können. In
vielen Fällen erschweren nicht nur die kurzen Finger die Arbeit,
sondern machen sie sogar unmöglich. Man soll z. B., um ohne Gefahr ein hoch im Becken befindliches Exsudat zu massiren, diesem
eine gute und sichere Stütze von unten geben, ohne es mit der
äusseren Hand zu stark zu verschieben; hier ist ein langer Finger
unerlässlich. Noch mehr ist ein solcher erforderlich bei Losziehungen
von hochgelegenen Fixationen, weil man dann immer ein wenig oberhalb des Fixationspunktes ansetzen muss; in den meisten dergleichen
Fällen muss man jedenfalls oberhalb der Mastdarmenge kommen.
Wie der kurze Finger die Arbeitsfähigkeit erschwert, davon kann
man sich selbst leicht durch folgende Versuche überzeugen. Wenn
man irgend eine krankhafte Stelle im Becken gerade noch behufs
Massage erreichen kann, zieht man den Finger eine kleine Strecke
zurück; nun wird man finden, dass bei dem Versuche, weiter zu
massiren, sehr wenig oder gar nichts von dem zu fühlen ist, was
zuvor deutlich zu betasten war; eine etwaige Auftreibung kann sogar
für die massirenden Finger wie verschwunden erscheinen; diese
wirken dann nur ausdehnend auf die äusseren Bauchdecken und die
etwa unterliegenden inneren Theile, wodurch statt Resorption eine
Zuführung von Blut entsteht. Es liegt zwar Wahrheit in den Worten:
„Durch Uebung wächst der Finger", aber es ist eben oft das Bedürfniss vorhanden, lange Finger, die ausserdem durch Uebung noch
viel gewachsen sind, zu haben.

Da Frauen sehr selten lange Finger haben, so muss der Arzt
entweder selbst bei schwierigen Fällen (und am besten bei allen
Fällen im Anfange) die örtliche Behandlung ausführen oder einen
mänulichen Gehülfen mit guter Hand haben.

Durch meine Behandlung habe ich bei genügender Vorsicht nie
gefahrdrohende üble Ereignisse entstehen sehen, ausser bei Dehnung

von Fixationen, wo es nicht immer möglich gewesen ist, die Kraft genau zu bestimmen. Dagegen sind hin und wieder bei Hebebewegungen und schwierigen Repositionen Affectionen von geringerer Bedeutung in den Bauchdecken entstanden. In den ersten Jahren meiner Thätigkeit, als die Hebungen viel kräftiger ausgeführt wurden, waren sie sogar ziemlich gewöhnlich. Später habe ich sie, besonders wenn ich selbst die Behandlung ausführte, meistentheils, und in den letzten Jahren immer, vermeiden können. Entweder es entstehen kleine Hauterosionen, besonders bei den Hebungen, wenn man nicht zuvor die Anlegung der Finger so abgepasst hat, dass ein genügendes Hautstück vor der Hebung niedergedrückt wird, um nicht bei der Aufwärtsbewegung die Haut allzu stark zu spannen. Diese heilen selbstverständlich bald wieder. Oder es bilden sich, besonders bei fetten Frauen und bei Nichtbeobachtung eben erwähnter Vorsichtsmassregel, tiefer in den Bauchdecken und oftmals in der Leistengegend sehr harte circumscripte Anschwellungen von der Grösse einer Haselnuss. Die grössten waren einige Zoll lang bei Daumendicke. Meistentheils verhielten sie sich in folgender Weise: Die Patientinnen klagten nach einigen Tagen über dieselben, gaben aber doch gewöhnlich mit Bestimmtheit an, dass sie bei dieser oder jener Bewegung entstanden seien. Die Haut zeigte sich dann bläulich, später grün- und gelblich, gewann endlich ihre normale Farbe wieder. Eine gewisse Schmerzhaftigkeit war vorhanden, doch war dieselbe nicht bedeutend. Unter Anwendung der Massage sind sie allmählich verkleinert worden, bis sie zuletzt verschwanden. Es kam auch vor, dass bei Massage einer solchen Anschwellung in der Leistengegend die Resorption nur theilweise stattfand, so dass mehrere kleine bewegliche Knollen übrig blieben, welche langsam verschwanden. Nur in wenigen Fällen, in denen die Patientinnen über das Vorhandensein des Uebels nichts mittheilten, so dass die Bewegungen wie bisher fortgesetzt wurden, kam es zum Abscess.

Es war wegen dieser Vorkommnisse nicht nöthig die Behandlung zu unterbrechen. Nur muss man sich hüten, während der Ausführung der Behandlung diese Stellen zu reizen, und ist man daher genöthigt, die Finger neben der afficirten Stelle zu placiren.

Dass bei schnellerer Resorption von Exsudaten manchmal geringere Fieberbewegungen (bis über 39 ° C.) sich gezeigt haben, jedoch ohne schwere Folgen, möchte ich auch nicht unerwähnt lassen.

Ob meine örtliche Behandlung der betreffenden Leiden, durch allgemeine gymnastische Bewegungen, wie es stets der Fall sein soll, unterstützt, den bisherigen Methoden der Aerzte vorzuziehen ist, wird eine unbefangene Prüfung und die wachsende Erfahrung am sichersten zeigen. Es ist jedoch zu betonen, dass der wahre Werth einer Methode nur dann recht beurtheilt werden kann, wenn sie so vollkommen wie möglich ausgeführt wird.

Professor Branting, dieser unvergleichliche Bewegungsgeber, der sich und den Patienten bei den Bewegungen stets kritisirte, hat unter Anderem gesagt: „Wenn Du den Patienten die beabsichtigte Stellung hast einnehmen lassen, und ihn fixirt hast, so sieh ihn nicht an, athme nicht über ihm, fühle nur". Der Sinn dieser Worte ist völlig richtig, ist aber nur auf die Widerstandsbewegungen zu beziehen; vom ersten Augenblick an sollen nämlich bei diesen Bewegungen die Patienten einen weichen, schwach nachgebenden Widerstand je nach ihren Kräften machen, während wir je nach unserem Gefühle ihre Muskeln langsam ausdehnen; ebenso haben wir einen solchen vom Gefühle geleiteten Widerstand zu leisten, wenn die Patienten ihre Muskeln verkürzen.

Ein sehr gewöhnlicher Fehler bei Ausführung von Widerstandsbewegungen ist der, welchen die Patienten machen, wenn sie den arbeitenden Muskel fest anspannen, oder wie Branting es nannte: „ihn knoten". Das angenehme Gefühl, welches sonst entsteht, wenn die Wirkung der Bewegung sich in die beeinflussten Partien verbreitet, bleibt dann grösstentheils aus, zum Schaden der Patienten selber.

Bei passiven Bewegungen dagegen dürfte es ebenso wichtig sein, zu sehen, was der Patient erdulden kann, als nur zu fühlen. Bei gewissen Bewegungen muss man sogar geradezu auffordern, nicht zu geduldig zu sein. Wenn man nicht einen Laut hört, noch das geringste Muskelspiel im Gesicht sieht, wie leicht ist es dann nicht, bei mancher Bewegung den Patienten zu schädigen! Natürlich muss man sich nicht von einem ungeduldigen Patienten abhalten lassen, das Nothwendige zu thun.

Die gymnastische Behandlung von Kranken erfordert ausser Kenntnissen in Anatomie, Physiologie, Pathologie und Bewegungslehre so viel Beurtheilung und Erfahrung, dass es unter der grossen Menge von Gymnasten nicht Viele geben dürfte, welche es verstehen, auf eigne Faust ihre Patienten richtig zu behandeln. Ist dies wahr, wie können dann die Maschinen — „welche nie pfuschen", aber auch weder ein Urtheil haben, noch von ihren bestimmten Bewegungsbahnen abweichen können — es verdienen, als so vortrefflich gepriesen zu werden? — Dass Maschinen in vielen Fällen mit

Vortheil gebraucht werden können, leugne ich nicht, aber die Ueber-treibung möchte ich gekennzeichnet haben. Es ist wahr, dass in allen Gegenden eine Menge von Kranken durch sehr schlechte Gymnasten geheilt worden sind, weil, wie Branting dies erklärte, „die Sache an sich gut ist". Ebenso werden eine Menge von Kranken durch die Maschinenbehandlung wieder gesund. Niemand wird wohl aber darin eine Veranlassung finden, das Schlechtere auf Unkosten des Besseren zu gebrauchen. Man würde ja dann auch z. B. die neueren Fortschritte der Medicin verwerfen müssen, weil früher durch an sich schlechtere Methoden viele Kranke geheilt worden sind.

Die Maschinen haben also in passenden Verhältnissen ihre volle Berechtigung, d. h. wo ein grosses Publikum zu behandeln ist, von dem Viele nur eine gewisse Menge körperlicher Bewegung im Allgemeinen („Motion") nöthig haben, Andere aber durch einfachere Behandlung geheilt werden können. Es sind jedoch immer sehr grosse Räume und eine grosse Menge verschiedener Maschinen er-forderlich, ausserdem aber auch eine nicht geringe Unterstützung durch manuelle Behandlung, wenn verschiedenartige Krankheiten behandelt werden sollen. Jedenfalls können mit diesem Mittel u. A. diejenigen Kranken nicht behandelt werden, welche durch ihre Krankheit ans Haus gefesselt sind; ebensowenig passt es für Kranke meiner Art. Es könnten zwar einige Bewegungen durch Maschinen ausgeführt werden; wenn man aber dann die Behandlung in zwei Theile, die örtliche und die nichtörtliche, theilen würde, jene vom Arzt, diese durch Maschinen oder von einem Gymnasten zu ver-schiedener Zeit ausgeführt, so würde sie ohne Zusammenhang und ohne Zweifel sowohl theurer als auch schlechter werden, als wenn die ganze Behandlung von Personen durchgeführt wird, welche sich speciell mit solchen Kranken beschäftigen und somit Erfahrung haben und offene Augen dafür, was bei der Ausführung der Be-wegungen vermieden werden soll.

Ein grosser Mangel bei der maschinellen Gymnastik ist das Fehlen gewisser nöthiger Ausgangsstellungen. Dass im Gegentheil einige Erschütterungs- und Hackungsbewegungen durch Maschinen besser als mit der Hand ausgeführt werden können, gebe ich gerne zu, besonders wo die längere Dauer von Nutzen ist, was aber nach meinem Dafürhalten nur selten der Fall ist. Uebrigens dürfte es auch schwer werden, die vitale Einwirkung der lebenden Hand ganz zu leugnen.

III. Bemerkungen über Stellungen
der Kranken und des Arztes.

A. Stellungen der Kranken.

Bei Kranken hat die Körperstellung und die Art sich zu bewegen manchmal eine viel grössere Bedeutung, als man im Allgemeinen glaubt. So finde ich z. B. einen causalen Zusammenhang zwischen der bei Chlorotischen sehr gewöhnlichen schlaffen Körperhaltung mit vorn übergesunkenem Oberkörper und den bei ihnen ebenso häufig entstehenden schlaffen Lageveränderungen der Gebärmutter; es entsteht ein stärkerer Druck von den überliegenden Bauchorganen auf die Befestigungsmittel der Gebärmutter, wobei diese, besonders bei der Defäcation oder Harnentleerung oder auch beim Heben von Gegenständen, die sich oberhalb des Kopfes befinden, leichter nach hinten überfällt und in dieser Lage bleibt.

Wenn eine Person mit heftigen Blutungen eine gekrümmte Seitenlage einnimmt, trägt diese dazu bei, die Blutung zu vermindern und Ruhe und Schlaf eintreten zu lassen. Das entsprechende Verhältniss findet statt bei Personen, die an Diarrhoe leiden.

Wenn man sich erinnert, wie beweglich die Gebärmutter schon für die Druckveränderungen bei der Athmung, z. B. während der Untersuchung mit Sims' Speculum sich zeigt, so ist es nicht zu verwundern, dass die Bänder derselben, wenn sie krankhaft afficirt sind, auch gegen gelinderen Druck sehr empfindlich sind. Es entstehen Schmerzen bei und nach dem Husten, beim Niessen, bei kleinen Stössen während des Fahrens, beim Heben zumal schwerer oder hochliegender Gegenstände, bei gewissen Bewegungen, wie Beugen oder Drehen des Rumpfes, bei zu schnellem Aufstehen oder Niedersitzen, beim Pressen zum Stuhlgange u. dgl. m., was Alles eine mehr oder weniger heftige Streckung der Befestigungsbänder bewirkt. Diese Empfindlichkeit warnt die Kranke und verhindert somit eine Ueberstreckung der betreffenden Theile. Halten die Schmerzen an, so ist das ein Zeichen, dass eine zu grosse Streckung schon stattgefunden hat. Ebenso tritt oft eine solche Warnung vor Ueberstreckung bei der Untersuchung oder Behandlung der Beckentheile ein, indem Schmerzen beim Führen der Hände in die Nähe indirect gespannter Theile entstehen, welche vor einer noch stärkeren Streckung warnen.

Oft klagen die Patientinnen darüber, dass sie Schmerzen empfinden, wenn sie sich setzen. Diese können dadurch entstehen, dass der weiche Beckenboden etwas nach oben eingedrückt wird, wodurch ein Druck von unten auf die Gebärmutter entsteht. Dies bewirkt dann Schmerzen entweder dadurch, dass der Uterus selbst empfindlich ist, oder dessen Standapparat, der in veränderter Richtung gespannt wurde. Besonders wenn die Gebärmutter sehr vergrössert ist, reicht sie auch weiter nach unten, wenn auch die Grösse dieser Senkung infolge der etwaigen gleichzeitigen Senkung des Beckenbodens mitunter nicht auffallend ist, und wird daher von dem erwähnten Drucke sowohl wegen der grösseren Schwere wie der Senkung stärker getroffen. Sind dann auch Exsudate, welche die Gebärmutter mehr oder weniger fixiren, vorhanden, so wird der Druck von unten noch viel schmerzhafter. Es ist einleuchtend, dass stark federnde Sitze in dieser Beziehung kräftiger einwirken müssen. Dass eine solche vergrösserte und schwere Gebärmutter, besonders wenn empfindliche Fixationen oder wenn grosse Beweglichkeit bei Erschlaffung der Bänder vorhanden ist, auch beim Fahren von kleinen Stössen u. dgl. stärker getroffen wird, liegt auf der Hand.

Dass ein solcher Druck von unten wirklich Druck auf die Gebärmutter und Schmerzen erzeugen kann, davon kann man sich bei vielen Patientinnen leicht überzeugen. Es entsteht z. B. manchmal heftiger Schmerz, wenn man die Vaginalportion nach hinten oben oder auch nach vorn oben drückt. Wenn man (z. B. nach einer ausgeführten Reposition) die Gebärmutter mit der freien Hand vorwärts hält und dann einen nicht besonders tiefen Druck an der Seite des Anus ausübt, so kann man diesen Druck auf die Gebärmutter fortgepflanzt mit der freien Hand fühlen.

In verschiedenen Stellungen werden verschiedene Muskelspannungen nöthig sein, um die Schwere der Körpertheile zu überwinden, und diese Muskelspannungen können einen Einfluss auf etwaige kranke Theile ausüben. Viele Patientinnen u. a. diejenigen, welche schmerzhafte Stellen an der Vorderseite des Rumpfes haben, fühlen gewisse Beschwerden, wenn sie sich niederlegen oder wieder aufstehen. Man kann ihnen in folgender Weise helfen: Man steht oder sitzt zur Seite, den Kopf der Patientin zugekehrt, fasst mit der einen Hand dieselbe um den Nacken, mit der andern an der anderen Seite des Nackens zwischen den Schultern, fordert die Patientin auf, den Nacken und Rücken steif zu halten und gelinden

Widerstand zu leisten, und richtet sie dann in sitzende Stellung auf, bis sie mit den Füssen auf den Boden kommt. Ebenso soll die Patientin beim Niederlegen sich rückwärts drücken, während bei demselben Nackengriffe Widerstand von einem Andern geleistet wird. Dieselbe Methode wird bei schlaffen Lageveränderungen der Gebärmutter angewandt, um zu verhüten, dass nach der Reposition oder Hebung dieselbe gleich wieder in die fehlerhafte Lage durch Anspannung der Bauchpresse beim Aufstehen zurückfalle.

Eine Patientin, die an schweren Schmerzen bei nach links gelagertem Fundus der Gebärmutter gelitten hatte, wurde 1862, wie es schien, geheilt. Gegen eine unbedeutende Scoliose machte sie später: Stützgangstehend, Seitenbeugung nach links (mit Widerstand). Nach einigen Tagen hatte sie ihre alten Schmerzen wieder, und bei der Untersuchung fand ich, dass sich die Gebärmutter wieder ebenso nach links neigte, wie bei der ersten Anwesenheit der Patientin. Da die Ursache, obwohl beinahe unglaublich, in der erwähnten Bewegung zu liegen schien, liess ich während gleichzeitiger Untersuchung dieselbe Bewegung von mehreren Patientinnen ausführen. Ich fand dabei, dass eigentlich bei dem Wiederaufrichten der Patientin (unter Widerstand) aus irgend einer der erwähnten Beugestellungen die Vaginalportion in bestimmter Art in derselben Richtung gezogen wurde, z. B. bei dem Aufrichten des vorwärts gebeugten Rumpfes wurde sie nach hinten gezogen.

Bei den gymnastischen Bewegungen hat die dabei gebrauchte Stellung oft einen bedeutenden Einfluss. Es werden z. B. bei Bewegungen gegen Amenorrhoe und Obstipation Stellungen angewendet, bei denen das Brustbein und das Schambein weit von einander entfernt sind; bei Ersterem wird das Becken während der speciellen Bewegungen stark hervorgehoben. Bei Diarrhoe und bei vermehrten Uterusblutungen werden Stellungen angewandt, bei denen der Körper mehr nach vorwärts zusammengekrümmt ist, d. h. wo der Rücken hinten convex und die Hüftgelenke gebeugt sind. Bei mancher Patientin, die ein Unterleibsleiden hat, werden Schmerzen bei gewissen Bewegungen, sogar bei einem Rumpfaufrichten nach Vorwärtsneigung sofort hervorgerufen, wenn dieselben in einer Stellung mit hervorgehaltenem Becken oder mit hinten übergestrecktem Rücken ausgeführt werden; wenn während der Bewegungen der Rumpf etwas vorwärts zusammengekrümmt gehalten wird, kann sie dieselben dagegen oft ohne Schwierigkeit und mit Nutzen machen. Ebenso können viele solche Kranke Streckstützspaltstehend Seitwärtsbeugung — eine Bewegung, auf die ich später ausführlich zurückkomme — nur dann ausführen, wenn sie den Rumpf so gedreht haben, dass der von der Seite geleistete Widerstand zugleich ein wenig von hinten wirkt.

Bei der Untersuchung und örtlichen Behandlung der Beckenorgane geben verschiedene Stellungen besondere Vortheile. In stehender Stellung treibt die Schwere die beweglicheren und schwereren Beckentheile nach unten, so dass sie deshalb durch die Scheide oder den Mastdarm besser erreicht werden können; auch ist es in dieser Stellung manchmal leichter, gewisse Dehnungen zu machen und die zurückgelagerte Gebärmutter nach vorn zu reponiren u. s. w. Letzteres wird noch mehr der Fall sein, wenn die Patientin auf dem Bauch, z. B. auf einigen Stühlen liegt, die gespreizten Füsse auf dem Boden und das Becken ein wenig über den Stuhlrand emporragend. Am meisten gebräuchlich ist jedoch:

die krummhalbliegende Stellung.

Diese kann eine höhere oder eine tiefere sein. Bei der hohen Form, die manchmal bei gymnastischen Bewegungen, wie z. B. der gewöhnlichen Knietheilung (Abb. siehe dort), gebraucht wird, sitzt die Patientin bequem zurückgelehnt, jedoch nicht ganz tief, die Beine gebeugt, die Füsse etwa in der Höhe des Beckens gegen irgend einen Gegenstand gestützt. Bei der tiefen Form liegt die Patientin auf einem Sopha oder langem niedrigen Plint, die Knie und Füsse aufgezogen. Letztere auf die Unterlage stützend, den Thorax und den Kopf, aber nicht den ganzen Rumpf etwas erhöht. (Siehe Fig. 1 u. 2.) Dies ist die beste Stellung, um den Bauch-

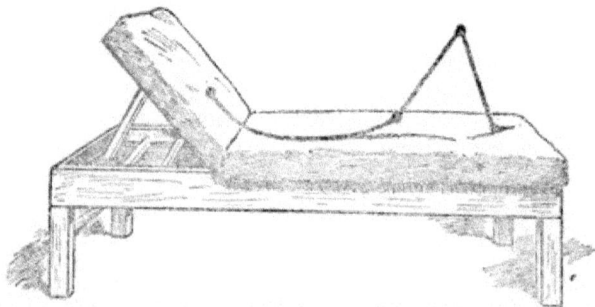

Fig. 1. Krummhalbliegende Stellung. (Schematische Darstellung.)

und Beckenorganen durch die Bauchdecken beizukommen. Besonders wenn die Füsse dem Becken möglichst nahe aufgezogen sind und nicht auf der Unterlage ausgleiten können, so werden die Lenden

gesenkt, das Gesäss aber erhöht und die Symphyse dem Thorax-
rande genähert. Wenn man sehr tief ins Becken eindringen oder
die Patientin verhindern will, die Bauchdecken zu spannen, so lässt
man sie durch active Thätigkeit der Glutäen das Gesäss noch
etwas erheben. Um bei Massage-Behandlung die äusserste Nachgiebigkeit der Bauchdecken zu erreichen, ist wohl bei der gewöhnlichen Körperstellung die zuerst zu behandelnde Seite so einzubiegen,
dass Hüfte und Schulter sich etwas nähern; noch besser ist es auch,
das Knie noch etwas in die Höhe zu schieben.

Wenn diese Stellung längere Zeit bei der örtlichen Behandlung
innegehalten werden sollte, so würde die Patientin sehr leicht er-
müden oder, was noch schlimmer wäre, sie würde, um nicht mit den
Füssen auszugleiten, dieselben ein wenig anzuziehen versuchen und
damit sogar die Bauchdecken etwas spannen, wenn man nicht eine
Stütze für die Füsse anbringen würde. Ich lasse darum den linken
Fuss der Patientin in die Kniekehle meines linken Beines treten,
um mit meinem Oberschenkel von vorn eine Stütze gewähren zu können.

Die Kleider der Patientin sind nur gelöst, aber bedecken Alles,
so dass sie nicht zu fürchten braucht, unnöthiger Weise beschaut
zu werden. Auf dem Bauche liegt nur das Hemd.

Fig. 2. Krummhalbliegende Stellung zur Untersuchung und Massage.

B. Stellung des Arztes.

Bei der Ausführung der örtlichen Beckenbehandlung ist meine
Stellung gewöhnlich folgende: Ich lasse die Patientin mir möglichst

nahe auf dem Plint liegen (siehe Fig. 2), und sitze ihr zugekehrt
auf einem 1—2 Zoll höheren Stuhle, so dass ich die Ecke des Plintes
zwischen meinen gespreizten Oberschenkeln habe, die linken Zehen
der Patientin wie erwähnt unter den linken Oberschenkel gesteckt.
Je näher man sitzt, desto weniger braucht man sich während der
Behandlung vorzuneigen. Dies ebenso wie der hohe Sitz bewirkt,
dass man mit weniger Kraftaufwand grössere und anhaltendere Kraft
mit der rechten Hand ausüben kann. Wenn man viele Stunden
nach einander zu arbeiten hat, würden die Rückenmuskeln
sehr angestrengt, wenn man stärker vorgeneigt arbeiten würde.
Ich gehe mit der linken Hand unter dem linken Knie der Patientin
in die Scheide bezw. in den Mastdarm ein, wobei nur ein Finger
benutzt wird. Es kann in dieser Weise gut bimanuell gearbeitet
werden, und die Ausführung einer etwaigen Hebung durch eine
andere Person wird nicht behindert. Dabei stütze ich den linken
Ellenbogen gegen meinen linken Oberschenkel, theils um die Schwere
des Rumpfes zur Erleichterung der Rückenmuskeln zu stützen, theils
um den Zeigefinger im Becken sicherer und mit weniger Ermüdung
des Armes halten zu können. Während der Behandlung hat man
immer volle Kraft nöthig, da das anhaltende tiefe Hineindrücken
der elastischen Bauchdecken sehr ermüdend ist und man mit steter
Aufmerksamkeit, d. h. einer gewissen Geistesanspannung arbeiten
muss. Hier wie überall, wo man Bewegungen auszuführen hat, gilt
es, um aushalten zu können, sich nur soweit anzustrengen, dass man
dabei noch ruhig athmen kann. Es wäre vortheilhaft, beide Hände
gleich gut anwenden zu können, um mitunter abzuwechseln.

Um die Bewegungen der örtlichen Behandlung sanft ausführen
zu können, muss man die Gelenke der Arme und der Hand mehr
oder weniger gebeugt, immer aber gelenkig halten. Die Bewegungen
selbst aber, besonders die Kreisbewegung der Finger bei bimanueller
Untersuchung, Massage u. s. w. werden so viel als möglich von den
kräftigen Schultermuskeln ausgeführt, die sich gerade wegen ihrer
Stärke nie sehr anzustrengen brauchen. Durch die unteren gelenkig
gehaltenen Glieder werden nun diese Bewegungen fortgepflanzt und
je nach dem Gefühle genauer geformt.

Bei allen Arten von Bewegung muss der Gymnast eine gute
Stellung zu finden suchen, die es ihm nicht nur ermöglicht die Bewegung richtig auszuführen, sondern ihn auch am wenigsten ermüdet; Letzteres ist oft durch Kleinigkeiten in der Haltung veranlasst, welche die Gefässthätigkeit des Gymnasten an irgend einer
Stelle beschränken. Eine allgemeine Regel hierbei ist, besonders

bei Widerstandbewegungen, dass er etwa die nöthige grössere Bewegung seines eigenen Körpers soviel wie möglich in den Rumpf mit seinen starken Muskeln verlege, und die thätigen Hände und Arme möglichst bequem, aber doch hinreichend fest gegen den sich bewegenden Rumpf halte; das Muskelgefühl wirkt viel feiner, wenn die Rumpfmuskeln die hauptsächlich den Widerstand leistenden sind. Ebenso ist es manchmal, um nicht eine ermüdende Kraft anwenden zu müssen und um während der ganzen Bewegung die anzuwendende Kraftleistung genau abmessen zu können, von grosser Bedeutung, dass man den Platz für die Füsse, bezw. eine andere Stütze des Körpers, gut gewählt hat. All dies findet man am besten durch Uebung und Versuche, bis man aus Gewohnheit das Richtige gleich trifft. Ein geübtes Auge kann oft durch die Stellung eines Bewegungsgebers sofort sehen, ob dieser gut geschult ist oder nicht.

IV. Untersuchung.

Nachdem ich den Namen, das Alter, die Lebensverhältnisse der Patientin, vorhergegangene Krankheiten, die etwaige Ursache der vorhandenen Leiden, die frühere Behandlung u. s. w. aufgenommen habe, schreite ich zur manuellen Untersuchung. Diese wird stets, wo nicht besondere Verhältnisse eine Ausnahme veranlassen, nicht nur durch die Vagina, sondern auch durch das Rectum und durch die Bauchwand gemacht. Ebenso wird jede Patientin zuerst in stehender, dann in krummhalbliegender Stellung untersucht. Man legt in dieser Weise die Verhältnisse immer klarer dar, als wenn nur ein Weg oder nur eine Stellung benutzt wird.

In stehender Stellung ist die Gebärmutter am tiefsten heruntergedrückt, und besonders bei Rückwärtslagerung ist ihr dann am leichtesten von allen Seiten beizukommen. Auch andere Beckentheile sind besser zu erreichen, als wenn sich die Patientin in liegender Stellung befindet. Noch zu erwähnen ist, das der Uterus zuweilen, wenn die Patientin steht, normal anteflectirt ist, während er in liegender Stellung nach rückwärts gelagert ist. Dies Verhältniss erfährt man nicht, wenn man die Patientin nur in liegender Stellung untersucht.

Bei Untersuchung in dieser Stellung setzt man sich und legt den nicht untersuchenden Arm so um die Patientin, dass die Hand

längs des Kreuzbeines aufliegend eine Stütze gewährt. Der ein-
gefettete Zeigefinger der andern Hand wird in die Vagina eingeführt und längs der hintern Wand derselben nach oben geschoben,
während der gestreckte und abducirte Daumen nach vorn, die drei
übrigen Finger nach hinten gerichtet sind. Vermittelst der untersuchenden Finger und der am Kreuzbein gehaltenen Hand kann
man in der Regel nicht nur die Lage der Gebärmutter, die Form
der Pars vagin. u. A. bestimmen, sondern auch etwaige Excoriationen)
was doch viel Uebung erfordert), hervorgetretene Polypen etc. fühlen.

Hernach wird der Zeigefinger durch den Anus an der vorderen
Seite des Mastdarms entlang hinaufgeführt. Während dessen wird
der Daumen in die Scheide eingeführt, so dass er vor der Pars
vaginalis liegt, und der Zeigefinger hinter der Gebärmutter so hoch
wie möglich zu liegen kommt. In der Regel können wenigstens
die unteren zwei Drittel der Gebärmutter genau untersucht werden,
ebenso ein grosser Theil des sonstigen Beckeninhalts. Liegt die
Gebärmutter rückwärts, so versucht man sie vorwärts zu bringen,
indem man mit dem Zeigefinger aufwärts und vorwärts auf das
Corpus, mit dem Daumen abwärts und rückwärts abwechselnd einen
mehr oder weniger starken Druck ausübt. Um vordere Verkürzungen
zwischen der Gebärmutter und dem Os pubis zu entdecken, geht
man mit dem Daumen möglichst hoch am Cervix hinauf, und sucht
Erstere rückwärts und aufwärts zu verschieben. Nur dann, wenn
die Gebärmutter vorwärts liegt (bezw. reponirt ist), weist bei diesem
Versuche ein stärkerer Widerstand eine vordere Fixation aus.

Wenn man Schwierigkeit hat, hoch genug hinaufzureichen, so
wird dies erheblich erleichtert, wenn die Patientin den einen Fuss
auf einen Stuhl setzt, gewöhnlich den der vom Untersucher abge-
wandten Seite, nöthigenfalls den die zu untersuchende Seite entsprechenden, was mitunter zweckmässiger ist.

Es folgt die Untersuchung in krummhalbliegender Stellung.
Man setzt sich an die eine Seite der Patientin, führt die eine Hand
unter die entsprechende und gebeugte untere Extremität und schiebt
den Zeigefinger in die Vagina längs der hinteren Wand hinein. Mit
der andern Hand auf dem Bauche verdrängt man unter steten
Kreisbewegungen die Därme, führt wo nöthig die beweglichen Organe dem inneren Finger entgegen und durchtastet so genau das
Becken und Hypogastrium. Die Patientin wird aufgefordert frei zu
athmen und die Bauchdecken nicht zu spannen. Man sucht näheren
Aufschluss über die Lage, Grösse, Consistens und Beweglichkeit des
Uterus zu erhalten, ebenso ob Fibromyome vorhanden sind, und

vergewissert sich über die Parametrien, Eierstöcke u. A., ob Exsudate oder Adhäsionen irgend einer Art zu entdecken sind. Die Möglichkeit einer Schwangerschaft darf nie übersehen werden. Hernach wird die Untersuchung in ähnlicher Weise durch das Rectum fortgesetzt, wobei man nicht vergessen darf, auch die ganze hintere Beckenwand zu betasten. Bei sehr jungen Patientinnen, bei denen man eine Untersuchung per vaginam vermeiden will, kann man in den meisten Fällen die nöthigen Aufschlüsse durch die Untersuchung per rectum erhalten.

Die bei Unterleibskranken selbst bei gewöhnlichen Bewegungen leicht eintretenden Schmerzen ermahnen zu äusserst vorsichtiger und zarter Untersuchung. Manchmal geschieht es, dass selbst ein kleiner Druck oder ein schnelles Versetzen der Fingerspitze, sogar in der Richtung von der kranken Stelle weg, durch ein Ziehen an den angrenzenden Theilen lautes Klagen der Patientin hervorrufen.

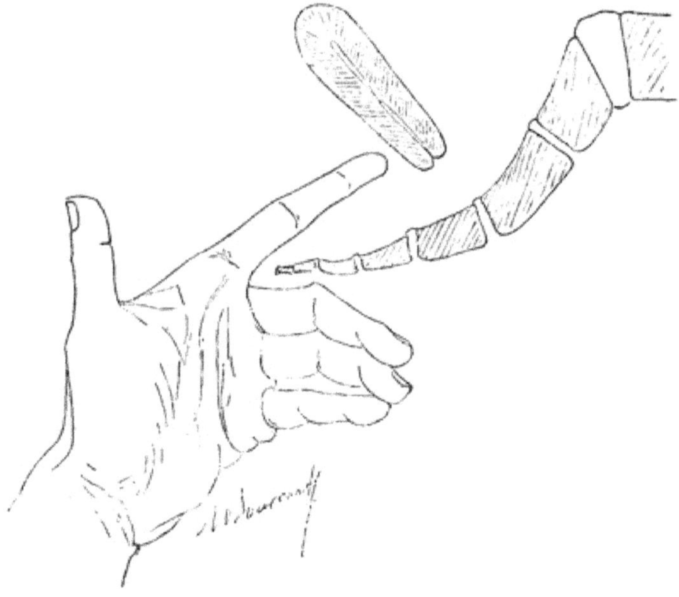

Fig. 3.

Da ich keinen Unterricht in der gynäkologischen Untersuchung erhalten habe, so ging ich anfangs sehr natürlich zuwege und hielt während derselben die Hand „offen", d. h. die Finger nicht gebeugt. (Fig. 3.) Später bekam ich Patientinnen, die früher von Aerzten

behandelt worden waren, und welche ihre Zufriedenheit darüber
äusserten, dass ich sie nicht durch Hineindrücken des Mittelfinger-
knöchels peinigte. Ich musste mir dann erklären lassen, was sie
meinten. Da ich jetzt versuchte in dieser Weise zu untersuchen,
d. h. mit „geschlossener" Hand, so fand ich, dass ich gar nicht so
hoch ins Becken hinauf reichen konnte, wie in meiner gewohnten
Weise. In den Lehrbüchern finde ich empfohlen, mit zwei Fingern
zu untersuchen; da aber hierbei die Vagina so bedeutend erweitert
wird, reicht man auch nicht höher als die Mittelfingerlänge. Wenn
man dagegen bei offener Hand nur den Zeigefinger benutzt, so
kommt man, wenigstens bei gehöriger Uebung und Gelenkigkeit,
gerade durch die Nachgiebigkeit des Beckenbodens erheblich weiter
hinauf. Ausserdem kann man sich mit einem Finger viel freier bewegen und jeden Punkt im Becken erreichen, ohne die Patientin
mehr als nöthig zu belästigen.

Auch sollen viele Frauen, wenn mit zwei Fingern in der Vagina
gearbeitet und untersucht wird, eine sexuelle Reizung fühlen, die
mit einem Finger nicht entsteht.

Bei Manchen entsteht ein unbehagliches Gefühl beim Hineinführen des Fingers in Vagina oder Rectum. Das kann man theilweise vermeiden, wenn man vorerst nur die Spitze etwas einführt,
dann den Scheideneingang etwas rückwärts oder den Anus etwas
vorwärts spannt, bevor die Einführung fortgesetzt wird. Bei engem
und empfindlichem Introitus gelingt die Einführung des Fingers
leichter, wenn man vorher die Kniee theilt und das Gesäss erheben lässt.

Wenn man durch die Bauchdecken etwas mit der Hand genau
untersuchen will, bimanuell oder auch nur mit einer Hand, so ist es
am besten, dabei stets die fühlenden Finger in sanften Kreisen zu
führen, nicht aber sie nur direct auf den zu befühlenden Gegenstand einzudrücken. Erstens fühlt man schon bei geringerem
Drucke viel feiner, wenn die Finger sich etwas schneller bewegen;
zweitens werden dadurch die Därme viel leichter und mit weniger
Schmerz fortgeschoben. Jeder, der einige Uebung hat in dieser
Art zu untersuchen, wird sie besser finden, die Patientinnen aber
werden sie noch mehr vorziehen, weil sie dabei weniger leicht
Schmerzen empfinden und dabei besser die Spannung der Bauchdecken vermeiden können. Es ist selbstverständlich, dass die Kreisbewegungen nicht derb, noch zu schnell, sondern dem jeweiligen Falle
entsprechend nur von dem Gefühle geleitet ausgeführt werden müssen.

Um über Excoriationen, Schleimpolypen etc. besseren Aufschluss
zu haben, wende ich Sims' Speculum in gewöhnlicher Art an.

Die Sonde benutze ich selten und nur, wo ich es nöthig finde die Länge der Uterushöhle zu messen. Eine weiche Silbersonde, welche, je nach der Form der Gebärmutter vorher gebogen, in der Rückenlage der Patientin längs des in der Scheide liegenden linken Zeigefingers eingeführt wird, hat mir immer genügt.

Manche Frauen haben geklagt, dass ein gewisses locales Unbehagen mitunter nach der ärztlichen Untersuchung, sogar mehrere Stunden hindurch, angehalten hat. Da auch bei meinen Untersuchungen und täglicher Behandlung zuweilen ein solches entsteht, habe ich gesucht dasselbe sofort zu heben und zwar dadurch, dass ich mit dem Mittelfinger ein paar bestimmte Drückungen etwas hinter dem Anus oder an dem hintern Umfange desselben ausführe. Dies ist im Gegensatz zu meiner früheren Angabe nicht eine Drückung auf den Nervus pud., welche ich nur bei Scheidenvorfall anwende. Es wird hierbei im Innern ein Gefühl nach aufwärts und hinten empfunden. Dann folgt ein kurzes leichtes Handauflegen auf den Bauch oberhalb des Schambeins, wobei die Aufmerksamkeit der Patientin auf meine Hand gelenkt sein muss. In den letztern Jahren pflege ich darnach ein paar leichte Kniezusammendrückungen bei Kreuzhebung folgen zu lassen. Ist eine allgemeine Erregung vorhanden, so ist es mitunter nöthig, noch eine äusserst leichte Streichung mit beiden Händen von der Magengrube bis über die Zehen, oben auf den Kleidern ausgeführt, hinzuzufügen, während Patientin mit geschlossenen Augen ruhig derselben mit dem Gefühl folgt.

V. Reposition der Gebärmutter bei Rückwärtslagerung.

Das Zurückbringen der rückwärtsgelagerten Gebärmutter in eine Vorwärtslage ist von verschiedenen Umständen abhängig, auch da, wo keine Verwachsung ein gar nicht oder schwer zu überwindendes Hinderniss in den Weg stellt. Sie kann daher in verschiedenen Fällen in verschiedener Stellung und in verschiedener Art am leichtesten ausgeführt werden. Manchmal wird nur eine Hand benutzt, manchmal geschieht es am besten oder ausschliesslich bimanuell. Die Finger können von der Scheide oder vom Mastdarm aus wirken oder auch von beiden gleichzeitig mit oder ohne Hülfe der andern durch die Bauchdecken hindurch thätigen Hand.

Die gewöhnlichen Stellungen sind die stehende und die
krummhalbliegende. Die Bauchlage wird dann nöthig, wenn
die Gebärmutter allzu gross und schwer ist, um ohne Beschwerden
oder Gefahr (wie besonders bei Schwangerschaft) in den gewöhnlichen Stellungen durch den Zeigefinger hoch genug gehoben zu
werden (s. Seite 24).

Bevor man einen fehlerhaft gelagerten Uterus reponirt, muss
man sich zuerst über Alles klar machen, was mit der Ausführung
in Beziehung kommen kann, wozu ausser feinem Gefühle leichte
Hand und kleine Bewegungen erforderlich sind. Die Haupt-
fehler, welche Anfängern sowohl bei Untersuchungen wie bei Repositionsversuchen Schwierigkeiten bereiten, sind, dass sie zu grosse
Bewegungen machen und zu grosse Kraft anwenden.

Wenn wir etwas genau befühlen wollen, so lehrt uns geradezu
die Natur von selbst, nur leicht den fraglichen Gegenstand zu berühren und mit kleinen Bewegungen darüber hin und her zu gleiten.
Greift man statt dessen hart an, so wird unsere Aufmerksamkeit
auf die Bewegung der hierbei thätigen Theile gelenkt, natürlicher-
weise auf Unkosten des Gefühls. Ebenso ist es bei zu grossen Bewegungen: die Bewegung wird Hauptsache, die Bemühung zu fühlen
Nebensache. Wenn wir statt dessen immer darnach trachten, das
Nachfühlen die Hauptsache sein zu lassen, und nur so viel
unser motorisches Nervensystem anwenden, als erforderlich um die
fühlenden Körpertheile ganz leicht um den Gegenstand herum zu
führen, wird es uns weit besser gelingen. Nachdem wir bei einer
Reposition in dieser Art uns „orientirt“ haben, tritt die Bewegung
in den Vordergrund. Wenn man die Lage, Grösse, Consistenz und
Biegungsfähigkeit einer frei beweglichen Gebärmutter kennt, hat
man nur den Finger in einer den individuellen Verhältnissen entsprechenden Art dicht an oder um die Gebärmutter zu setzen, um
wenigstens in der grössten Mehrzahl der Fälle die Reposition ganz
leicht und schnell sowie ohne Gewalt und ohne nennenswerthen
Schmerz auszuführen. Es hängt öfter eben nur von der Art und
Weise ab. Die allgemeine Regel, die wenn möglich befolgt werden
soll, ist daher:

Zuerst die Ausführungsart bestimmen, hierauf ruhig
die Hände in geeigneter Weise placiren und zuletzt mit
kleinen und der Patientin und dem Zuschauer möglichst
unmerkbaren Bewegungen die Aenderung der Lage bewerkstelligen.

Hat man dagegen entzündliche Zustände oder Fixationen gefunden, so muss man diese zuerst durch Massage und Ausdehnung
möglichst zu beseitigen suchen, ehe davon die Rede sein kann, eine
vollständige Reposition zu versuchen.

A. Repositionsmethoden.

a) Reposition in stehender Stellung bezw. Bauchlage:
   1. Rectovaginale Reposition = Umwerfung.
b) Reposition in krummhalbliegender Stellung:
   2. Ventrovaginale Reposition:
      a) Umkippung,
      b) Klemmung.
      c) Einhakung,
      d) Repositionsdruck.
   3. Ventrorectale Reposition.
   4. Ventrorecto-vaginale Reposition.
Anhang: Reposition nur mit dem Stützfinger.

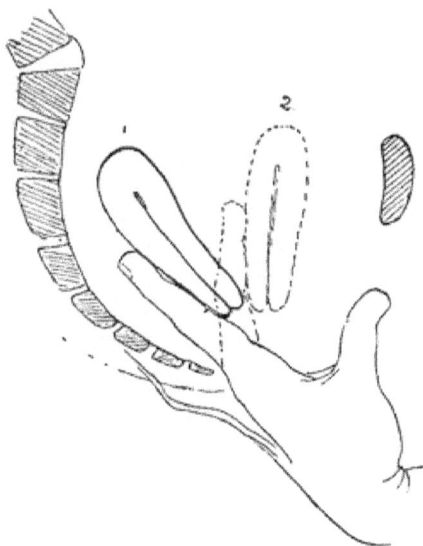

Fig. 4.

Umwerfung. (Fig. 4 und 5.) Ist die Gebärmutter sehr gross, wie
u. A. bei Schwangeren, oder scharf nach hinten abgeknickt, wird
die Reposition in stehender Stellung oder in Bauchlage allein von
der untersuchenden Hand ausgeführt. Bei den ersteren Fällen findet
man nicht selten, dass gleich eine bleibende Anteflexion entsteht.

Brandt.   3

Nachdem man zuvor den Zeigefinger möglichst hoch ins Rcetum hinaufgeführt hat, wird die Gebärmutter durch Drückungen von hinten auf das Corpus zuerst nach oben und vorne, dann nach vorn und unten allmählich gedrängt, während der in die Vagina eingeführte Daumen dabei abwechselnd die Vaginalportion zuerst nach hinten, dann nach oben schiebt. Diese abwechselnden Drückungen müssen behutsam gemacht werden, bis der Uterus in Anteversion gebracht ist.

Wenn man nach ausgeführter Repositionsarbeit findet, dass die Gebärmutter zu viel gesenkt oder nicht ganz vorwärts liegt, so setzt man einen Finger (Zeigefinger oder Daumen) gegen die Vorderseite der Vaginalportion, drückt diese nur so viel zurück, dass die vorderen Halteteile ein wenig gespannt sind, verschiebt so leise den Gebärmutterkörper in einem Bogen nach aufwärts und nach

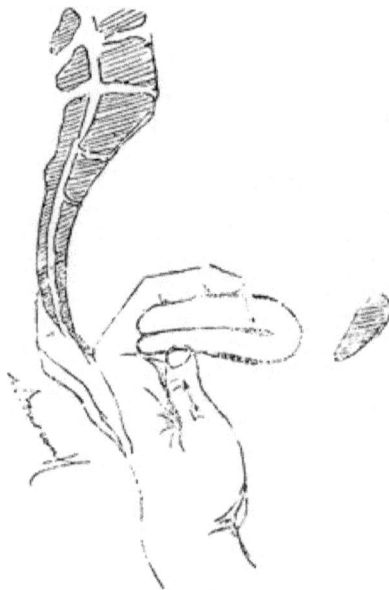

Fig. 5.

vorwärts und hält den Uterus so einige Augenblicke fest. Man findet dann den Fundus am Schambein.

Für Anfänger ist diese Art zu reponiren die leichteste, und gelingt sie nicht vollständig, so ist es dann sehr leicht dieselbe bi-

manuell in krummhalbliegender Stellung zu vollenden. Man kann
zu diesem Zwecke die Patientin, während man die erreichte Lage
mit den Fingern festhält, gleich die gewöhnliche Bauchlage einnehmen lassen; etwa nach 10 Minuten dreht sie sich mit Vorsicht
in krummhalbliegender Stellung um, worauf die Gebärmutter sich
ohne Schwierigkeit antevertiren lässt.

Umkippung wird angewandt, wo die Gebärmutter nicht lang
ist, und wenigstens so viel Steifheit und eine solche Stellung hat,
dass der Fundus durch Druck auf die Vorderseite der Cervix gehoben werden kann. Die freie Hand wird dadurch im Stande,
hinter den Fundus durch die Bauchdecken zu gelangen und ihn
nach vorne zu führen.

Klemmung (Fig. 6) wird gebraucht, wenn die Gebärmutter
kurz und steif ist und sich mehr platt dicht an das Os sacrum legt,
somit nicht umgekippt werden kann. Dieselbe wird auf die Weise
ausgeführt, dass man die Finger der freien Hand durch die Bauchdecken ganz leicht dicht oberhalb des Fundus ansetzt und in dem

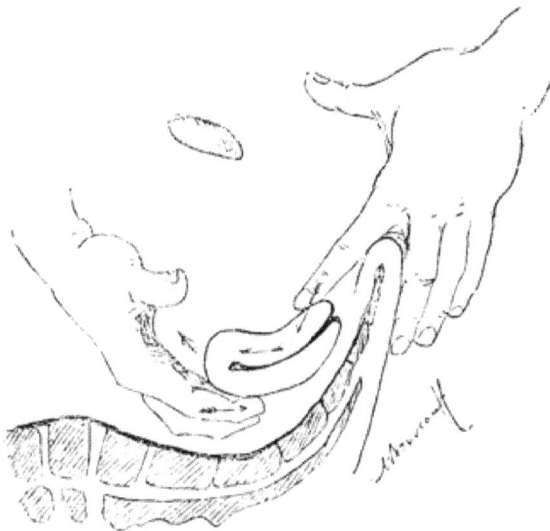

Fig. 6.

Augenblick, wo man den Uterus durch Druck mit dem untersuchenden Finger auf dem Isthmus aufwärts schiebt, die Finger der
freien Hand hinter den Fundus hineinpresst, so dass der Uteruskörper
so zu sagen hervorgeklemmt wird, worauf er auf gewöhnliche Art
bimanuell nach vorn unten gegen das Schambein geführt wird.

3*

Einhakung (Fig. 7) wird gebraucht, wenn die Gebärmutter
kurz und sehr biegsam ist, so dass die obigen Methoden undurch-
führbar sind, weil die Gebärmutter sich immer wieder rückwärts
biegt. Die Hauptsache ist, von der rechten (resp. linken) Seite der
Gebärmutter möglichst hoch oben das etwas gebogene Nagelglied
des Zeigefingers hinter den Körper hinunterzuschieben, um den
Fundus vorwärts gegen die Bauchdecken zu heben, worauf die
Finger der freien Hand durch eine leichte Drückung gleich oberhalb und hinter dem Fundus geführt werden und somit die Reposition vollziehen können.

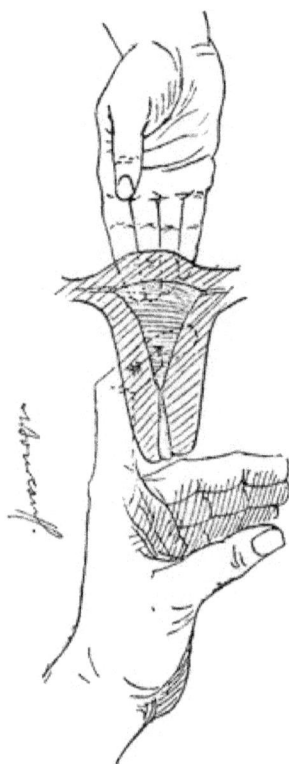

Fig. 7.

Repositionsdruck anzuwenden ist dann am meisten nöthig,
wenn die Portio vaginalis nach vorn gerichtet ist und etwas fester
in dieser Stellung steht, der Isthmus aber eine gewisse Steifheit

besitzt; die Gebärmutter darf nicht zu lang sein. In diesen Fällen bin ich folgendermassen vorgegangen:

In krummhalbliegender Stellung der Patientin wird der Zeigefinger der linken Hand in die Scheide eingeführt und unter den Gebärmutterkörper hinaufgeschoben, welcher dann auf diesem Finger etwas gegen die Bauchdecken gehoben und, nöthigenfalls mit Beihülfe der äussern Hand, in die Medianlinie geführt wird (Fig. 8). Jetzt werden die Fingerspitzen der äussern Hand auf die Bauchdecken gehoben und mit diesen bis zum obersten Theil der Cervix hinab vorgeschoben. Nachdem man nun den Stützfinger nach vorn herumgeführt und an die Vorderseite der Cervix dicht unterhalb und entgegen den Fingern der äussern Hand angesetzt hat, wird durch gleichzeitigen Druck der Finger beider Hände nach hinten und oben die Gebärmutter längs des Kreuzbeines hinaufgeschoben, bis die vordern Haltetheile etwas gespannt sind, d. h. einen merk-

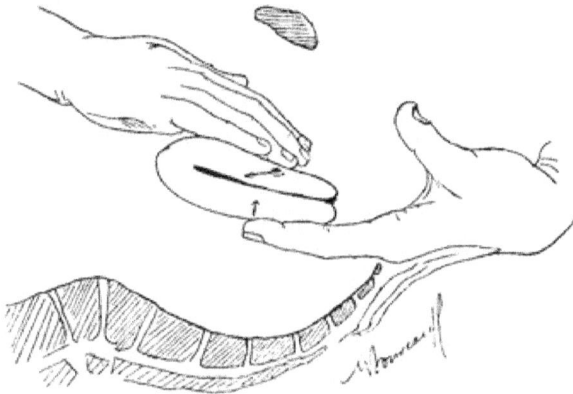

Fig. 8.

baren Widerstand leisten. Von alledem ist der Uterus schon etwas nach vorn gebeugt, insofern man nicht den Fundus gedrückt hat (Fig. 9). Nun hält der Stützfinger allein die Gebärmutter, ohne von der Stelle verrückt zu werden, während dessen die äussere Hand sanft und ohne Druck am Uterus entlang geführt wird. Wenn man dann die Fingerspitzen über den Fundus weggleiten fühlt, werden sie gleich hinter demselben, obschon ganz sanft, niedergeschoben (Fig. 10). Sollte wider alles Erwarten die Reposition nicht vollständig ausgeführt sein, so wird die freie Hand behutsam, so dass der Uterus dabei seine Stütze daran nicht verliert, umgekehrt, so dass die Handfläche fusswärts gerichtet wird. Ein leichter Druck nach vorne unten oder, wenn nöthig, leichte Zirkelreibungen oberhalb des Fundus und etwa an einem sich straff anfühlenden Bande beschliesst dann die Reposition. Der Körper liegt nun längs des Stützfingers. Dieser ist während der Zeit unbeweglich gewesen, insofern es nicht nöthig wurde bei der Massage eine Stütze unter dem etwaigen straffen Bande mit der Spitze zu gewähren, wobei er jedoch mit seiner Seitenfläche den Stützpunkt auf der Cervix genau festhalten muss.

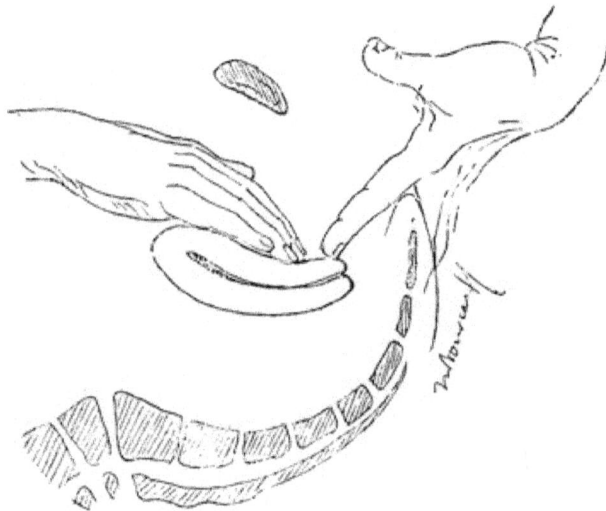

Fig. 9.

Nicht selten wird der Uteruskörper von den gespannten Haltetheilen schnell auf den untersuchenden Finger hervorgetrieben, sobald die freie Hand den Fundus passirt hat. Wenn man dies mit dem Finger wahrnimmt, kann man gleich mit der freien Hand bis oberhalb des Schambeins rücken und den Körper zwischen die Hände bekommen.

Wenn die Vaginalportion nicht so kurz ist, wie man sie bei stärkeren Rückwärtslagen oft findet, so kann die Ansetzung beider Hände an die Vorderseite der Cervix oft gleich gemacht werden. Ehe der Repositionsdruck von den beiden Händen gemacht wird, muss jedoch der Uterus in die Medianlinie geführt sein, weil dies bei allen Repositionsmethoden oft eine unerlässliche Bedingung des Gelingens ist.

Ventrorectale Reposition (Fig. 11), die eigentlich nur bei sehr jungen Mädchen in einzelnen Fällen nöthig werden kann, z. B. um mit besserem Erfolge massiren zu können, ist nicht immer leicht. Die erste Schwierigkeit liegt dann manchmal darin, zu bestimmen, welches Ende des Uterus das untere ist, und ob also eine Rück-

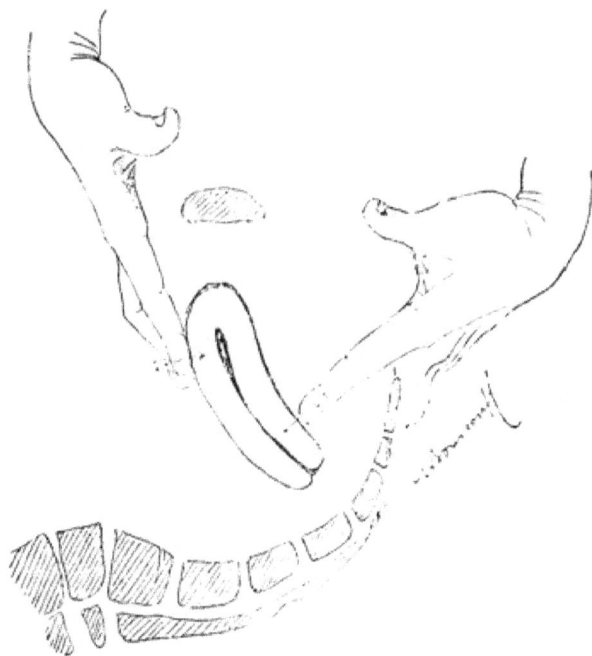

Fig. 10.

wärtslage vorhanden ist oder nicht. Man hat mit dem Stützfinger durch den Mastdarm das Corpus vorwärts zu drücken, bis die freie Hand hinter den Fundus dringen und der Stützfinger an die Vaginalportion angesetzt werden kann.

Manchmal kann man die nächstfolgende Repositionsmethode nur mit dem Zeigefinger per Rectum und der äussern Hand ausführen, indem es gelingt, den Daumen in die Vagina einzuführen.

Ventro-recto-vaginale Reposition (Fig. 12) wird in allen den Fällen am Platze sein, wo eine biegsame Gebärmutter sehr lang ist oder mit dem Fundus zu hoch aufgezogen liegt, um mit dem untersuchenden Finger per Vaginam so erreicht werden zu

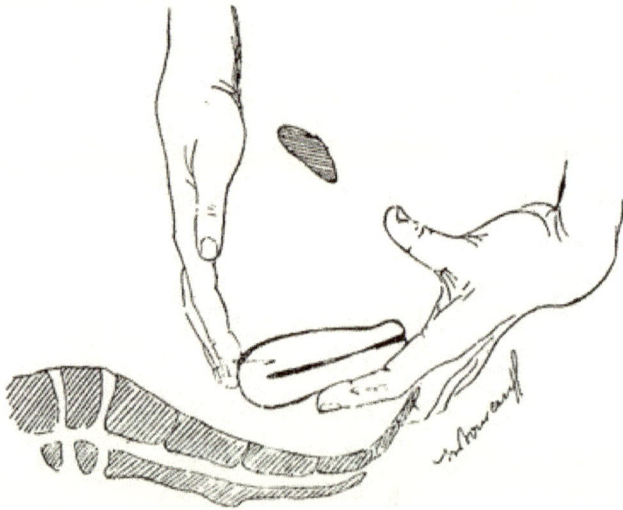

Fig. 11.

können, dass er gegen die Bauchdecken gehoben werden kann, d. h. wo Einhakung nichts nutzt, indem nur die biegsame Mitte nach

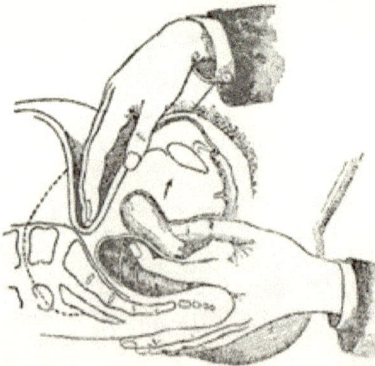

Fig. 12. Ventro-recto-vaginale Reposition.

vorwärts mitfolgt und die Flexion vermehrt wird. Man beabsichtigt dann mit der äussern Hand das Corpus abwärts längs des ins Rectum eingeführten Stützfingers hinunter zu schieben; wenn dies gelungen, wird die Reposition hauptsächlich von der äussern Hand und dem Daumen vollzogen. Trotzdem diese Methode mehr Zeit erfordert, ist sie den Anfängern zu empfehlen, da sie im Allgemeinen leicht auszuführen ist, und in Fällen jeder Art gelingt, wenn nur die Gebärmutter beweglich ist.

Nachdem die Patientin die krummhalbliegende Stellung und der Arzt seinen Platz daneben eingenommen hat, wird der Zeigefinger

der linken Hand ins Rectum möglichst hoch — man muss zu diesem
Zwecke seinen Stuhl weiter nach den Füssen der Patientin zu-
schieben, sowie ihre Knie etwas von sich drücken — hinaufgeführt,
bis dass das Fingerende durch die vom Sphincter tertius gebildete
„Mastdarmenge" gelangt ist. Gleichzeitig oder später wird der
Daumen in die Vagina eingeführt. Darauf wird die äussere Hand
mit der Volarfläche auf den Leib gelegt, die gestreckten Finger
nach oben gerichtet. Jetzt muss der Zeigefinger oberhalb der bieg-
samen Stelle auf den Gebärmutterkörper unter Beugung desselben
von hinten drücken, wobei man abwechselnd mehr links oder mehr
rechts arbeitet, bis der Fundus etwas nach vorn erhoben wird.
Dann sucht die äussere Hand oberhalb des Fundus an der Stelle,
wo sie versuchsweise den geringsten Widerstand findet, etwas einzudringen, bis die Fingerspitzen auf dem Fundus so viel Angriffs-
fläche bekommen, dass sie die Gebärmutter längs des Zeigefingers
nach unten verschieben können, und somit Letzterer einen Druck
höher oben auf den Körper ausüben kann. Allmählich erhalten
dann die Fingerspitzen einen Griff hinter dem Fundus. Bei dem
Eindringen und der Fassung haben die freien Finger sich stets
unter sanfter Schüttelung oder Zirkelreibung zu bewegen und so
das über dem Uterus liegende Darmbündel möglichst nach oben zu
verdrängen.

Wenn es in dieser Weise nicht gelingt, den Fundus vorwärts
zu führen, so legt man jetzt den in die Scheide eingeführten Daumen
auf die Vorderseite der Cervix und drückt diese damit nach hinten.
Der gleichzeitige Druck des Daumens nach hinten oben und der
Finger der äussern Hand hinter dem Fundus nach vorn unten wirkt
nicht mehr retroflectirend, sondern eher gradestreckend auf die Gebärmutter, wobei der linke Zeigefinger mehr oder weniger mitzuwirken hat. Der Uteruskörper gleitet nun leicht vorwärts und
abwärts. Man sucht mittelst der Drückungen gleichzeitig die Gebärmutter abwärts zu ziehen.

Wenn es sich dann herausstellt, dass die Reposition sich derartig nicht vollziehen lässt, sucht man eine etwa sich spannende
zurückhaltende Verbindung zu finden. In diesem Falle schiebt
man die Zeigefingerspitze zur Stütze unter die etwas in Spannung
gehaltene Verbindung, während der Zeigefinger mit seiner seitlichen
Fläche und der Daumen den Uterus in der halbreponirten Stellung
festhalten, und massirt an und um dieselbe, bis die Reposition
gelingt. Wenn nicht, muss man einstweilen von dieser abstehen,
bis durch Dehnungen das Hinderniss beseitigt worden ist.

Reposition mit einem Finger. Wenn die zurückgelagerte Gebärmutter beweglich und nicht gar zu lang oder biegsam ist, kann sie manchmal schnell und ohne Schmerzen, sogar für
die Patientin unmerklich, allein mit dem Zeigefinger reponirt werden.
Es ist dies mehr ein Kunststück, das Geschicktheit und Uebung
erfordert, als eine in gewissen Fällen nöthige Methode. In krummhalbliegender Stellung der Patientin geht man wie gewöhnlich mit
dem Finger durch die Vagina hinter den Gebärmutterkörper, und
zieht oder hebt nun leise aber bestimmt denselben gegen die Bauchdecken so hoch, als die Nachgiebigkeit der betreffenden Theile es
erlaubt. In dieser Stellung hält man ihn einige Augenblicke fest,
um die Dehnung der Theile nachhaltiger zu machen, und lässt dann,
indem man den untern Theil des Fingers nach der rechten Seite
führt, die Vaginalportion nach hinten gleiten. Dann wird der jetzt
schief um die rechte Seite der Gebärmutter gekrümmte Zeigefinger,
der noch den Körper erhoben hält, in gewisser Eile aber sanft in
der schiefen Richtung um den Uterus vorgezogen, bis die Fingerspitze einen Druck nach hinten und oben auf den obern Theil der
Cervix ausüben kann. Mit mehr Ruhe wird nun die Fingerspitze
je nachdem etwas tiefer auf die Vorderseite der Cervix gesetzt,
und diese aufwärts gedrückt, so dass der Uterus in einen Bogen
aufwärts und vorwärts geschoben wird. Man fühlt dabei deutlich,
wie die Gebärmutter in Anteversionsstellung übergeht. Manchmal
ist es jedoch nöthig, die Reposition mit der freien Hand zu vollenden; man hat dann nur diese so hoch auf den Bauch anzusetzen,
dass sie sicher oberhalb des Fundus ist, und man nicht Gefahr läuft,
ihn wieder zurück zu drücken. Diesen Druck nimmt man mit dem
Untersuchungsfinger wahr und rückt dann geleitet vorsichtig mit
der freien Hand an der Bauchwand abwärts, bis man die Hinterseite der Gebärmutter fühlt, wodurch man sich von der Vollständig-
keit der Reposition vergewissert.

B. Bemerkungen.

Auf Grund langer Erfahrung will ich erwähnen, dass ich gegenwärtig bei Reposition der rückwärts gelagerten Gebärmutter immer
die oben erwähnte feine Kreisbewegung der Fingerspitzen anwende,
indem ich abwechselnd von den Seiten und oberhalb des Fundus mit
kleinen Verschiebungen hinter ihn einzudringen suche. In dieser
Weise kann man die Reposition fast schmerzlos bewerkstelligen, was
früher seltener gelang.

Anfänger pflegen öfters die Gebärmutter mit dem Stützfinger zu hoch hinaufzuschieben und erschweren sich dadurch die Möglichkeit oberhalb des Fundus hineinzugreifen (Bedingung des Gelingens). Dies ist ein weiterer Beweis, dass feines Gefühl und Beurtheilung wichtiger als die Kraft sind; vielmehr ist es das richtige Abmessen der Aufwärtsverschiebung, welches, wenn die freien Finger richtig placirt sind, bewirkt, dass sie am leichtesten und schmerzlosesten hinter dem Fundus eindringen können. Sonst wird der Fundus zu hoch gegen das Promontorium (bezw. die Seitenwand des Beckens) erhoben, so dass diese hervorragenden Theile im Vereine mit der Spannung der Bauchdecken die Finger immer und immer über den Fundus abgleiten lassen.

Bei jeder Reposition (ebenso wie bei sonstiger Untersuchung und meistens auch bei der Massage) ist es hauptsächlich das Gefühl im Untersuchungsfinger, das Anfschluss giebt, nicht so das der freien Finger, die mehr zur Bewegung verwendet werden. — Leisten bei der Reposition die Bänder (die normalen oder irgend ein annormales) zu grossen Widerstand, und will man, um diesen zu überwinden, leichte Massage darauf anwenden, ohne deshalb die Vaginalportion loszulassen, so lässt man den Untersuchungsfinger leise schief über die Vorderseite der Portio vaginalis gleiten, so dass die Fingerspitze unter das sich spannende Band kommt, um beim Massiren in gewöhnlicher Weise Stütze zu gewähren, während die Fingerseite als Stütze an der Vorderseite der Vaginalportion bleibt.

Bei einem Versuch in stehender Stellung bei einer Patientin, wo die Gebärmutter zuvor beweglich befunden war, zu repouiren, erstaunte ich über die Schwierigkeit. Ich fand die Ursache darin liegen, dass die Patientin, sobald ich einen Versuch machte, die Bauchdecken spannte und die Reposition unmöglich machte. Nachdem sie aufgefordert worden war, natürlich zu athmen, wurde die Reposition schmerzlos in einigen Sekunden vollzogen.

Alle, die kurze Finger haben, will ich daran erinnern, dass bei Behandlung solcher Fälle, wo ihre Finger bei krummhalbliegender Stellung nicht hinreichen, es ihnen besser gelingen wird, wenn die Patientin aufsteht, weil dann die Gebärmutter von dem Bauchinhalt gegen den Untersuchungsfinger heruntergedrückt wird, wenn sie nicht höher oben fixirt ist; aber auch in diesen Fällen reicht man höher durch das Rectum in stehender Stellung, als in krummhalbliegender.

Hunderte Male habe ich bei Repositionsversuchen ein Verhältniss des Uteruskörpers gefunden, welches dem eines auf einer nassen

Glasscheibe befindlichen Glasstückes sehr ähnlich ist; der Fundus kann sehr leicht auf der Kreuzbeinfläche hin- und hergeschoben werden, aber es ist ausserordentlich schwierig, ihn davon zu trennen. Eine andere Schwierigkeit entsteht da, wo eine grössere Schlaffheit eines längeren Uterus in der Gegend des innern Muttermundes vorhanden ist. Diese Schlaffheit kann wohl durch leichte Massage und Hebebewegungen vermindert oder behoben werden; vorher aber schlägt sich bei Repositionsversuchen die Gebärmutter immer wieder zurück, wenn es nicht gelingt, durch Ansetzen des Untersuchungsfingers grade auf dieser Stelle oder sogar darüber dies zu verhindern.

Ungeübten passirt es oft, dass der Uterus, wenn sie mit der freien Hand versuchen oberhalb des Fundus einzudringen, um die Reposition zu vollenden, bald nach rechts, bald nach links schlüpft. Es empfiehlt sich dann, den Zeige- und Kleinfinger an je einer Seite des Fundus zu placiren, während die mittleren Finger eindringen. Anfänger haben zu beobachten, dass durch misslungene Versuche manchmal die Gebärmutter fester nach oben hinten gezogen wird. Sie müssen daher stets suchen, die Gebärmutter wieder nach vorne unten zu ziehen.

Dass auch eine Wirkung anderer Art als die reine Ortsveränderung durch die reponirende Arbeit zu Stande kommen kann, scheint aus folgendem, oftmals wiederholtem Ereignisse hervorzugehen. Wenn ich eine Zeitlang eine Person behandelt hatte, so dass mir die Reposition schnell und ohne Schwierigkeit gelang, liess ich irgend eine Schülerin versuchsweise die Reposition ausführen; wenn es ihr dann nicht gelang, habe ich gefunden, dass es mir nur mit Aufwand grosser Mühe und Zeitverlust, einige Male gar nicht möglich war zu reponiren; als ob die Gebärmutter in der unrichtigen Lage zeitweilig mehr befestigt wäre. Am folgenden Tage war die Reposition wieder ebenso leicht wie früher.

In vielen Fällen werden bei der Reposition die Befestigungsbänder an einem gewissen Punkt am meisten gespannt, so dass der Uterus, wenn er diese „Halbspannung" noch nicht passirt hat, beim Loslassen sich wieder zurücklegt, nach vorne aber sich von selbst überschlägt, wenn er über diese Halbspannstellung hinaus gebracht ist. Es ist nicht leicht zu entscheiden, ob dies von einer wirklichen Spannung des Bauchfelles und den Bändern der Gebärmutter, oder von der in einer gewissen Stellung von der Vorderfläche zur Rückenfläche übergeführten Wirkung des innern Bauchdruckes herrührt.

Trotz der Vorsicht, den Nagel des Stützfingers genau geglättet zu haben, kann es doch vorkommen, dass bei schweren Repositionen durch diesen Nagel kleine Schleimhautverletzungen an der Vaginalportion entstehen. Dieselben haben aber gewöhnlich nichts zu bedeuten, sondern heilen in der Regel bald. Nur in wenigen Fällen sind daraus Ulcerationen hervorgegangen, welche dann von einer besondern Disposition abhängen müssen. Uebrigens heilen auch diese bei fortgesetzter Behandlung.

Es dürfte mir erlaubt sein hier anzuführen, dass es mir fast in allen Fällen gelungen ist, den fehlerhaft gelagerten Uterus nöthigenfalls mit Dehnungen loszuziehen und nach irgend einer der erwähnten Methoden in normale Stellung zu führen, mit Ausnahme einer kleinen Anzahl von Fällen, wo die Gebärmutter unlösbar festgewachsen zu sein schien. Einmal habe ich einen Fall gesehen, wo die retroflectirte Gebärmutter nach der ausgeführten Reposition dennoch in Rückwärtsbeugung blieb, ohne gerade gestreckt werden zu können.

VI. Hebebewegungen.

Bei diesen Bewegungen werden Beckeneingeweide von unten her durch die Bauchdecken ergriffen und in die Höhe gezogen, sodass deren untere Haltetheile gestreckt werden. Es sind von dem Beckeninhalt nur die Gebärmutter und die Gedärme, welche so gefasst werden können; der Einfluss der Bewegungen erstreckt sich jedoch auf ein weit grösseres Gebiet der verschiedenen Beckentheile, ist aber vorläufig nicht zu analysiren.

Es ist einleuchtend, dass nur die krummhalbliegende Stellung gebraucht werden kann. Die Kleider der Patientin sind gelöst, so dass der Bauch nur mit der Wäsche bedeckt ist. Sie werden immer bei entleerter Blase und, wenn möglich, auch nach stattgefundenem Stuhlgange, am besten bei nüchternem Magen oder wenigstens zwei Stunden nach einem leichten Frühstücke ausgeführt. Sie werden je nach der Empfindlichkeit der Patientin, je nach der Spannung der Bauchdecken u. s. w. kräftiger oder schwächer gemacht, im Anfange jedoch immer etwas weniger kräftig (sogar ohne die Gebärmutter zu fassen). Da man immer tief einzudringen hat, muss man sich möglichst hüten, der Patientin wehe zu thun, weil sie sonst die Bauchdecken zum Schutze spannt.

A. Gebärmutterhebung.

Im Wesentlichen besteht diese Bewegung nur in einer Erhebung der durch die Bauchdecken gefassten Gebärmutter, wird aber je nach den individuellen Verhältnissen sehr verschieden ausgeführt. Für das Verständniss der Darstellung scheint es am besten die gegenwärtig am meisten gebräuchlichen Formen als Typen voranzustellen und zunächst zu beschreiben, später aber an geeigneten Stellen Anleitung für Abweichungen anzugeben.

Die erste Form findet Anwendung bei Gebärmutter- und Scheidenprolapsen, die zweite bei Rückwärtslagerungen, die dritte bei beträchtlicher Vergrösserung der Gebärmutter. Es sind in der Regel zwei Personen nöthig, von welchen die eine zur linken Seite sitzt, während der Bewegung untersucht und dieselbe leitet, die andere diese nach Anweisung der Ersteren immer dreimal unverändert wiederholt.

a. Ausführung der Gebärmutterhebung.

1. Erste Form: Lange oder hohe Gebärmutterhebung. Die Patientin, in krummhalbliegender Stellung am besten auf einem langen, niedrigen Plinte, hält die Beine stark angezogen, die Knie abducirt, die Füsse dicht neben einander gelegt. Der Arzt, zur Linken der Patientin sitzend, bringt zunächst die Gebärmutter in möglichst normale Lage, setzt dann den Stützfinger hoch oben an die Vorderseite der Cervix und drückt diese etwas nach oben zurück, damit der bewegliche Fundus noch etwas mehr nach vorne unten zu liegen kommt. Die freie Hand wird flach auf die Bauchdecken gelegt, die Finger nach unten gerichtet, um die Lage der Gebärmutter zu erforschen, sowie die Därme nach oben zu drängen. Es werden hierbei die Bauchdecken ziemlich hoch von oben durch die Hand tief ins Becken hinuntergeschoben, und es wird so mittelst derselben der Gehülfin die Stelle angewiesen, wo sie ihre Hände anzulegen und ins Becken einzudringen hat. Sobald dies geschehen, wird die freie Hand des Arztes entfernt.

Während der Aufhebung und folgenden Niederlassung des Uterus sucht der Arzt mit dem Stützfinger die Bewegung nicht nur zu verfolgen und zu fühlen, sondern auch einen Einfluss auf die jeweilige Stellung der Gebärmutter auszuüben. Besonders sucht er durch Zurückdrücken der Vaginalportion zur Beibehaltung der Anteversionsstellung seinerseits mitzuwirken. Mit seinem linken Beine giebt er nebenbei dem rechten möglichst weit vorgestellten Beine der Gehülfin die nöthige Stütze.

Die Gehülfin stellt sich der Patientin gegenüber, das rechte Bein an der linken Seite derselben auf dem Boden, mit dem andern auf dem Plint aussen am rechten Fusse der Patientin knieend. Um während der folgenden Bewegung ohne Störung des Gleichgewichtes sich gehörig weit vorneigen zu können, stellt sie sowohl das linke Knie wie den rechten Fuss möglichst weit vor, indem sie die Knie der Patientin etwas empor schiebt und ihre Hüfte dagegen leicht stützt, jedoch nicht soweit, dass die freie Bewegungsfähigkeit des linken Armes des Arztes beeinträchtigt wird.

Deshalb müssen die beiden Personen ihre Stellungen gegen einander genau abgepasst haben, ehe die Bewegung anfangen darf. Die Füsse der Patientin treten nun frei schwebend zwischen die Oberschenkel der Gehülfin hindurch. Diese legt die supinirten

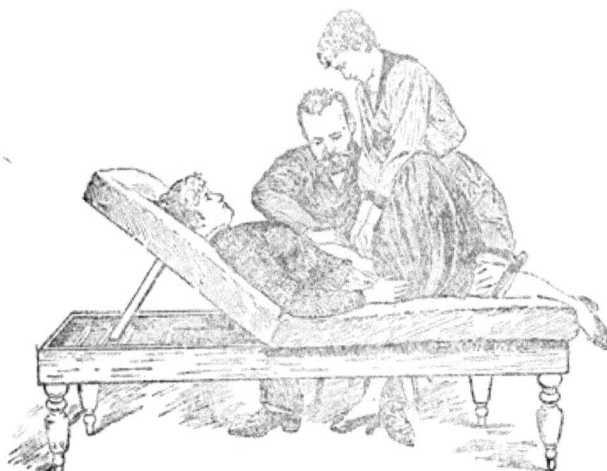

Fig. 13. Anlegen der Hände der Gehülfin: (der Arzt hat die rechte Hand vom Hypogastrium schon weggezogen).

flachen Hände nahe an einander, die Finger nach unten gerichtet, auf das Hypogastrium, indem zuerst die Finger an den angewiesenen Platz dicht an der Hand des Arztes angesetzt werden, dann beim Eindringen ins Becken auch die Handflächen. Sie neigt sich hierbei allmählich mehr vorwärts, die Knie der Patientin mit ihren Hüften vor sich herschiebend, dabei die Arme streckend und die Rückenfläche der Finger möglichst nahe den Schambeinen haltend, bis der Arzt die Finger gegen seinen Stützfinger drängen fühlt. Die Kraft in die Tiefe des Beckens zu dringen, wird beim Vorwärtsdringen durch die Schwere des vorgeneigten Oberkörpers gewonnen

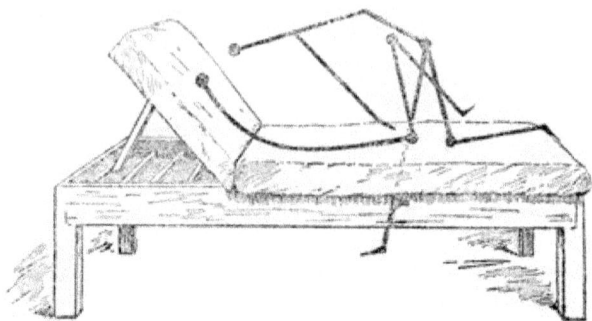

Fig. 14. Eindringen in's Becken (schematisch).

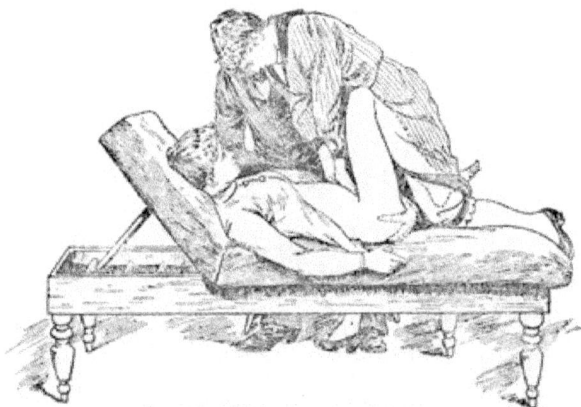

Fig. 15. Eindringen in's Becken.

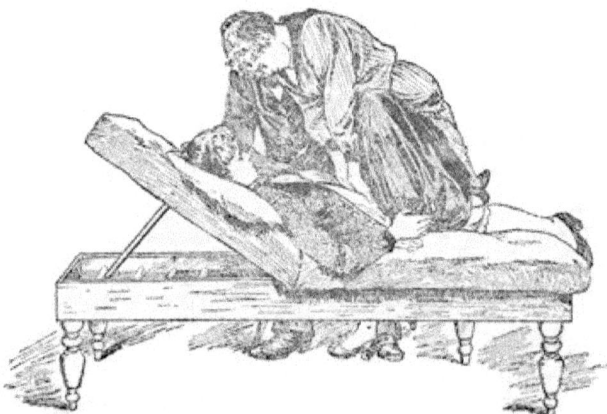

Fig. 16. Eindringen in's Becken (von der Seite gesehen).

(Fig. 13—16). Jetzt werden die geraden Finger beider Hände sanft
aber bestimmt, hauptsächlich in den zwei äusseren Gelenken, gekrümmt, um den Uterus zwischen sich und das Kreuzbein möglichst
tief von unten zu fassen. (Fig. 17.)

Mit diesem Griff wird der Uterus unter leichtem Zittern dem
Kreuzbein entlang in einem Bogen langsam erhoben, zunächst mehr
aufwärts, dann mehr vorwärts, soweit die Haltetheile es zulassen,
wobei man sich zu bemühen
hat, den Druck möglichst nur
auf den unteren Theil des
Uterus auszuüben, so dass er
nicht rückwärts umgeschlagen,
sondern vielmehr in möglichst
starke Anteversion gebracht
wird. Während dessen richtet
die Gehülfin sich wieder auf,
die anfangs graden Arme allmählich beugend und sie mehr
oder weniger gegen ihre Hüften
stützend. Darauf lässt sie mit
dem Griff allmählich und sanft
nach, während die Hände ihre Bewegung noch etwas fortsetzen;

Fig. 17.

dabei wird der Uterus nach unten vorbeigleiten, was die Gehülfin
bei richtig ausgeführter Bewegung in der Regel fühlen kann. Man
darf nicht auf einmal loslassen, weil dann der Uterus heftig zu-
rückschnellt, was schmerzhaft sein kann und dem Zweck entgegen-
wirkt. Vor jedem Wiederholen muss der Arzt die Stellung der
Gebärmutter untersuchen, nöthigenfalls sie wieder reponiren.

Lässt sich die Gebärmutter so hoch aufziehen, dass der Stützfinger der Vaginalportion nicht folgen kann, so hat man beim Nieder-
lassen möglichst bald dieselbe an der Vorderseite wieder zu
stützen.

Wenn die Bauchdecken vorher nicht hinreichend hinuntergeschoben worden sind, so werden sie bei der Aufziehung zu straff
gespannt, was schmerzen und die richtige Ausführung verhindern
kann. Manchmal wird es jedoch, um Schmerzen zu vermeiden, bei
sehr schlaffen Prolapsen sogar nöthig, die Fingerspitzen auf den
Bauchdecken aufwärts gleiten zu lassen, jedoch ohne die Führung
des Uterus zu verlieren.

Brandt.   4

2. Zweite Form.*) Kurze oder niedrige Gebärmutterhebung. Die Stellungen der Patientin und der beiden Bewegungsgeber sind dieselben wie bei der ersten Form. Die Hände der Gehülfin dringen ebenso nach Anweisung des Arztes ins Becken
hinunter: die zitternde Hebung wird in derselben Weise nach oben
(aber nicht auch nach vorne) angefangen. Sobald der Arzt aber
merkt, dass die Halttheile um den vorderen Umfang der Cervix
Uteri in dieselbe Spannung versetzt sind, wie beim gewöhnlichen
Repositionsdrucke, sagt er „halt!" Nachdem nun diese Spannung
während einiger Sekunden, je nachdem etwas länger oder kürzer,
eingehalten worden ist, wird „los" gesagt, worauf die Gehülfin
augenblicklich die Hände schnell aber sanft senkrecht wegzieht.
Vermittelst des an der Cervix angesetzten Zeigefingers wird der
Arzt merken, dass das Corpus uteri dabei gleich nach vorne fällt.

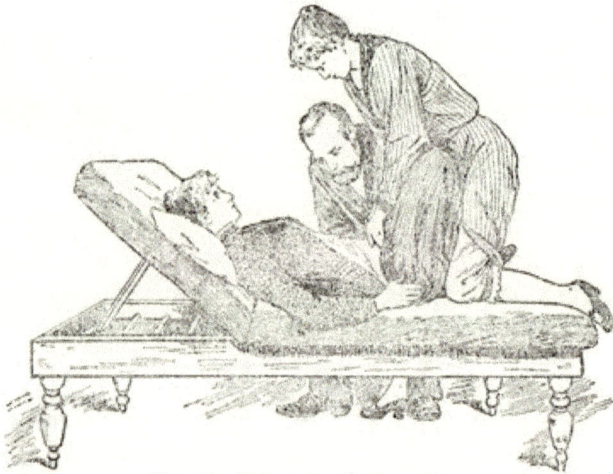

Fig. 18. Heben der Gebärmutter.

3. Dritte Form der Gebärmutterhebung. Wo die Gebärmutter sehr gross ist, kann die Hebung ohne eigentlich fehlerhafte
Lage aus anderen Ursachen von Nutzen sein, z. B. um den Uterus
im Allgemeinen beweglicher zu machen oder (wie bei Schwangeren)
einen schmerzhaften Druck auf einer bestimmten Stelle zu beseitigen.

*) Die mit Nummern belegten Formen der Hebung sind nicht mit den in
meinen früheren Arbeiten gebräuchlichen Ausdrücken Nr. 2 und Nr. 3 zu verwechseln.

Die Stellungen sind wie oben. Der Arzt hat nur durch den untersuchenden Finger der linken Hand die Bewegung zu kontrolliren und mit der äussern Hand durch leichte Verschiebungen zu untersuchen und anzuweisen, wo zu fassen ist; die Gehülfin (oder vielmehr hier der Arzt selber) sucht seitlich, je nachdem aber auch etwas mehr von vorne her, nach unten einzudringen, um eine gewöhnlich sehr unerhebliche Hebung etwa in der Richtung der Beckenaxe auszuführen. Die Ansetzung, die Hebung und das Loslassen wird mit gleich grosser Vorsicht und mit möglichst geringem Drucke ausgeführt. Die Loslassung geschieht mit Senkung der Hände.

4. Schräge Gebärmutterhebung. Wenn eine seitliche Abweichung der Gebärmutter vorhanden ist, sucht man die Hebung in der Weise auszuführen, dass die gekürzten Theile gedehnt werden, die verlängerten aber Gelegenheit haben, sich zu kürzen, wie diese gleichzeitig durch Zitterbewegung zur Zusammenziehung zu reizen. Jedoch darf diese Bewegung nur dann ausgeführt werden, wenn keine Fixation oder ein entzündlicher Zustand vorhanden ist.

Die Stellungen sind wie bei den vorigen Formen. Der Arzt reponirt die Gebärmutter in mediane Vorwärtslage und hält sie in dieser Lage, bis die Hände der Gehülfin hinreichend eingedrungen sind. Er schiebt die Bauchdecken in der Weise hinunter, dass sie später nicht vor dem Ende der Bewegung sich entgegenspannen, und giebt genaue Anweisung, wo und wie die Gehülfin ihre Hände anzusetzen hat. Während der Bewegung hat er zur abgepassten Dehnung der verkürzten Bänder und zur Führung des Uterus mit seinem Zeigefinger mitzuwirken.

Die Gehülfin setzt nach Anweisung dicht an der rechten Hand des Arztes die zusammengehaltenen Finger ihrer einen Hand je nachdem mehr oder weniger seitlich und dringt ins Becken hinunter um wie mit einem Keil zwischen die Seitenwand und die Gebärmutter einzudringen. Sobald diese Hand die Gebärmutter von der Seite drücken kann, wird die andere Hand wie gewöhnlich oder noch mehr grade von vorn angesetzt und dringt hinunter, während der Arzt seine rechte Hand entfernt und die Gehülfin sich vornüberneigt. Jetzt werden die Finger gekrümmt, so dass besonders mit der seitlichen Hand ein festerer Griff gewonnen wird. Die Hebung erfolgt nicht bloss nach oben, sondern in einer Richtung, die den Uterus über die Medianlinie hinweg zu führen bezweckt, während die vordere Hand eine Zitterbewegung ausführt. Je nachdem die Verkürzung in der einen Seite oder die Erschlaffung auf der andern

4*

Seite überwiegt, wird die Hebung entweder möglichst weit getrieben oder wie bei der zweiten Form halbwegs abgebrochen und dann ebenso wie dort weiter verfahren.

Es können natürlich alle Formen der Hebung mehr oder weniger schräge ausgeführt werden.

Ebenso nothwendig wie es ist, gegen Prolapse und Rückwärtslagerung die befestigenden Theile des Uterus so viel wie möglich auszudehnen, um sie dadurch zur Contraction zu reizen, ebenso nothwendig ist es zu beachten, dass man nicht täglich gleich weit dehne (im Gegentheil etwas weniger), wodurch die Verkürzung verhindert und auch die Heilung unmöglich gemacht würde. Zu bemerken ist noch, dass, wenn man bei Prolapsen den Uterus nicht höher hebt, als er vorher unter den normalen Stand gesunken war, man keine Streckung der befestigenden Theile erzielt, somit keinen Reiz und auch keine Heilung. Bei Retroflexionen muss der Assistent nach der Hebung die Hände sorgfältig nach unten und vorne fortziehen, ohne die oberen Theile (Fundus) des Uterus zu berühren, während der Arzt den Cervix noch etwas nach hinten und oben drückt, um so ein Umfallen des Uterus zu verhüten.

5. Gebärmutterhebung ohne Assistenz wurde während der ersten Jahre (bis 1868) von mir ausschliesslich angewandt, und zwar mit nicht geringem Erfolge. Seitdem ist sie nur gelegentlich ausgeführt worden, wenn zufälligerweise keine taugliche Gehülfin zugegen war, oder wenn bei der dritten Form Assistenz unnöthig schien. *)

Der Arzt führt die Hebung selbst aus und zwar in derselben Stellung und Art, wie oben von der Gehülfin gesagt ist. Die Fingerspitzen der supinirten wenig von einander getrennten Hände werden oberhalb des Schambogens da angesetzt, wo man versuchsweise den geringsten Widerstand der Bauchdecken findet. Die Därme werden

---

*) Seit 1861 bis 1888 habe ich den Gebärmutterhebungen, (mit Ausnahme jener unter 3 beschriebenen) gewisse Bewegungen, welche den Zweck hatten, die Ligamenta rotunda zu kräftigen, vorausgehen lassen. Neuerdings habe ich diese Bewegungen wieder aufgenommen. Dabei nimmt der Assistent die oben bei den Gebärmutterhebungen beschriebene Stellung ein; die einander zugewendeten Hände setze man gegen die beiden Seiten des Unterleibes etwa in die Gegend der Spinae ossis ilei ant. sup. und übe dabei mit beiden Händen einen gleichmässigen Druck aus nach innen und aufwärts längs der Darmbeinschaufeln. Dabei soll der Uterus weder nach unten gedrückt noch nach hinten umgeworfen werden, was schlecht ausgeführte Bewegungen leicht verursachen können. In der Regel führe man diese Bewegungen 3 mal hintereinander aus.

mit einer zitternden Bewegung nach oben geführt, und die Hände mit der Rückseite der vorderen Wand des Beckens folgend in dieses hinuntergedrückt, die Gebärmutter wie vorher beschrieben gefasst, gehoben und losgelassen. Es können alle drei Formen in der Weise ausgeführt werden, die zweite am schwierigsten. Die dritte Form kann selbstverständlich der Assistenz am besten entbehren.

Doch derjenige, der eine solche Hebung ausführen will, kann nicht hinreichend deutlich die Gebärmutter fühlen, um mit Sicherheit zu vermeiden, den Körper hintenüber zu drücken; jedenfalls erfordert diese Bewegung viel grössere Geschicklichkeit und Erfahrung als bei Assistenz. Oft ist sogar die Leitung durch einen Untersucher und die Unterstützung der Cervix für das Gelingen durchaus nothwendig.

b. Bemerkungen über die Gebärmutterhebung.

Die Gehülfin muss genau fühlen, wo die Nachgiebigkeit der Bauchdecken ihr zulässt am besten hinunterzugehen. Immer sind ein feines Gefühl und gute Kenntnisse der Lageverhältnisse von Nutzen, besonders aber sind sie unerlässlich bei der dritten Form und bei der Hebung ohne Assistenz. Beide Beine der Gehülfin müssen so weit vorgestellt werden, dass bei dem nöthigen Vornüberneigen auf gestreckten Armen der Körper sicher ruht und sie hat sich so weit vorzuneigen, dass das Hinunterdringen ebensowohl durch die Körperschwere bewirkt, wie nach dem Gefühl abgepasst und moderirt werden kann. Grosser Kraftaufwand soll vermieden werden; niemals ist ein sehr feines Gefühl mit Kraftanstrengung vereinbar.

Das Zurückdrücken der Cervix vom Stützfinger des Arztes bewirkt, dass die Gehülfin sich weniger weit vorzuneigen braucht.

Wenn die Gehülfin ihr linkes Knie zu nahe der Medianlinie stellt, kann dadurch ein Druck auf die linke Hand des Arztes entstehen; dasselbe geschieht manchmal von einer Ferse der Patientin. Der Arzt wird dann verhindert, der Bewegung des Uterus in gehöriger Weise zu folgen und sie zu leiten.

Wenn die Gehülfin zu hoch zu heben sucht, d. h. nachdem die Haltetheile um den Isthmus schon gespannt sind, so wird sie bis auf den Körper hinaufgleiten, welcher dann von der „Halbspannung" nach hinten umgestülpt wird. Besonders bei der zweiten Form wird der Arzt dies wahrnehmen, indem er beim Loslassen der Hände der Gehülfin das Vorfallen in Anteversion nicht fühlt. Letztere Wirkung entsteht nur, wenn der Arzt den Stützfinger zu hoch angesetzt hat. Ebenso schlägt sich im Anfange der Behandlung einer

Retroflexion mit sehr grosser Beweglichkeit durch Erschlaffung am
Isthmus eine Zeitlang der Körper immer zurück, bis durch fortgesetzte Hebungen und kurze leichte Massage die schlaffe Stelle
mehr Festigkeit gewonnen hat. Es ist dann nöthig gleich nach
jeder Hebung wieder zu reponiren. Jede Hebung einer rückwärtsgelagerten Gebärmutter schadet eher, als dass sie nützt.

Unmittelbar vor der Hebung liegt der vom untersuchenden
Finger schon etwas gehobene äussere Muttermund ungefähr in der
Mitte zwischen Promontorium und der Spitze des Steissbeins (Fig. 19,
Stellung 2). Durch eine Hebung bei einfachen Retroversionen kann
man den Muttermund nicht höher hinaufschieben, als bis zu der
durch 3 angegebenen Stelle. Bei hochgradiger Erschlaffung bei

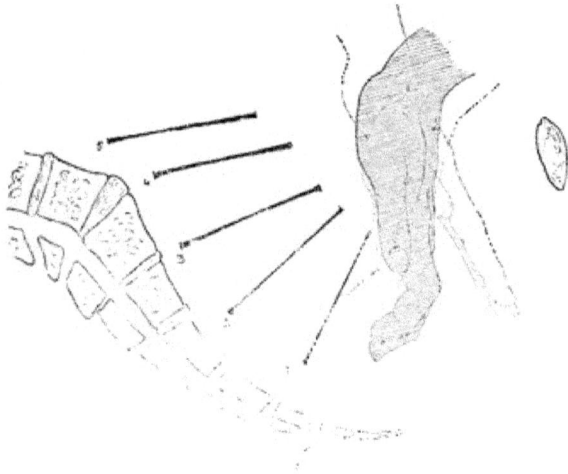

Fig. 19. Lage der Gebärmutter vor und nach der Hebung.

Prolapsus Uteri kann man dagegen den Muttermund etwas über das
Promontorium heben, also etwa bis zur Stellung 4 oder 5.

Während der Bewegung ist die Aufmerksamkeit auf das Gesicht
der Patientin zu richten, so dass bei jedem Zeichen von Unbehagen
die Finger wie weiche Federn nachlassen; ebenso muss jeder einzelne
Finger, dem Widerstand begegnet, weich nachgebend an diesem
vorbeigleiten: Alles aber ohne sich davon abhalten zu lassen, die
Bewegung völlig zu beenden.

Wenn die Gehülfin in der Weise ihren Griff nimmt und an der

Gebärmutter zieht, dass sie die untere Hälfte derselben nach oben und vorwärts zieht, so schlägt sich die Gebärmutter unter Schmerzen zurück; der Stützfinger fühlt diese Art der Ausführung als eine etwas gewaltsame Vorwärtstreibung der Vaginalportion, und es muss dann gleich die angefangene Hebung unterbrochen werden. Die Schmerzen mögen wohl durch die gewaltsame Ausstreckung der Ligg. sacro-uterina durch Druck des nach hinten geschlagenen und niedergedrückten Körpers auf dieselben entstehen.

Je mehr bei einer Rückwärtslage die vorderen Haltetheile straff oder gekürzt sind, desto länger lässt der Arzt die stillestehende Spannung bei der zweiten Form andauern; jedoch wenn wahre Fixation (etwa durch Narbenretraction) vorhanden ist, muss diese immer vor jeglicher Hebung beseitigt sein.

Bei alten Prolapsen, wo schon senile Atrophie besteht, muss man bei der Hebung versuchen, so unterhalb der Därme, der Gebärmutter und der breiten Bänder einzudringen, dass man Alles dies mit in die Höhe nimmt, obwohl man dabei die Gebärmutter nicht besonders fühlen kann. Damit ist jedoch nicht gesagt, dass es gleichgiltig sei, ob die etwa dünne und weiche atrophische Gebärmutter rückwärts, vorwärts oder flectirt liegt. Im Gegentheil, glaube ich meinerseits, dass die Hebung viel wirksamer wird, wenn die Gebärmutter zuvor in Vorwärtslage gebracht worden ist; die breiten Bänder haben dann ihre normale Lage, während sie bei der Rückwärtslage der Gebärmutter gedreht sind.

Wo Erscheinungen von Harndrang vorhanden sind, darf man die Scheide nicht zu stark ausstrecken, weil dann eine Zerrung der Blase entsteht. Man muss daher die Gebärmutter mehr von der Seite fassen und sie zuerst ein wenig nach oben, dann mehr nach vorne ziehen. Meistentheils muss man jedoch in solchen Fällen zeitweilig von den Hebungen abstehen.

Es ist einleuchtend, dass, wo ein empfindlicher Eierstock vorhanden ist, der Druck darnach modificirt werden muss. Wo mehr acut geschwollene Eierstöcke vorhanden, sind einstweilen Hebebewegungen nicht anzuwenden.

Wenn nach der Reposition die Gebärmutter durch eine Hebung wieder zurückgeworfen wird, findet man in der Regel die Reposition schwieriger als vorher. Dies scheint eine Einwirkung auf die Haltetheile in umgekehrter Richtung zu sein, indem durch den entstandenen Reiz die Gebärmutter zeitweilig in der unrichtigen Lage stärker befestigt wird. Darum darf man nach einer solchen zufälligen Zurückwerfung die sofortige Reposition nicht unterlassen.

Wenn irgendwo im Bauchfell oder Beckenbindegewebe eine Entzündung, ein frisches oder altes Exsudat vorhanden ist, oder wenn die Gebärmutter oder die Anexe in derlei Weise fixirt sind, so dass man durch Hebung diese Fixation zerreissen könnte, darf man gar nicht diese Bewegung versuchen, bevor es gelungen ist, durch Massage und Dehnungen diese erwähnten Complicationen zu beseitigen. Sonst könnte eine acute Exacerbation der Entzündung entstehen.

Jede Gewalt ist bei der Ausführung zu vermeiden.

c. Ueber die Wirkung der Gebärmutterhebung.

Obwohl diese Bewegung wahrscheinlich einen sehr mannigfachen Einfluss auf verschiedene Beckentheile ausübt, wie das Beckenbindegewebe, die Gebärmutter und deren Bänder, die Scheide, den Beckenboden, die das Becken durchziehenden Gefässe und Nerven u. A., so tritt ihre Anwendung bei Lageveränderungen der Gebärmutter und bei Scheidenvorfall ganz besonders in den Vordergrund.

Bei der grossen individuellen Verschiedenheit der Fälle von Lageveränderungen kann es nicht verwundern, dass die Uterushebung je nachdem in ziemlich verschiedener Weise ausgeführt werden muss, so dass gerade die kranken Theile ein heilsamer Einfluss treffen kann, und nicht nur schablonenmässig irgend welche Theile gezogen werden. Die heilsame Wirkung, jedenfalls die Schnelligkeit derselben, scheint sehr viel, ja manchmal sogar ganz von der richtig getroffenen Form der Bewegung abzuhängen. Diese Modificationen werden z. B. durch die ungleiche Haltung oder Arbeit beider Hände, durch die Anlegung derselben mehr von vorn oder mehr von den Seiten des Uterus, durch die Stärke oder die Höhe der Aufziehung u. s. w. bewirkt, und haben nur theilweise in der vorhergehenden Beschreibung ihren Ausdruck finden können.

Nach meiner Meinung übt die Hebung auf die Haltetheile der Gebärmutter eine stärkende Wirkung aus, die mit der stärkenden Wirkung activer Bewegungen auf die quergestreiften Muskeln zu vergleichen ist. Durch eine kurze und kräftige Ausstreckung werden die erschlafften Theile zur Contraction gereizt. Diese reizende Ausstreckung trifft nicht nur die Vagina, sondern auch die verschiedenen Mutterbänder und das Bauchfell; secundär muss dann eine Contraction aller Haltetheile entstehen, auch der Vagina, welche den Uterus nach unten sicherer befestigt. Durch die tägliche Wiederholung der Hebung entsteht eine kräftige Uebung der Haltetheile, ebenso wie die willkürlichen Muskeln durch wiederholte Arbeit geübt werden.

Die Relaxation, welche in einigen Haltetheilen anfangs bewirkt wird, geht natürlich von selbst bald zurück; während der Zeit aber erhalten dann die vorher erschlafften, jetzt zur Contraction gereizten Haltetheile Gelegenheit sich zu kürzen und allmählich mehr und mehr das Uebergewicht zu bekommen, bis die Lage normal verbleibt. Eine Bedingung des Gelingens ist daher, dass die vorher zusammengezogenen (gekürzten) Theile hinreichend gedehnt werden, so dass den vorher erschlafften Theilen Gelegenheit gegeben wird, sich durch die Contraction zu kürzen, und zugleich Zeit gegeben wird eine dauernde Wirksamkeit zu entwickeln. Natürlich darf man nicht so stark ziehen, dass eine (capilläre) Blutung entsteht. Es scheint mir gewiss, dass die hauptsächliche Wirkung der Hebungen aus Relaxation und Contraction verschiedener Theile sich zusammensetzt, wenn ich dies auch im Detail nicht auseinandersetzen kann. Wenn nicht die Haltetheile des Uterus sich contrahiren könnten, wie würde man dann die Thatsache erklären, dass die gesenkte, prolabirte oder sonst in ihrer Lage veränderte Gebärmutter, wo nur Schlaffheit die Ursache war, in Hunderten von Fällen in ganz normale Lage dauernd gebracht worden ist? Einmal habe ich, als ich eine retroponirte Gebärmutter vorwärts zog, deutlich eine bestimmte zurückziehende Zusammenziehung in den hinteren Bändern wahrnehmen können.

Während der Bewegung nimmt die Patientin ein deutlich aufwärts ziehendes Gefühl in den untersten schlaffen Beckentheilen wahr, so dass sogar die äusseren Geschlechtstheile etwas eingezogen werden können. Wenn ein bedeutender Gebärmuttervorfall vorhanden ist, kann manchmal der Uterus ohne Schmerzen oder Nachtheil bis oberhalb des Promontoriums hin — aufgeführt werden; je stärker die Senkung, desto mehr geben auch die erschlafften Theile bei der Aufwärtsführung nach.

Bei der kurzen Form der Hebung ist zu vermuthen, dass den runden Bändern zuerst eine Reizung, dann bei der schnellen Loslassung Gelegenheit sich zu kürzen gegeben wird. Jedoch nehmen wohl auch die Blase und etliche Fascikeln der breiten Bänder an der Spannung Theil, welche den Fundus so schnell vorwärts wirft.

In den sechziger Jahren hatte ich zwar glückliche Erfolge mit den Hebungen ohne Assistenz: doch dauerten die Curen oft 5—6, ja 8—9 Monate. Später, als die Hebungen mit Assistenz ausgeführt wurden, waren oft nicht mehr Wochen als früher Monate nöthig.

Die Bewegung gelingt ohne Assistenz selten ebenso gut, wenigstens nicht mit derselben Sicherheit.

Wiederholt habe ich die Erfahrung gemacht, dass die Hebungen die Regel ebenso wie abnorme Uterusblutungen vermindern, so dass z. B. eine sehr geringe menstruelle Blutung unmittelbar nach einer Hebung sogar ganz verschwindet. Nach meinem Dafürhalten wirkt die Hebung ableitend von der Gebärmutter, indem sie das Blut den Bändern und dem Beckenbindegewebe zuleitet. In Fällen von Blutungen und Retroflexionen wird die kurze Hebung ohne das schnelle Wegrücken der Hände ausgeführt.

B. Mastdarmhebung.

Der Arzt setzt sich zur rechten Seite der krummhalbliegenden Patientin und legt seine linke Hand auf die rechte Schulter der-

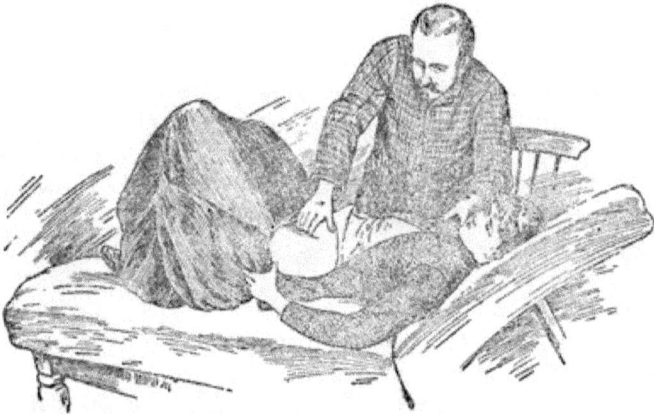

Fig. 20. Mastdarmhebung.

selben (s. Fig. 20), die rechte aber auf das linke Hypogastrium, schiebt dann die Finger unter feinem Schütteln ins Becken hinein bis unterhalb der Biegung des Dickdarms, welche von der linken Fossa iliaca ins Becken hinunter zieht. Jetzt sucht man durch Krümmung der Finger diese Darmbiegung von unten zu fassen. Dann wird der Mastdarm durch Führung der Hand an der Hinterwand der Beckenbauchhöhle nahe der linken Seite des Promontorium entlang in der Richtung nach der rechten Schulter der Patientin zitternd aufgezogen. Dies wird 3—4 mal wiederholt.

Patientinnen, die nicht allzu grosse Schlaffheit des Mastdarms haben, fühlen bei richtiger Ausführung die Einziehung am After.

Letztere kann auch mit dem Auge wahrgenommen werden. Ich meine, dass die Anheftung des Dickdarms in der Fossa iliaca bei der Flexura iliaca sin. einen festen Punkt bildet, welcher den Darm beim Anziehen der Biegung von unten durch die Finger zu gleiten hindert.

Wenn die Patientin einen grossen Bauch hat, lässt man sie sich zuvor etwas nach rechts wenden, so dass die Därme durch ihre eigene Schwere etwas nach dieser Seite sinken, und so der Zugang zur Mastdarmbiegung frei wird. Wenn zu weit gedreht wird, entsteht aber eine vermehrte Spannung der Bauchdecken, welche die Ausführung erschwert.

Die Wirkung bei Rectocele und Mastdarmvorfall scheint zu beweisen, dass in der That eine dauernde Contraction der Mastdarmwand in der Längsrichtung allmählich mehr und mehr durch die Bewegung bewirkt wird.

VII. Massage.

A. Ueber Massage im Allgemeinen.

Wenn man ohne sich an Autoritäten anzulehnen aus den Aeusserungen der Kranken sich selber ein Urtheil darüber zu bilden sucht, wie Massage ausgeführt werden soll, wird man erfahren, dass die Tortur von allen Patienten verdammt wird, und dass sie Alle dieselbe gerne vermeiden würden; das wäre jedoch nicht so, wenn es Masseure gäbe, die dessen eingedenk bleiben, dass man einen ebenso guten, wenn auch mehr Zeit erfordernden Erfolg dadurch erlangen kann, dass man anfangs die kranke Stelle nur leicht massirt und nach und nach während der jeweiligen Behandlung die Kraft vermehrt.

Bei der Massage soll man nicht eigentlich reiben, vielmehr durch feine und schnelle Zirkelführungen etwaige pathologisch harte Stellen etc. zu zerdrücken und zu erweichen suchen. Dies ist die Hauptsache, wenn sie aufgesaugt werden sollen. Bei der anhaltenden Reibung dagegen wird vielmehr eine Zerrung der Gewebetheile mit fürchterlichen Schmerzen zu Stande kommen. Der Schmerz bei der Massage (z. B. der Armmuskeln) kann manchmal vermieden werden, wenn man zuweilen die Palma manus auf die betreffende Stelle legt und mit allmählich gesteigerter Kraft Kreisbewegungen ausführt, bis die Schmerzhaftigkeit vorüber ist und eine spitzere Manipulation wieder angewandt werden kann.

In der Regel soll die Massage auf angrenzende Partien im Umkreise der kranken Stelle ausgeführt werden, so zwar, dass man zuerst immer unmittelbar oberhalb derselben centralwärts beginnt, d. h. dem Verlaufe der Lymphgefässe gemäss. Dadurch wird die Resorption besonders beschleunigt.

Hier in Schweden pflegen oft diejenigen, die Massage betreiben, ihre Patienten zu quälen, und zwar ohne dass man irgend welche üble Folgen davon hört. Ich habe jedoch mehrmals Patienten in Behandlung gehabt, die ein mehr oder weniger krankhaftes Nervensystem durch solche Behandlung erhalten zu haben scheinen, oder deren nervöse Reizbarkeit sich erheblich verschlimmert hatte. Es ist darum nicht zu verwundern, dass ich unablässig zur Vorsicht in dieser Hinsicht mahne.

Bei Entzündung eines Nerven ist der erkrankte Theil gewöhnlich nur von geringem Umfange; jedoch können die Erscheinungen davon sich in grösserem oder kleinerem Umfange zeigen, sich sogar

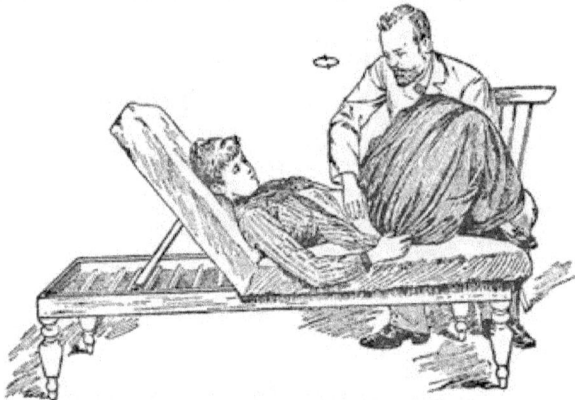

Fig. 21. Krummhalbliegende Stellung bei Massage.

auf das ganze Nervensystem erstrecken. Ein solcher kranker Nervenstamm ist, wenn er dem Gefühl zugänglich, dicker, härter und empfindlicher als sonst. Wenn man diesen zu schroff massirt, kann man einen grösseren oder kleineren Theil des Nervensystems überreizen. Wo sonst bei irgend einer Entzündung Schmerzhaftigkeit sich findet, da müssen immer die betreffenden kleinsten Nerven in irgend einer Weise angegriffen sein, und es gilt dann hier dasselbe Verhältniss.

Man muss daher bei der Massage nie vergessen, dass, wenn man unglücklicher Weise durch die Behandlung das Nervensystem des Patienten ernsthaft gestört, man ihm dann einen schlechten

Dienst geleistet hat, weil doch die meisten solcher örtlichen Uebel sich leichter und schneller durch zweckmässige Massage heben lassen, als sich ein krankhaftes Nervensystem wieder in Ordnung bringen lässt.

Im Falle eine allgemeinere Erregung der Nerven entstanden ist, lasse ich die Patientin sich 2—3 Tage erholen, ehe ich die Behandlung mit noch grösserer Vorsicht fortsetze.

Daher stelle ich als Hauptregel auf: **Beginne alle Massage leicht, um die kranke Stelle herumgehend und allmählich auf diese selbst übergehend; erst wenn die grösste Empfindlichkeit vorüber ist, vermehre die Kraft; mache dann häufig kurze Pausen; gegen den Schluss massire wieder leichter, und nachher lege die flache Hand auf die kranke Stelle und führe eine leichte Schüttelung aus!**

Allerdings erfordert eine solche Behandlung etwas mehr Zeit, so dass man nicht nach Minuten rechnen darf, aber alle Patienten, die durch solche Behandlung gesund geworden sind, werden lieber dort Hülfe suchen und Andere hinweisen, wo sie nicht misshandelt werden.

Wo möglich suche ich immer, wenigstens bei Exsudaten, nebenbei durch Streichungen oder Kreisreibungen den centripetal von der betreffenden Partie leitenden Lymphbahnen ihrem Verlaufe gemäss zu massiren, oft bis zum Ductus thoracicus.

Wenn das Nervensystem im Ganzen krank ist, so wäre es meiner Ansicht nach viel besser, dasselbe durch rationell geordnete passive und active Bewegungen, sowie mit Bädern zu behandeln, als durch die jetzige sogenannte „allgemeine Körpermassage", welche mir auf das Nervensystem nur erregend zu wirken scheint, wenigstens wenn sie 1—2 Stunden fortgesetzt wird und zwar mit centripetalen Streichungen, die im Gegensatze zu den beruhigenden centrifugalen erregend wirken.

Da man hört, dass sogar starke Männer, die sonst an gymnastische Bewegungen gewöhnt sind, durch wiederholtes Massiren und Uterusrepositionen überangestrengt worden sind, so dass ihnen während mehrerer Tage diese Armarbeit geradezu unmöglich wurde, sehe ich es als eine Pflicht an, Andere zu warnen und die Mittel anzugeben, wodurch ich mich selbst vor einem Recidiv gerettet zu haben glaube. Ich hatte nämlich nach Ueberanstrengung während des Sommers 1875 ein ganzes Jahr hindurch obiges Uebel in meinem rechten Arme, ebenso noch einmal beinahe während des ganzen Winters 1878—79 trotz dagegen angewandter Massage und anderweitiger Behandlung. Meine auf Erfahrung begründete Ueberzeugung

geht dahin, dass, wenn man, nachdem die Natur ihr „Gieb Acht"
durch das Ermüdungsgefühl gesagt hat, doch noch den Muskel an-
strengt, die oben angedeutete Strafe selten ausbleiben wird. Wenn
man dagegen, dem Winke der Natur folgend, eine kurze Pause
macht, während welcher der betreffende Muskel entweder ruhen
oder in andrer Art, am besten passiv, zu bewegen ist, so geht die
Gefahr vorüber, so dass man fortsetzen kann. Diese kleinen Ruhepausen sind vielleicht der Patientin ebenso willkommen, wie dem
Arbeitenden nothwendig. Gewiss ist es, dass ich trotz vieler solcher
kleiner Warnungen meine oft recht anstrengende Arbeit ohne weitere
Unannehmlichkeiten habe fortsetzen können, seitdem ich erwähnte
Vorsicht beobachte. Ebenso habe ich Patienten gesehen, die mehrere
Monate, ja Jahre das Bett gehütet hatten, welche aber nach nur
achttägiger Behandlung drei Treppen hinunter- und hinaufsteigen
und dazwischen einen kurzen Spaziergang machen konnten, wenn
nur beobachtet wurde, dass jede Treppe in 2—3 Absätze mit bestimmten Ruhepausen getheilt wurde, bis die Patientin wieder
ruhig athmen konnte, und jede Ermüdung in den Knieen verschwunden war.

Die directe Massage der Beckenorgane wird von mir im Allgemeinen bimanuell durch die Bauchdecken bei krummhalbliegender
Stellung der Patientin, und zwar in der Form von kleinen Kreisreibungen ausgeführt. Eine indirecter wirkende Form ist das mit
einem Zeigefinger per rectum ausgeübte „Malen". Selten wird eine
directe Massage per rectum, niemals per vaginam gemacht.

Bei jeder Massage der innern Beckenorgane wird man viel Zeit
und Arbeit sparen, wenn man damit anfängt, beiderseits vom Promontorium von unten nach oben zu massiren, dann tiefer von unten
und von den Seiten im Becken fortsetzt, immer in centripetaler
Richtung nach oben den Lymphgefässen und Venen folgend; erst
danach folgt die Massage der kranken Partie selbst.

Die allgemeinen Wirkungen der Massage sind zu allbekannt,
als dass ich näher darauf einzugehen brauche. Nur das muss ich
erwähnen, dass diejenigen Aerzte, welche ohne persönliche Kenntniss
meines Verfahrens der Ansicht huldigen, dass die manuelle Behandlung der Gebärmutter mit Massage, Hebungen, wiederholtem Reponiren etc. immer eine vermehrte Blutzufuhr zum Uterus bewirke
und Blutungen aus demselben steigere, sich durchaus irren, indem
die Erfahrung gerade das Gegentheil zeigt. Allerdings kommt es
viel darauf an, wie man massirt; jedenfalls kann man durch Massage
vorhandene excessive Blutungen vermindern, ja zum Stehen bringen.

B. Bimanuelle Massage (Kreisreibung).

Der entweder per vaginam oder per rectum eingeführte Stütz-finger wird unter oder hinter dem zu massirenden Theil angesetzt, so dass er eine Grundlage bildet, gegen welche die andere durch die Bauchdecken arbeitende Hand den betreffenden Theil mässig niederdrücken kann. Obwohl das geübte Gefühl der letzteren Hand nicht ohne Bedeutung für eine geschickte Massage ist, muss es doch hauptsächlich als eine Aufgabe des Stützfingers angesehen werden, alles genau mit dem Gefühle zu verfolgen. Den betreffenden Ell-bogen muss man dann, um anhaltend arbeiten zu können, gegen den entsprechenden eigenen Oberschenkel gestützt halten.

Der Finger bleibt mit seiner Basis möglichst unbeweglich, folgt aber mit der Spitze oder einem längern Theil seiner Seite möglichst genau dem allmählichen Vorrücken der arbeitenden Finger, ohne jedoch an der schnelleren Bewegung derselben theilzunehmen. Die Fingerbeeren der freien Hand (gewöhnlich nur zwei, entweder der Zeige- und Mittelfinger oder der Mittel- und Goldfinger) führen auf dem Theile kleine schnelle Zirkelbewegungen aus, rücken aber dabei langsam in zweckmässiger Richtung vor. Gewöhnlich wird so viel wie möglich dem Laufe der Gefässe centripetal gefolgt. Wird ein beweglicher Beckentheil, z. B. die Gebärmutter, ein Eierstock, ein verschiebbares Exsudat etc. behandelt, so sucht man in der Regel diesen mit dem Stützfinger etwas gegen die Bauchwand erhoben zu halten, theils um eigene Kraft zu sparen, theils um weniger Schmerzen durch das tiefe Hineindrücken der Bauchdecken zu veranlassen.

Dies ist jedoch keineswegs so zu verstehen, dass man so hoch als möglich heben, oder dass man mit dem untern Finger den Theil gegen die obern Finger drücken soll. Schmerzen bei Massage (ebenso wie bei Untersuchung, Redression etc.) entstehen gleich häufig durch eine unzweckmässige Führung oder zu kräftiges An-drängen des Stützfingers, als durch das Massiren. Man könnte dann versucht sein anzunehmen, dass der massirte Theil viel schmerz-hafter sei, als er wirklich ist, und die Massage beliebig leicht, sogar unwirksam ausführen, ohne jedoch Schmerzen zu vermeiden. Ein Arzt, der bei mir war, versuchte ein grösseres Exsudat zu massiren. Auf die Frage, ob er es ebenso machte wie ich, ant-wortete die Patientin: „Nein, bei Ihrer Behandlung fühle ich fast niemals den inneren Finger; jetzt aber wurde mir während der ganzen Zeit wehe gethan". Der Arzt sagte: „ich glaubte mit diesem

Finger von uuten gegen den von oben massirenden Finger drücken zu müssen". Eine Kleinigkeit — aber doch zu beachten. Oft entstehen die Schmerzen, wenn man die Vaginalportion etwas zu weit nach hinten oben gedrückt hat, lassen aber sogleich nach, wenn der Druck nachgiebt.

Wenn die Gebärmutter vorwärts und die Eierstöcke normal gelagert sind, kann die Stütze per vaginam gegeben werden. Bei Rückwärtslagen jener oder Dislocation dieser nach hinten soll diese Stütze, um diese Theile selbst, die Parametrien oder Bauchdecken etc. zu massiren, per rectum gewährt werden. Bei Kindern immer, und wenn möglich, auch bei jungen erwachsenen Mädchen, führe ich den Stützfinger durch den Mastdarm ein.

Während der Massage soll man suchen, alle Theile in möglichst normaler Lage zu haben; deshalb versuche ich die Gebärmutter auch dann während der Massage antevertirt zu haben, wo andere Theile zu massiren sind. Wenn die Gebärmutter wohl antevertirt werden kann, dies aber nur so lange bleibt, als man sie in dieser Lage hält, sonst gleich wieder zurückgezogen wird, so kann man ein besonderes Verfahren einschlagen. Man führt die Reposition ventro-recto-vaginal aus, schiebt dann den Daumen von der Vorderseite der Cervix nach der rechten Seite desselben und den Zeigefinger so um die linke Seite desselben, dass die beiden Finger, die rectovaginale Zwischenwand zwischen sich drückend, sich kreuzen und mit den Enden einen nach hinten oben offenen Winkel bilden, in dem die Vaginalportion zu liegen kommt und etwa wie in einem Achterpessar von vorn gestützt wird. Wenn die Cervix derartig etwas zurückgedrückt wird, liegt die Gebärmutter sehr sicher vorwärts, um massirt zu werden. Um aber die Parametrien zu massiren, hat man dann den Zeigefinger nach links oder den Daumen nach rechts hinunterzuschieben, um entsprechende Stütze zu gewähren, muss aber zugleich die massirende Hand so halten, dass sie mit ihrem mittleren Theil von oben eine leichte Stütze gegen den Uteruskörper ausübt.

Bei grossen festen Exsudaten ist es natürlich nicht überall möglich, dieselben gegen den Stützfinger zu drücken, vielmehr muss man mit der freien Hand allein die Kreisreibungen auf der Oberfläche des Exsudats ausführen. Jedoch ist nie zu versäumen, mit dem Stützfinger die Bewegungen der freien Hand so viel wie möglich zu controlliren und unterstützen.

a) Massage der Gebärmutter. Diese geschieht in der Regel so, dass die Gebärmutter antevertirt auf dem Stützfinger liegt,

während die freien Finger auf der Hinterfläche des Uterus kleine
Kreisreibungen ausführen. Das Vorrücken geschieht von oben bezw.
von unten zur Gegend des Os internum, oder man führt die Zirkelreibung von Os internum aufwärts über den ganzen Körper hinauf,
dann wieder hinunter zurück aus. Je nach dem Zwecke wird entweder der ganze Uterus, oder nur der Körper oder die Cervix allein
massirt.

Wo bei Rückwärtslagerung die Gebärmutter nicht reponirt
werden kann, muss man die Massage in entsprechender Weise in
Rückwärtslage derselben ausführen; der Stützfinger wirkt dann am
besten per rectum, wenigstens bei der Massage des Körpers.

Niemals soll man die schon reponirte Gebärmutter wieder zurückschlagen, um die Vorderseite zu massiren, da die Reposition gerade
dann Schwierigkeiten machen kann, jedenfalls für die Patientin gar
nicht angenehm ist. Ich massire die Vorderseite nur, wo die Reposition einstweilen unmöglich ist, oder wo es nöthig ist, die Blase
zu schonen, abgesehen von der Behandlung pathologischer Anteflexionen, wo absichtlich Rückwärtslage bei der Massage angewandt
wird. Wenn man irgend eine Ursache hat die Vorderseite zu massiren,
soll dies womöglich vor der Reposition geschehen, oder, wenn Vorwärtslage vorhanden ist, muss man die Gebärmutter nur möglichst
wenig zurückführen und nachher zusehen, dass sie wieder eine möglichst gute Vorwärtslage bekommt. Durch den Stützfinger findet
schon eine nicht unerhebliche Einwirkung auf die Vorderseite statt.
Ausserdem ist zu bemerken, dass die meisten Gefässe der Gebärmutter mehr an den Seiten liegen.

Die grösste Empfindlichkeit bei der Uterusmassage findet man
regelmässig beiderseits um den inneren Muttermund. In einzelnen
Fällen giebt es auch eine grosse Empfindlichkeit in der Mitte der
Hinterseite des Fundus.*)

Manchmal entsteht durch die Massage Drang zum Harnlassen, besonders wenn die Blase einem stärkern Reiz ausgesetzt wird. Dies kann
vermieden werden, wenn die Gebärmutter zwar beim Massiren der Cervix
antevertirt und per vaginam gestützt wird, bei kräftigerer Behandlung
des Corpus aber retrovertirt und per rectum gestützt wird. Bei

*) In zwei verschiedenen Fällen habe ich einen eigenthümlichen Reflex-
schmerz beim Massiren dieser Stelle gefunden, und zwar in beiden Fällen ähnlich,
ohne dass derselbe spontan wahrgenommen wurde. Er entstand plötzlich, wenn
die Kreisreibungen den erwähnten Punkt trafen, wie ein schmerzhafter Messer-
stich in einem Oberschenkel, der bis zum Knie drang. In beiden Fällen verschwand das Phänomen, nachdem eine Zeit lang massirt war.

Brandt. 5

einer nicht zu repouirenden Rückwärtslage muss in einem solchen Falle, um die Vaginalportion zu massiren, die Stütze von der Seite gewährt werden, während man von der andern Seite zu massiren sucht, um die Blase zu vermeiden.

Bei grossem Bauche muss man die Gebärmutter seitwärts nach vorn führen, um sie von der Inguinalgegend aus, wo die Nachgiebigkeit am grössten ist, massiren zu können.

b. Massage der Adnexe. Bei grösseren Exsudaten, im Umkreise derselben, kann man natürlich nicht ganz typisch verfahren, sondern muss dies den jedesmaligen Umständen anpassen.

In der Regel wird die Massage an den breiten Bändern mit Kreisreibungen gemacht, die in der Richtung von der Gebärmutter nach der Beckenwand geführt werden, die Stütze am besten durch die Vagina; an den sacrouterinen Bändern und Plicae Douglasii in der Richtung von vorn nach hinten seitlich, die Stütze am besten per rectum.

Die Tuben werden gewöhnlich durch Kreisreibungen in der Richtung nach der Gebärmutter zu massirt, die Stütze wo möglich durch die Vagina gegeben, weil man per rectum viel schwieriger fühlt. Da eine bewegliche Tube leicht entschlüpft, muss man sie wiederholt durch bimanuelles Tasten von dem breiten Bande aus, so zu sagen, wieder fangen. Die Massage beginnt mit Kreisreibungen auf der entsprechenden Ecke des Uterus, dann setzt man die Finger weiter nach aussen an und verfolgt die Tube bis zur Uterusecke u. s. f., so dass die Massage immer nach dem Uterus zu gemacht wird, aber allmählich von dem inneren zum äusseren Ende fortschreitet. Das äussere Ende desselben, insonderheit wenn eine weiche, fluctuirende Anschwellung darin ist, kann man gegen den Stützfinger und die Beckenwand in der Richtung von innen nach aussen oben massiren.

Den Eierstock kann man, wenn er frei beweglich ist, leicht auf die Fingerspitze bringen, und ihn mit leichten Kreisbewegungen massiren; letztere werden von dem Eierstocke in der Richtung nach aussen und oben an der hintern Bauchwand fortgesetzt. Die Stütze kann den Umständen nach durch die Vagina oder den Mastdarm gegeben werden; da er manchmal leicht entschlüpfen kann, hält man ihn so, dass man je nach der Lage auch eine Hülfsstütze von der Beckenwand oder dem Uterus nimmt. Wenn man auf der Spitze des untersuchenden Fingers den Eierstock ruhen lässt und umfasst denselben mit zwei Fingerspitzen der freien Hand, so kann man ihn während der Massage immer völlig sicher festhalten.

c. Die Beckenwände können natürlich nicht bimanuell gefasst werden. Jedoch muss der untere Finger soviel wie möglich benutzt werden, um sich über die Verhältnisse während der Massage zu unterrichten. Von oben her kann man, besonders am hintern Umfange des Beckens, nur eine kurze Strecke weit, abwärts mit der freien Hand eindringen, um die schnellen Kreisreibungen gegen die Beckenwand und an dieser entlang in der Richtung von aussen nach innen und oben hinten auszuführen. Es ist dann nöthig, an den in dieser Weise nicht zu erreichenden Partien die Massage von unten mit dem Stützfinger durch den Mastdarm auszuüben. Diese wird häufig durch zitternde Drückungen ausgeführt, wobei jedoch die Fingerspitze oder Fingerbeere eine kurze Strecke über den zu massirenden Theil geschoben wird, so dass man sie kurze Zitterstreichungen nennen könnte. Die Hand ist dabei so gekehrt, dass die Vola nach der Unterlage sieht, der Handrücken nach oben, wird aber je nach Bedürfniss mehr oder weniger nach der einen oder andern Seite gewendet. Die Massage mit der unteren und die mit der freien Hand hat dann manchmal einander zu ergänzen Man sucht dann z. B. gleichzeitig eine Reibung an beiden Seiten der Basis eines Exsudates auszuführen, welches bis zur Beckenwand hinreicht, wobei durch den beiderseitigen Druck eine leise Klemmung entsteht, indem die Fingerspitzen beider Hände einander folgen. Die obere Hand führt dabei Kreisreibungen aus, der Stützfinger aber kleine Zitterstreichungen. Es ist indessen dazu ein weicher und nicht zu grosser Bauch erforderlich.

C. Malen.

Besonders bei Exsudaten wird diese indirecte Massage angewandt, und zwar immer per rectum, entweder in stehender oder krummhalbliegender Stellung. Die Hand wird ebenso gehalten, wie eben für die directe Massage der Beckenwände gesagt worden ist. Mit dem Zeigefinger macht man leise bogenförmige Streichungen von dem Sitze des Exsudates gegen die Vena iliaca. Da man hierbei auch die grossen Nervenstämme trifft, wobei eine schmerzhafte Empfindung in den Hüften, Oberschenkeln etc. von der Patientin wahrgenommen wird, so kann man daraus ersehen, wie vorsichtig und sanft diese Bewegung ausgeführt werden muss. Besonders im Anfange ist jedoch nicht zu vermeiden, dass damit mehr oder weniger Schmerz verbunden ist. Wenn man dann soweit gekommen ist, dass man diese Streichungen ausführen kann, ohne der Patientin zu viel Schmerz zu bereiten, kann man sie mit gleichzeitiger Massage der freien Hand, auf

5*

die oberen Fortsetzungen der Lymphbahnen in derselben Richtung wirkend, vereinen.

Das unangenehme Gefühl, das die Patientinnen beim Einführen des Fingers in das Rectum haben, wird vermindert, wenn man vorerst nur mit der Fingerspitze, ohne dieselbe einzuschieben, sanft den Damm in der Richtung vom After nach der Scheide dehnt und dann erst die Fingerspitze in die Analöffnung einführt.

VIII. Die Ausführung und Wirkung einiger Bewegungen.

Jeder Name in unserer Nomenclatur soll bereits die Stellung und die auszuführende Bewegung angeben. Nun hat man sich aber in der Praxis der „medicalen" Gymnastik kleine Abänderungen gestatten müssen, die den Begriff des gewohnten Namens nicht vollständig decken. Daher kommt es, dass manchmal derselbe Name in etwas verschiedenem Sinne angewandt wird.

Deshalb bin ich in der Regel folgenden Weg bei der Beschreibung gegangen. Zuerst werden die Stellungen, dann die Bewegungen beschrieben, wie dieselben nach der eigentlichen Bedeutung der Namen ausgeführt werden sollen, dann wird in einer besonderen Anmerkung angegeben, wie die betreffende Bewegung von mir ausgeführt wird, ohne dabei einen Unterschied zu machen, ob diese Modification von mir selbst oder schon von meinen Lehrmeistern angenommen wurde. Zuletzt wird in Kürze etwa besonders Bemerkenswerthes über die Wirkung angegeben.

Es giebt Bewegungen, die regelmässig in Verbindung mit einer (sogar zwei) anderen ausgeführt werden. Meistentheils ist dann die zuerst ausgeführte eine passive, die andre eine entsprechende aktive Bewegung. Auf dem Tagesschema („Recept", Bewegungszettel) wird dann nur die erste Bewegung angegeben, die andere folgt als eine „Nachbewegung", ohne besonders erwähnt zu sein. Die Angaben über diese Nachbewegungen werden in den Anmerkungen gemacht.

Es ist im Allgemeinen unmöglich, die Bewegungen in leichtverständlicher Weise zu beschreiben, d. h. so, dass jeder Ungeübte nach dem einfachen Durchlesen die Ausführung versteht. Ich habe mich indess bemüht, möglichst deutlich zu sein, und habe auch, wo es mir nöthig schien, Zeichnungen nach photographischen Aufnahmen in den Text eingefügt, so dass ich hoffen darf, wenigstens von Fachmännern richtig verstanden zu werden. Wir wollen nun zur Beschreibung der einzelnen Bewegungen übergehen.

1. Gangstehend, Kopfbeugen.
(Widerstandsbewegung.)

Die Patientin steht mit dem einen Fuss einen kleinen Schritt vor dem andern, die Hände auf den Hüften.

Der Arzt stellt sich vor die Patientin, legt seine flachen Hände an den Hinterkopf, die Ellbogen vor den Schultern derselben stützend. Der Kopf wird unter Widerstand der Patientin etwas vorwärts gebeugt, dann von der Patientin unter Widerstand des Arztes möglichst weit zurückgeführt. Dies wird 3—4 Mal wiederholt.

2. a) Klaftergangstehend, | Planarmbeugung.
b) Klafterspaltsitzend, |
(Widerstandsbewegung.)

Stellung. a) Patientin steht gerade und gleichmässig auf beiden Füssen; der eine ist einen Schritt vorgesetzt. Die Arme sind horizontal seitwärts gestreckt, die Handflächen vorwärts gekehrt. Später wird die Stellung der Beine gewechselt.

b) Die Patientin sitzt gerade mit erhobenem Kopfe und gespreizten Oberschenkeln, die Arme wie bei Stellung a. Der Arzt steht in weiter Gangstellung vor der Patientin, die Hände am besten von oben, wenn nöthig aber auch von unten, hinter die Hände oder Handgelenke derselben angelegt.

Bewegung Die Arme werden vom Arzt unter Widerstand der Patientin langsam vorwärts und einwärts bis zur horizontalen Parallelstellung gezogen; dann unter Widerstand des Arztes durch die Patientin

Fig. 22. Klaftergangstehend, Planarmbeugung.

in die ursprüngliche Stellung zurückgeführt. Die Bewegung wird 3—4 Mal wiederholt, endigt aber stets in der Ausgangsstellung.

Anmerkung. Ich lege immer das Hauptgewicht der Anstrengung auf diejenige Hälfte der Bewegung, wo die Arme zurückgeführt werden und die Brust hervorgehoben wird. Ein Fehler ist es, wenn das Zurückführen nicht bis zur Hervorspannung der Brust getrieben wird.

Wirkung. Wirkt kräftigend auf die die Brust erweiternden Muskeln und erleichtert die Respiration, leitet vom Kopf ab besonders im Verein mit Kopfrollung, auch ein wenig vom Becken.

3. Streckneigspaltsitzend, Doppelte Armbeugung.
(Widerstandsbewegung.)

Stellung. Patientin sitzt mit gerade gestrecktem und vorgeneigtem Rumpfe auf einem Stuhle, die Arme aufwärts gestreckt und die Oberschenkel gespreizt.

Der Arzt steht vor der Patientin auf einem Stuhle. Die entsprechenden Hände Beider fassen gegenseitig die Handgelenke des Andern.

Bewegung. Die Arme der Patientin werden von ihr unter Widerstand des Arztes niedergezogen, wobei die Ellbogen möglichst nach auswärts schon vom Anfange der Bewegung an geführt werden sollen, dann von dem Arzte unter Widerstand der Patientin wieder emporgezogen. Alles wird 3—4 Mal wiederholt.

Wirkung. Leitet stark vom Becken und auch vom Kopfe mehr nach dem Rücken zu ab.

Fig. 23. Streckspaltsitzend, Armbeugung.

4. Strecksitzend, Doppelte Oberarmrollung („Fliegen“).
(Passivbewegung.)

Stellung. Patientin sitzt gerade z. B. auf einem Stuhle, mit dem Rücken und, wenn's möglich, auch mit dem Kopfe gegen das Bein des Arztes gestützt. Die Arme sind emporgehoben.

Der Arzt steht dahinter auf einem andern Stuhle ebenso wie bei der Brusthebung (Fig. 24). Die entsprechenden Hände der Patientin und des Arztes fassen einander so, dass Jeder das Handgelenk, oder vielmehr das untere Ende des Vorderarmes des Andern umgreift.

Bewegung. Der Arzt führt die Oberarme der Patientin ziemlich schnell im Kreise umher, wobei die Unterarme nahezu senkrecht geführt werden, und in einem gewissen Punkte des Kreises die Arme aufwärts oder ein wenig zur Seite gerade gestreckt werden. Der Kreis wird etwa 8—12 Mal gemacht.

Anmerkung. Ich führe die Bewegung etwas stossweise und nur in einer Richtung aus. Die Oberarme sollen nicht unter die Horizontalebene geführt werden und müssen in dem vorderen Theil des Kreises nach oben, in dem hintern nach unten gehen. Indem ich so die Unterarme als Handhaben benutze, werden nämlich die Ellbogen in den unteren und vorderen Theilen des Kreises schneller, sozusagen mit einem Stosse, geführt. Nachher gebe ich stets (ohne besonderes Aufschreiben im Bewegungszettel) 2 bis 3 Mal eine doppelte Armbeugung. Die gerade aufwärts gestreckten Arme werden dabei unter Widerstand des Arztes von der Patientin niedergezogen, wobei die sich beugenden Ellbogen nicht vorwärts, sondern möglichst nach auswärts

Fig. 24. Streckspaltsitzend.
Doppel-Armrollung.

während der ganzen Bewegung geführt werden sollen. Dann werden die Arme unter Widerstand der Patientin vom Arzte wieder emporgezogen.

Wirkung. Die Bewegung wird zum Ableiten vom Becken besonders bei schwächern Personen angewandt, wenn sie auch dabei nicht besonders kräftig wirkt.

5. Arm- und Beinklopfung und Walkung.
(Passivbewegung.)

Stellung. Eine genaue Körperstellung ist bei diesen Bewegungen nicht nöthig, nur muss dieselbe für die Patientin und den Arzt einigermassen bequem sein. Die Patientin kann z. B. sitzend den geraden und schlaffen Arm mit der auf eine Stuhllehne gelegten Hand stützen, oder stehend das zu bearbeitende Bein auf einen Stuhl setzen. Die Kleider müssen über das Bein gut hinaufgeschlagen werden.

Bewegung. 1. Der Arzt schlägt die flachen Hände klappend um den Arm bezw. das Bein der Patientin zusammen, indem er von oben bis unten über den ganzen Arm bezw. das Bein fortschreitet. Dies wird einige Male in verschiedenen Linien auf jedem Arm bezw. jedem Bein wiederholt, so dass der Arm bezw. das Bein von allen Seiten geklappt wird.

2. Der Arzt fasst zwischen seinen flachen Händen den Arm bezw. das Bein der Patientin und walkt die Weichtheile, indem er die Hände während eines gewissen Druckes hin- und herführt. Unter dieser Bewegung schreiten die Hände allmählich von oben nach unten über den Arm bezw. das Bein fort, was einige Male wiederholt wird.

Wirkung. Diese Bewegung wird gebraucht, wenn in Folge herabgesetzter Gefäss- und Nerventhätigkeit die Arme und Hände, oder die Beine und Füsse kalt sind.

6. Arm- und Beinknetung.
(Passivbewegung.)

Stellung. Hier gilt dasselbe, was bei der vorigen Bewegung gesagt ist. Bei der Knetung des Beines ist die halbliegende Stellung am besten.

Bewegung. Man umfasst die betreffende Extremität mit den Fingern beider Hände und knetet unter kleinen Kreisbewegungen mit denselben, besonders mit den Daumen, die Weichtheile rund herum, wobei man zwar immer am kräftigsten in der Richtung nach oben zu wirken sucht, jedoch von oben her allmählich über die ganze Extremität fortschreitet. Dies wird einige Male wiederholt.

Wirkung. Wird etwa wie die vorige Bewegung angewandt. Manchmal hat man nur nöthig, die Unterschenkel zu kneten, da die Oberschenkel sich ganz warm halten.

7. Stehend, Armhebung unter Tiefathmen.
(Selbstbewegung.)

Patientin steht mit erhobenem Kopf; die geraden Arme werden von unten vorwärts und aufwärts geführt, und gegen das Ende dieser Bewegung hin wird tief eingeathmet; dann werden sie unter tiefem Ausathmen seitwärts und abwärts zurückgeführt. Beim Aufwärtsführen des ausgestreckten Armes ist auch die Hand ausgestreckt mit aufwärts gerichtetem Daumen, aber beim Abwärtsführen wird der Arm gedreht, mit der Innenseite der Hand nach unten gerichtet und gegen den Oberschenkel geführt.

8. Schlaffsitzend, Brusthebung.
(Passivbewegung.)

Stellung. Patientin sitzt auf einem Stuhle mit hängenden Armen, aber zurückgehaltenem Kopfe ohne straffe Haltung. Der Arzt steht hinter ihr auf einem anderen Stuhle, den einen Fuss einwärts gedreht und dicht an dem Gesäss der Patientin, stützt das Knie im Rücken derselben und fasst von vorne um die Axillen.

Bewegung. Unter tiefer Einathmung der Patientin werden vom Arzt die Schultern sammt den Armen kräftig aufgezogen, so dass der Kopf mehr nach hinten fällt und auch die Brust gehoben wird, dann rückwärts geführt, während gleichzeitig die Brust durch gelinden Druck mit dem Knie hervorgedrängt wird, endlich unter Ausathmung niedergelassen. Dies wird 4 bis 5 Mal wiederholt.

Fig. 25. Schlaffsitzend. Brusthebung.

9. Hebestehend, Brustspannung.
(Passivbewegung.)

Stellung. Patientin steht mit erhobenen Armen, z. B. sich an zwei Thürpfosten fest haltend, die Oberarme etwa horizontal seitwärts, die Vorderarme aufwärts gerichtet; die Füsse stehen je nachdem dicht vor, hinter oder auf der Schwelle.

Fig. 26. Hebestehend, Brustspannung.

Der Arzt steht hinter ihr und legt die eine Hand, die Finger aufwärts gerichtet, an die untere Hälfte der Brustwirbelsäule, die andere auf den Bauch.

Bewegung. Unter tiefer Einathmung und Erheben auf die Zehen wird die Thoraxgegend der Patientin vom Arzte hervorgedrückt (schiebend von unten nach oben), so dass die Brust sich vorwölbt. Dabei sucht die andere Hand zu grosse Hervorschiebung des Bauches zu verhindern. Während der Ausathmung lässt der Druck nach und man kehrt zur frühern Stellung zurück.

10. Streckstützspaltstehend, Wechselseitwärtsbeugung.
(Widerstands- und Selbstbewegung.)

Stellung. Die Patientin steht mit gespreizten Beinen, die Arme aufwärts gestreckt, im Ellbogengelenk ganz leicht gebeugt, die Handflächen einander zugekehrt. Das Kreuz ist gegen einen Gegenstand gestützt. Der Arzt steht vor der Patientin, deren Ellbogen mit den Händen jederseits von aussen her leicht fassend.

Widerstandsbewegung. Der Arzt beugt den Oberkörper der Patientin bei ihrem Widerstande seitwärts, leistet aber dann während des Wiederaufrichtens selbst Widerstand unter dem Ellbogen. Dies wird abwechselnd rechts und links 3—4 Mal gemacht.

Als Selbstbewegung wird sie in derselben Weise ohne Widerstand ausgeführt.

Anmerkung. Patientinnen mit Beckenleiden können die regelrechte Ausführung der Bewegung nicht ertragen, wohl aber wenn der Oberkörper nach der Seite, wohin man beugen will, ein wenig

Fig. 27. Streckstützspaltstehend. Wechselseitwärtsbeugung.

gedreht ist, so dass der Druck des Arztes auf den Ellbogen nicht ausschliesslich seitwärts, sondern auch etwas von hinten nach vorne wirkt. Falsch ist es, wenn die Patientin nicht den Kopf dem Rumpfe folgen lässt oder nicht fest auf beiden Füssen steht, sondern den einen Fuss hebt oder das andere Knie beugt.

Wirkung. Leitet von den innern Theilen der Brust ab, und gehört, in meiner Weise gegeben, auch zu den vom Becken ableitenden Bewegungen, obwohl nicht besonders stark.

11. Streckstützspaltstehend, Wechseldrehung.
(Widerstandsbewegung.)

Stellung. Wie bei der vorigen Bewegung. Ich lasse gewöhnlich die Patientin sich vor das Ende eines hohen Plintes stellen. Sie wird dann nicht am Kreuze, sondern etwas niedriger unten gestützt. Der Arzt stellt sich dann auf den Plint hinter der Patientin, mit dem Knie dem Rücken derselben noch eine Stütze gewährend, und fasst ihre Hände.

Bewegung. Die Patientin wird, Widerstand leistend, von dem Arzte nach einer Seite gedreht, dann dreht sie sich unter Widerstand von diesem wieder nach vorn. Dies wird abwechselnd nach jeder Seite 3—4 Mal ausgeführt.

Wirkung. Von dem Innern der Brust auf die äusseren Theile ableitend. Auch ein wenig dem Becken zuführend.

12. Streckwendspaltsitzend, Vorwärtsdrehung bei Rückendruck.
(Widerstandsbewegung.)

Stellung. Die Patientin sitzt gerade auf einem Stuhle, die Arme entweder gerade aufwärts oder ein wenig seitwärts gestreckt, dieselben und den Oberkörper möglichst nach einer Seite gedreht, die Oberschenkel gespreizt.

Der Arzt steht dahinter auf einem Stuhle, das eine Bein mit einwärts gedrehtem Fusse dicht an die Patientin setzend, so dass er mit der Aussenseite des Knies der vorgedrehten Seite der Patientin seitwärts von der Wirbelsäule eine Stütze gewährt. Die Hände Beider fassen einander in der Weise, dass Jeder die Handwurzel des

Fig. 28. Streckwendspaltsitzend. Vorwärtsdrehung.

andern erfasst. Durch Aufziehung der Arme der Patientin sucht der Arzt einen regulirenden Einfluss auf die ganze Bewegung, besonders die des Brustkorbes anszuüben.

Bewegung. Die Patientin dreht sich langsam vorwärts und spannt dabei vorwiegend die Brust- und Bauchmuskeln, möglichst wenig aber den zurückgedrehten Arm und gar nicht den vorgedrehten Arm an, das Knie des Arztes als Hypomochlion benutzend, während der Letztere mit der zurückgedrehten Hand einen abgepassten Widerstand leistet. Dann zieht der Arzt die Patientin unter ihrem Widerstand in die gedrehte Stellung zurück. Alles ist jederseits 3—4 Mal zu wiederholen.

Anmerkung. Fehlerhaft ist es, wenn auch auf den zurückgehenden Arm Widerstand geleistet wird, so dass die Rückenmuskeln in Thätigkeit kommen. Besonders bei abnormen Blutungen muss man sich strenge hüten, die Patientin nach hintenüber von der aufrechten Stellung zu ziehen.

Wirkung. Leitet bei Uterusblutungen ziemlich stark vom Becken ab.

13. a) Reitsitzend, b) Neigreitsitzend mit Nachvornkrümmung des Rumpfes. Wechseldrehung.
(Widerstandsbewegung.)

Stellung. a) Die Patientin sitzt reitend auf einem Plinte, im

Fig. 29. Reitsitzend, Wechseldrehung.

Nothfalle auf einem Stuhle, die Beine in irgend einer Weise fixirt, die Hände auf den Hüften. Der Kopf ist zurückgelehnt.

Der Arzt steht hinter der Patientin, ihr mit seiner Brust eine Stütze gewährend, und fasst von unten her mit beiden Händen dicht vor ihren Achseln.

Bewegung. Durch Zurückziehen der einen Schulter wird der Oberkörper nach einer Seite unter Widerstand der Patientin gedreht, dann von dieser unter Widerstand des Arztes wieder nach vorne gedreht. Dies wird abwechselnd nach jeder Seite 3—4 Mal wiederholt.

Anmerkung. In der Regel lasse ich einige Rückwärtsziehungen folgen, wobei die Patientin sich etwas vorwärts neigt und dann vom Arzt rückwärts, doch nicht sehr weit, unter Widerstand gezogen wird.

Wirkung. Stärkt die Bauchpresse und die äusseren Theile der Brust.

b) Wird etwa ebenso ausgeführt. Die Patientin sitzt vorwärts geneigt und vornüber gebeugt, so dass der Rücken während der ganzen Bewegung gekrümmt ist.

Der Arzt muss sich etwas vorneigen, um mit der Brust stützen zu können, wodurch die Bewegung ebenso schwach wie ein anderes Mal kräftig gegeben werden kann. Während der Seitwärtsdrehung wird der Rumpf, ohne ausgestreckt zu werden, zurückgezogen, aber nur bis etwa zur senkrechten Richtung. Auch hier folgt ein paar Mal Rückwärtsziehung, die jedoch nicht hintenüber ausgeführt werden soll.

Wirkung. Wird bei Diarrhoe und beweglicher Niere angewandt.

14. Niedrig Bogenspaltknieend, Schraubendrehung.
(Passivbewegung.)

Stellung. Die Patientin kniet auf einer Matte oder einem Kissen mit gespreizten Oberschenkeln, die Hände auf den Hüften, den Oberkörper mit dem Kopfe hintenüber gebeugt, so dass das Becken stark hervorsteht.

Der Arzt steht hinter der Patientin und stellt den einen Fuss so weit zwischen die Knie derselben vor, dass die Ferse etwa in ihrer Knielinie steht, um mit seinem Knie einen stützenden Druck gegen das Kreuzbein ausüben zu können, und fasst von hinten unten durch die Axillen mit seinen Händen vor die Achseln.

Bewegung. Zunächst wird die Patientin soweit vorn übergeschoben, dass der ganze bogenförmig zurückgebeugte Rumpf weit vor eine durch die beiden

Fig. 30. Niedrig Bogenspaltknieend. Schraubendrehung.

Kniee gelegte senkrechte Ebene kommt, wobei die Oberschenkel
mit den Unterschenkeln einen möglichst grossen Winkel bilden,
und, um nicht vornüber zu fallen, vom Arzt auf- und zurückgehalten
werden muss. Dann wird durch nicht zu grosse Vor- und Rück-
wärtsbewegungen der Hände des Arztes, der Rumpf, hauptsächlich
der obere Theil, abwechselnd nach beiden Seiten 8—12 Mal in
5—6 Secunden, also ziemlich schnell, aber nicht sehr ausgiebig
gedreht, während das Knie das Becken hervorgedrückt hält.
Darauf wird die Patientin zurückgezogen, einer kleinen Pause wegen.
Dies wird dreimal wiederholt.

Wirkung. Eine der am kräftigsten dem Becken zuführenden
Bewegungen.

15. Spaltknieend, Rückwärtsfällung.
(Selbstbewegung.)

Die Patientin kniet mit gespreizten Oberschenkeln auf einem
Kissen, das Becken hervordrängend, und lässt den Körper, am

Fig. 31. Spaltknieend, Rückwärtsfällung.

meisten den Kopf, unter vermehrter Beugung der Kniee, langsam
hinten überfallen und richtet sich wieder auf. Dies wird einige
Mal wiederholt.

Wirkung zum Becken zuleitende.

16. Vornüberliegend, Rumpfhaltung.
(Activbewegung.)

Stellung. Die Patientin liegt bauchwärts auf einem hohen
Pluute (Fig. 32), aber nur mit den von oben sicher fixirten Beinen,

während der nach hinten aufwärts gebeugte Rumpf frei schwebend vorragt, die Hände auf den Hüften, den Kopf zurückgehalten, aber nicht rückwärts gebeugt.

Haltung. In dieser Stellung soll die Patientin eine kurze Zeit lang verharren.

Einnehmen und Beendigung der Stellung. Die Patientin nimmt zunächst eine kniende Stellung auf geeigneter Stelle des Plintes ein; die nöthige Fixation findet z. B. durch eine Person, die sich behutsam auf die Unterschenkel der Patientin setzt, statt.

Fig. 32. Vornüberliegend. Rumpfhaltung. (a.)

Der Arzt stellt sich vor die Patientin, fasst sie mit den Händen unter die Axillen (oder wie in Fig. 33) und führt sie bestimmt und rasch in einem Zuge in die Ausgangsstellung (Fig. 32) nieder und lässt sie sofort los, so dass die Patientin sich weder bei der Bewegung noch nachher viel auf ihn stützen kann. Dadurch wird alsdann die Spannung der Bauchmuskeln bei hervorgehaltenem Becken, welche bei langsamerer Niederführung entstehen würde, ganz vermieden. Um beim Wiederaufrichten die angedeutete „bogenhängende" Stellung zu vermeiden, setzt der Arzt seine Hände in der Gegend der falschen Rippen der Patientin an und hebt diese von unten rasch, jedoch ohne Gewalt wieder in die kniende Stellung empor.

Anmerkung. Statt der eigentlichen Haltung lasse ich die Patientin eine Bewegung ausführen, indem sie sich in den Hüft-

gelenken gegen den Boden beugt, den Kopf, tief ausathmend, nach
den Seiten dreht und den Rumpf wieder stark aufrichtet oder viel-
mehr aufbeugt. Die ganze Bewegung mit Einnehmen der Stellung,
Niederbeugen, Wiederaufrichten und Zurückführung in knieende
Stellung wird zwei Mal wiederholt. Man muss sich hüten, den
Unterleib mit auf den Plint zu legen, so dass durch den Druck der
Unterlage gegen die Symphyse Schmerz entsteht.

Fig. 33. Vornüberliegend, Rumpfhaltung. (b.)

Wirkung. Diese Bewegung enthält, in obiger Weise ausgeführt, für jüngere und kräftigere Unterleibskranke an und für
sich nichts Schädliches, wenn sie anderweitig indicirt ist. Sie erhöht die Nerventhätigkeit und die Blutbewegung in der ganzen
Rückenfläche des Rumpfes und der hintern Theile der Oberschenkel
und darf daher nicht bei inveterirten Obstipationen gebraucht werden.
Sie ist sowohl vom Becken, wie auch vom Kopfe kräftig ableitend,
scheint ausserdem auf diejenigen Haltetheile des Uterus, die ihn
vorwärts halten, stärkend zu wirken und wird daher bei Rückwärtslagen desselben gebraucht.

17. Neiggegensitzend mit Hüftfest, Wechseldrehung.
(Widerstandsbewegung.)

Stellung. Die Patientin sitzt mit geschlossenen Knieen auf
einem Stuhl, etwas vorwärts geneigt, die Hände auf die Hüften

gesetzt, die Füsse hinreichend vorwärtsgestellt, um die nöthige
Stütze gewähren zu können (wie bei Fig. 34).

Der Arzt setzt sich vor die Patientin, ihre Knie zwischen den
seinigen; die eine Hand, bei Drehung nach links die rechte, wird
in die linke Achselbeuge mit offenem Daumengriffe zur Stütze gesetzt, die linke von oben her hinter die rechte Schulter der Patientin
gelegt. Die Hände wechseln später bei Drehung nach rechts.

Bewegung. Die Patientin wird mit Widerstand und ohne
irgend eine Verschiebung nach der Seite durch Hervordrücken ihrer
rechten Schulter nach links gedreht, dreht sich dann unter Widerstand des Arztes und Zurückführen der rechten Schulter wieder
vorwärts; dies wird abwechselnd nach jeder Seite 3—4 Mal
gemacht.

Fig. 34. Neigsitzend. Rumpfaufrichten.

Anmerkung. Ich lasse immer einige Rumpfaufrichtungen als
Nachbewegung folgen, indem der Gymnast beide Hände auf die
Schultern der Patientin legt und den Rumpf unter Widerstand
nach vorne zieht, dann beim Wiederaufrichten bis zur senkrechten
Stellung oder ein wenig darüber Widerstand leistet (s. Fig. 34).
Weiter lege ich bei meinen Patientinnen viel Gewicht darauf, dass
die Wirbelsäule nicht hintenüber gebeugt, sondern während der
ganzen Bewegung etwas nach hinten convex gekrümmt gehalten
wird. Ebenso ziehe ich die obige Stellung bei Lageveränderungen
der Gebärmutter der spaltsitzenden vor, weil bei dieser ein bestimmter Druck nach unten im Becken empfunden wird. Fehlerhaft

ist es, wenn die Patientin nach der Seite geführt wird, wenn der
Kopf hervorgestreckt ist, wenn die Beine ihre Stellung ändern etc.

Wirkung. Vermehrt die Gefäss- und Nerventhätigkeit, besonders in der Lendengegend und leitet vom Becken ab.

18. a) Streckneigspaltsitzend, { Wechseldrehung.
b) Hebeneigspaltsitzend, {

(Widerstandsbewegung.)

Stellung. Die Patientin sitzt, den Rumpf vorwärts geneigt,
die Oberschenkel gespreizt (Fig. 35)

bei a) die Arme aufwärts gestreckt,

bei b) dieselben gehoben, so dass die Oberarme in seitlich
horizontaler Stellung oder etwas höher, die Vorderarme ungefähr
parallel mit dem Rumpfe gehalten werden.

Der Arzt steht auf einem Stuhle vor ihr, fasst sie an den
Händen, am besten so, dass er ihre Vorderarme zwischen Zeige-
und Mittelfinger hat, und die Patientin mit ihrer stark pronirten
Hand jederseits den Vorderarm des Arztes umgreift.

Bewegung. Die Patientin wird ohne die geringste Verschiebung
nach der Seite unter leichtem Widerstand gedreht, wobei die eine
Hand des Arztes eine ruhige Stütze gewährt, die andere die entsprechende Seite der Patientin vorwärts zieht; dann dreht sich die
Patientin durch Zurückführen der vorgezogenen Seite ohne Veränderung der Armstellung langsam wieder zurück, wobei die entsprechende Hand des Arztes Widerstand leistet, die andere ruhig
stützt. Dies wird 3—4 Mal abwechselnd nach jeder Seite wiederholt.

Anmerkung. Im Anfange wurde Stellung a) gebraucht, allmählich aber mit immer mehr gebeugten Armen, um mehr Kraft in
die Bewegung zu legen, so dass seit lange die Stellung b) (Fig. 35)
in Gebrauch gekommen ist. Aus alter Gewohnheit wurde jedoch
der ursprüngliche Name beibehalten, wie er sich auch bei Resch
noch findet. Ich füge immer ein paar Male Rumpfaufrichten
hinzu, wobei die Arme sich mehr strecken dürfen, der Rumpf aber
in etwas nach hinten gekrümmter Stellung bleiben soll; dieser wird
unter Widerstand der Patientin an den erhobenen Armen vorwärts
gezogen, dann von der Letzteren unter Widerstand des Arztes bis
zur senkrechten Stellung aufgerichtet. Falsch ist es, wenn der
Kopf vorgestreckt wird, die Beine ihre Stellung ändern etc.

Wirkung. Vermehrt die Gefäss- und Nerventhätigkeit in der
ganzen Rückseite des Rumpfes und leitet kräftig vom Becken ab.

Zweite Art der Ausführung.
Stellung der Patientin ungefähr wie vorhin. Der Arzt steht
zwischen den Knieen der Patientin und legt die flachen Hände

Fig. 35. Hebeneigspaltsitzend, Wechseldrehung.

hinter ihre Schultern, so dass die Arme, in den Axillen liegend,
Stütze gewähren, während die Hände der Patientin auf den Schultern
des Gymnasten liegen.

Bewegung entspricht der vorigen Beschreibung.

19. Reitsitzend, Rumpfrollung.
(Passivbewegung.)

Stellung. Die Patientin sitzt reitend auf einem Stuhl oder
Plint, der nicht sehr breit sein darf, die Hände auf den Hüften, die
Oberschenkel in irgend einer Weise fixirt, Brust heraus, Kopf hoch.
Zwei Personen (Arzt und Gehülfe) stehen hinter der Patientin neben
einander und legen jederseits je eine Hand auf ihre Schultern.

Bewegung. Während die Patientin sich zwar etwas aufgerichtet
hält, dass sie nicht zusammenfalle, sonst aber passiv mitfolgt, führen
die beiden Personen ihren Oberkörper im Kreise je dreimal nach einander erst rechts, dann links herum, jedoch ohne Drehung des Rumpfes.

Anmerkungen. Die Bewegung soll möglichst in der Rücken-
Lendenregion, nicht in den Hüftgelenken geschehen, auch nicht zu

weit rückwärts, und durchaus gleichmässig sein. Bei einem entzündlichen Zustande oder dergleichen im Becken wird der Kreis
nur vor der senkrechten Stellung ausgeführt, in schweren Fällen
aber gar nicht; in diesem Falle wird auch nicht, wie sonst gewöhnlich, eine Wechseldrehung und eine Rückwärtsziehung des Rumpfes
ein paar Mal hinzugefügt. Man muss auch darauf Acht geben,
wenigstens bei einigen Frauen, dass das Becken nicht so weit vorwärts gezogen wird, dass in der Vulva ein sexueller Reiz entsteht.

Wirkung. Besonders befördernd auf die Circulation in der
Pfortader und auf den Stuhlgang.

Fig. 36. Reitsitzend, Rumpfrollen.

20. Spaltstehend mit Hüftfest, Rumpfrollung.
(Selbstbewegung.)

Die Patientin steht mit gespreizten Beinen, die Hände auf den
Hüften; der Oberkörper wird im Kreise, zuerst nach einer, dann
nach der andern Seite je dreimal nacheinander herumgeführt. Die
Beine sind gestreckt zu halten.

Wirkung. Diese ist etwas zuleitend.

21. Gespanntstehend, Querbauchstreichung.
(Passivbewegung.)

Stellung. Die Patientin steht mit der Hinterseite des Körpers
dicht an und gegen einen flachen Gegenstand, wie etwa eine Wand,

angelehnt, mit den grade erhobenen Armen irgend einen hohen Gegenstand, z. B. zwei Seile, so festhaltend, dass der ganze Körper dadurch in eine etwas gespannte Streckung versetzt wird. Manchmal ist es für den Arzt bequemer, wenn die Patientin auf einem Schemel steht. Die Kleider sind gelöst, und nur die Wäsche bedeckt den Bauch; ebenso wie bei den später zu beschreibenden Manipulationen am Leibe. Der Arzt steht vor der Patientin.

Bewegung. Diese besteht aus zwei Theilen:

1. Die Hände des Arztes werden die ganze Zeit symmetrisch geführt, indem die Carpi und Daumenballen unter einem gewissen Drucke 5 bis 7 schnelle Streichungen von der Medianlinie nach unten aussen in Bogenlinien ausführen, die ungefähr parallel mit dem Rippenrande und allmählich immer tiefer abwärts laufen. Dies wird so von oben nach unten 3—4 Mal wiederholt.

Anfangs werden zu diesem Zwecke die Hände auf der Magengrube und den Hypo-

Fig.37.Gespanntstehend.Querbauchstreichung. (Nur das Hemd sollte den Bauch bedecken.)

chondrien in der Weise flach angelegt, dass die Finger nach aussen und möglichst wenig nach oben gerichtet sind. Während die Fingerspitzen beinahe still liegen, nur bei jeder Streichung allmählich nach unten etwas vorrücken, beschreiben die Carpi schnell schräg ovale Kreise in der Richtung nach aussen unten, wobei der Daumen abducirt ist, und die andern Finger sich allmählich krümmen, während der mit Druck ausgeführte eigentlich streichende Theil des Kreises beschrieben wird, und darnach sich wieder strecken.

2. Beide Hände arbeiten gleichzeitig, jede an ihrer Seite, aber in verschiedener Weise, und sollen zusammen eine Streichung über dem Dickdarm von der rechten bis zur linken Fossa iliaca ausführen, wobei die Carpi und die Daumenballen grösstentheils den Druck

ausüben. Die linke Hand wirkt rechts zuerst von unten nach oben, dann quer auf dem Bauche am Cöcum, Colon ascendens und transversum, die rechte links auf dem Colon transversum und descendens, wobei die Hände in der Weise auf dem Colon transversum vertauscht werden, dass die rechte Hand jedesmal etwa in der Medianlinie rechts von der noch nach links streichenden linken Hand angesetzt wird und somit gewissermaassen die Streichung der jetzt loslassenden linken Hand fortsetzt. Die linke Hand fängt dann augenblicklich in der rechten Fossa iliaca wieder an. Diese Bewegung wird 4—5 Mal nicht besonders langsam, aber bei weitem nicht so schnell wie der erste Theil ausgeführt.

Die Führung jeder Hand geschieht jederseits in zwei Linien, die seitlich unter dem Hypochondrium mit einem scharfen Winkel in einander übergehen. Jedoch geschieht bei diesem Winkel keine Unterbrechung in der laufenden Streichung. Die linke Hand liegt anfangs mehr schräg, die Finger nach hinten aussen und ein wenig nach oben gerichtet, den Carpus über die rechte Fossa iliaca drückend, und streicht darauf mit letzterem nach oben, während die Fingerspitzen still liegen bleiben, dann quer nach links mit der ganzen Länge der Hand, wobei der Hauptdruck anfangs vom Carpus, später von der Mittelhand und zuletzt von den Fingern ausgeübt wird. Die rechte Hand liegt anfangs mit dem Carpus etwa in der Medianlinie unterhalb der Magengrube, die Finger nach aussen und oben gerichtet, streicht darauf mit jenen quer nach aussen, während die Finger still bleiben, dann aber nach unten bis zur linken Fossa iliaca hinüber, wobei der Druck anfangs vom Carpus, später mehr von den Fingern ausgeübt wird.

Anmerkung. Man muss hinreichend kräftig und bestimmt, besonders bei dem zweiten Theil, hineindrücken, um in die Tiefe und nicht nur auf die Bauchdecken einzuwirken, jedoch mit sanften, fühlenden Händen, so dass man nicht durch Druck auf etwaige Excrementknollen oder Gasauftreibungen, noch weniger auf eine etwa vorhandene bewegliche Niere Schmerzen verursacht. Niemals dürfen die wirksamen Theile der Bewegungen der Hände sich auf den Brustkorb oder die Beckenbeine erstrecken. Auch dürfen die Bewegungen nicht stossweise gegeben werden, sondern gleichmässig streichend.

Wirkung. Das Blut wird den Därmen zugeführt, und die Peristaltik erregt. Der erste Theil der Bewegung beabsichtigt mehr auf den Dünndarm, der zweite mehr auf den Dickdarm einzuwirken. Die Bewegung ist daher bei Obstipation wirksam, wird jedoch bei vermehrter Uterusblutung und noch mehr bei Entzündung des Blinddarms vermieden.

22. Krummhalbliegend, Leibwalkung.

(Passivbewegung.)

Stellung. Die gewöhnliche tief krummhalbliegende. Der Bauch wird nur von der Wäsche bedeckt.

Bewegung. Diese zerfällt in zwei auf einander folgende Theile:

1. Der zur Seite sitzende Arzt fängt in der linken Fossa iliaca an, und sucht mit den Fingerspitzen beider Hände, vermittelst kleiner verschiebenden Bewegungen den Darminhalt nach unten zu führen, ohne sie auf den Bauchdecken zu verschieben. Besonders wo Scybala zu fühlen sind, muss man unter Umständen ganz leicht und etwas länger anhalten, bis dieselben deutlich verschoben sind. Langsam schreitet man dem Colon entlang aufwärts, darauf quer nach rechts, weiter nach unten, bis man schliesslich das Coecum in derselben Weise bearbeitet. Dann schreitet man unter steter Ausführung derselben kleinen verschiebenden Bewegungen allmählich in entgegengesetzter Richtung dem ganzen Colon entlang fort, bis man in der linken Fossa iliaca endet.

2. Der zur linken der Patientin sitzende Arzt legt beide Hände übereinander quer auf den Leib der Patientin. Dann führt er eine längere Weile eine Art Walkung aus, indem er die einander genau folgenden Hände ziemlich langsam und mit ununterbrochenem Drucke sozusagen kreisweise wendet. Die obere Hand folgt stets der unteren; der leichtern Beschreibung halber wird aber nur von der untern Hand im Folgenden gesprochen. Zuerst drückt er dabei die zusammengehaltenen und gar nicht oder nur wenig gekrümmten Finger möglichst tief in die entferntere Fossa iliaca ein, während er gleichzeitig dieselben kräftig zu sich zieht, so dass der Inhalt der Bauchhöhle durch den Druck der Finger nach der andern Seite möglichst hinübergeführt wird. Allmählich wenden sich darauf die Hände, so dass die Rückenseite sich ein wenig nach oben kehrt, und der Druck auf den Bauch hauptsächlich von dem mittleren Theile der Hand ausgeübt wird, was jedoch wenig oder gar nicht stärker vom oberen als vom unteren Rande geschieht. Unaufhörlich setzt die Wendung fort, so dass der Druck mehr und mehr von dem Carpus ausgeübt wird; dieser dringt dabei in die nächste Fossa iliaca hinein und drückt dabei ziemlich stark medianwärts, so dass der ganze Inhalt der Bauchhöhle, und besonders der Inhalt der Fossa iliaca, möglichst nach der andern Seite geschoben wird. Jetzt wendet sich die Hand mit der Rückenfläche etwas nach unten, sucht

dabei aber den Inhalt der Bauchhöhle ziemlich tief von unten zu fassen und nach oben zu drücken. Darauf wendet sich die Hand allmählich in die ursprüngliche Stellung zurück, bis der Kreis wieder anfängt und in derselben Weise wiederholt wird.

Anmerkung. Natürlich müssen die Bewegungen hinreichend tief ausgeführt werden, um wirklich die beabsichtigten Theile zu treffen. Weil jedoch der Darm, besonders, wo Scybala oder Gase darin liegen, sehr empfindlich ist, muss man immer sehr behutsam vorgehen, und eher von der Geduld als von der grossen Kraft den erwünschten Erfolg erwarten. Der zweite Theil muss bei Lageveränderungen der Gebärmutter und bei entzündlichen Zuständen im Becken mit der grössten Umsicht ausgeführt werden, so dass z. B. die etwa reponirte Gebärmutter nicht hintenüber getrieben wird. Letzteres geschieht gewöhnlich nicht, wie man geneigt wäre zu glauben, im untern Theile des Kreises, sondern im oberen, wenn der Druck zu viel nach unten gerichtet wird. Ebenso hat man sich in vielen Fällen zu hüten, die Blase zu reizen.

Wirkung. Wirkt kräftig bei Obstipation. Bei starken Blutungen wird die Bewegung vermieden.

23. Schlaffsitzend, quere Weichenschüttelung.

(Passivbewegung.)

Stellung. Die Patientin sitzt auf einem Stuhle, den Rumpf nach vorn schlaff etwas zusammenfallend, so dass die Bauchwand ganz erschlafft wird, jedoch nicht vorgeneigt.

Der Arzt sitzt vor der Patientin und umfasst mit seinen Händen die Weichen derselben, zwischen dem Brustkorbe und dem Darmbeinkamme, wobei jedoch die Carpi mehr medianwärts geführt werden, so dass sie mehr von vorn wirken können.

Bewegung. Der Arzt führt durch abwechselndes Hin- und Herführen der rechten und der linken Hand, etwa 10—12 Mal mit jeder, eine Schüttelung des Unterleibes aus. Mit kleinen Pausen wird die Bewegung 3—4 Mal wiederholt.

Wirkung. Die Bewegung wirkt auf die Därme und befördert den Stuhlgang, wenn auch nicht besonders kräftig. Wird bei Kolikschmerzen angewandt. Ist besonders bei vermehrter Uterusblutung von Werth, weil dann viele andere die Abführung befördernde Bewegungen vermieden werden müssen.

24. Krummhalbliegend, (1) Magengrubenwalkung und (2) Magen-schüttelung.

(Passivbewegung.)

Stellung. Die gewöhnliche tiefe krummhalbliegende. Bei der ersten sitzt der Arzt zur Seite der Patientin ihr zugewandt; bei der zweiten Bewegung steht er immer zur Linken ihren Füssen zu-gewendet.

Bewegung. 1. Mit den Fingerspitzen beider Hände sucht der Arzt, so tief es ohne Schmerzen geschehen kann, in das Epigastrium einzudringen und die daselbst befindlichen Organe eine Weile zu bearbeiten. Die verschiedenen Finger folgen einander nicht, sondern arbeiten mehr getrennt.

2. Der Arzt legt darauf seine beiden Hände neben einander auf das linke Hypochondrium der Patientin. Die Fingerspitzen werden in einer Bogenlinie einige Zoll unterhalb und parallel dem Rippenrande auf die Bauchdecken angesetzt, eingedrückt und diese verschiebend unter allmähliger Krümmung der Finger schräge auf-wärts möglichst tief in das linke Hypochondrium hineingezogen, so dass der Rippenrand nur in diffuser Weise umfasst wird,*) und da-selbst wird eine sanfte Schüttelbewegung ausgeführt, die mit kleinen Pausen einige Male wiederholt wird.

Wirkung. Mit der ersten Bewegung sucht man einen Theil des Magens und die im Epigastrium befindlichen Organe zu beein-flussen; mit der zweiten den Magen.

Wird bei mangelndem Appetit, Aufstossen und andern Symp-tomen von Magenkatarrh angewandt.

25. Krummhalbliegend, quere Leibschüttelung.

(Passivbewegung.)

Stellung. Die gewöhnliche tiefe krummhalbliegende. Der Arzt sitzt zur Seite und legt beide Hände übereinander quer auf den Leib der Patientin.

Bewegung. Durch Hin- und Herführung der Hände in querer Richtung wird eine Schüttelung der Eingeweide ausgeführt. Anfangs ist dabei der Druck minimal, und die Bewegung möglichst ausgiebig, aber mit jeder Querbewegung der Hände wächst der Druck allmäh-lich, und vermindert sich die Ausgiebigkeit der Bewegung, bis die Hände nur mit Zittern einen ziemlich starken Druck tief gegen die

---

*) Die Fingerspitzen sollen nämlich nicht gegen die Rippen angedrückt werden, sondern mehr in der Tiefe wirken.

Wirbelsäule während einiger Augenblicke ausüben. Indem der Druck allmählich wieder nachlässt, und die Hände sich erhöhen, geht die Zitterung abermals in eine quere Schüttelung über, die mehr und mehr ausgiebig wird, bis unter möglichst geringem Drucke die Hände eine möglichst grosse quere Bewegung wieder machen. Jetzt folgt eine kurze Pause. Dann wird die Bewegung einige Male in derselben Weise wiederholt.

Anmerkung. Vor der eigentlichen Bewegung führe ich regelmässig eine besondere einleitende Bewegung 2—3 Mal aus. Sie hat eine gewisse Aehnlichkeit mit dem Gebahren einer Katze, welche mit vorgestreckten Krallen einen Gegenstand fasst und zu sich zieht. Der Arzt steht zur Seite der Patientin, das Gesicht ihren Füssen zugekehrt. Die Haltung der Hand und der Finger entspricht der beim Klavierspielen. Die linke Hand arbeitet links, die rechte rechts in symmetrischer Weise, jedoch zeitlich abwechselnd. Die Fingerspitzen werden anfangs an dem obersten Theil des Bauches angesetzt; zuerst dringt die Spitze des Zeigefingers ein, dann unter Wendung der Hand die übrigen Fingerspitzen, indem der Zeigefinger zuerst loslässt. Während dieses Eindringens ziehen die Finger nach oben, als wenn sie die Eingeweide aufziehen wollten. Während eine Hand diese Bewegung ausführt, kriecht die Andere ein wenig nach unten, so dass allmählich der ganze Bauch in dieser Weise bearbeitet wird. Die Hände sollen eigentlich den Dünndarm bearbeiten, und müssen deshalb nicht zu weit seitwärts angesetzt werden.

Wirkung. Die Bewegung wird, manchmal mit grossem Nutzen, gegen Diarrhoe angewandt.

26. Halbliegend, Oberschenkelrollung.
(Passivbewegung.)

Stellung. Die Patientin sitzt tief zurückgelehnt, das nicht zu bewegende Knie in irgend einer Weise fixirt. (Wie bei Fig. 39).

Der Arzt steht zur Seite, fasst mit der einen Hand unterhalb der Kniekehle, mit der andern von innen unter den Fuss des zunächst liegenden Beines, und hebt es auf, so dass das Knie- und Hüftgelenk gebeugt sind.

Bewegung. Das Knie wird 8—10 Mal im Kreise von innen nach oben und aussen herumgeführt, wobei man möglichst hoch zu gehen sucht. Das Knie darf nie mehr medianwärts geführt werden, als bis zu einer bei der Ausgangsstellung durch Hüftgelenk und Ferse gelegten senkrechten Ebene. Gegen den Bauch sucht man bei der Rollung jedes Mal einen Druck auszuüben. Dann wird mit dem andern Bein dasselbe wiederholt.

Anmerkung. Ich lasse immer eine Spaltstellung beobachten. d. h. die Beine bleiben in einer mehr auswärts gehaltenen Stellung., Wenn man dies nicht thut, und das Knie nach einwärts oder sogar über die Medianlinie hinüberschlägt, kann bei manchen Frauen eine sexuelle Reizung in der Vulva entstehen. Die Bewegung führe ich nicht gleichmässig aus, sondern jedes Mal mit einem schnellen Stosse auf- und auswärts in dem entsprechenden Theile des Kreises. In allen Fällen la se ich eine Knieniederdrückung und bei Obstipation ausserdem oft auch eine Knieaufschwingung*) sofort folgen. Ein Fehler ist es auch, wenn der Druck beim Stossen so gemacht wird, dass er die Brust anstatt des Bauches trifft, weshalb bei der Bewegung die Beugung des Knies stark sein, also der Fuss nahe an den Oberschenkel gedrückt werden muss. Hat man die Absicht, mit dieser Bewegung auf das Hüftgelenk oder dessen Muskeln einzuwirken, so kann dieselbe in verschiedener Art je nachdem (in jeder Richtung, nach einwärts oder nach auswärts, activ oder passiv) ausgeführt werden.

Wirkung. Wirkt bei Obstipation günstig, vermehrt die Menstruation u. dgl., darf aber bei entzündlichen Unterleibsleiden nicht angewandt werden.

27. Gespanntbogenknickstehend, Oberschenkelrollung.
(Passivbewegung.)

Stellung. Die Patientin stellt sich z. B. einen Schritt vor eine geöffnete Thür, derselben den Rücken zukehrend. Die aufwärts gestreckten Arme und der Oberkörper sind hintenübergebeugt; die Hände haben einen möglichst festen Griff an je einem Thürpfosten; das eine Knie wird hoch aufwärts gebeugt.

Zwei Personen (Arzt und Gehülfe) stellen sich jeder auf einer Seite der Patientin, und jeder legt eine Hand über die andere auf die Kreuzgegend der Patientin, während sie mit der andern das erhobene Knie von vorne fassen.

Bewegung. Die Behandelnden führen das Knie der Patientin 8—10 Mal gleichmässig in einem Kreise nach oben, aussen, unten und nach innen zurück (doch nie über die Medianlinie), während sie

---

*) Diese wird dann auf dem Bewegungszettel mit ihrem Namen angeführt.

mit den hinteren Händen eine nöthige Stütze gewähren. Dann wird
dieselbe Bewegung an dem andern Knie ausgeführt.

Anmerkung. Regelmässig lasse ich zwei Nachbewegungen
folgen:

1. In obiger Stellung der Patientin und des Behandelnden wird
das Knie unter Widerstand von jener nach aussen, dann von derselben unter Widerstand von diesem wieder bis zum Medianplane
zurückgeführt. Dies wird jederseits 3 Mal wiederholt.

2. Die Behandelnden legen ihre Hände oberhalb des Knies auf
und drücken es unter Widerstand der Patientin nieder, bis die Fuss-

Fig. 38. Gespanntbogenknickstehend. Oberschenkelrollung.
(Der rechts stehende Arzt ist nicht gezeichnet.)

sohle des nunmehr gestreckten Beines den Boden berührt, worauf
die Patientin das Knie unter geringem Widerstand der Behandelnden
wieder aufzieht. Die Bewegung wird jederseits 2—3 Mal ausgeführt.
Da sowohl die Stellung als auch die Bewegungen der Patientin anstrengend sind und das freie Athmen erschweren, so müssen die
Bewegungen schneller ausgeführt werden, und zwar so, dass sie
nicht überanstrengen.

Wirkung. Diese Bewegung leitet dem Becken sehr stark zu.

28. Stützknickstehend, Oberschenkelrollung.

(Selbstbewegung.)

Stellung. Die Patientin steht, sich in irgend einer Weise stützend, auf einem Bein: das andre ist hoch aufgezogen und das Knie gebeugt. Letzteres wird im Kreise einige Mal herumgeführt; dann Umtausch der Beine und Wiederholung der Bewegung.

Wirkung ist zuleitend zum Becken.

29. Halbliegend, Knieaufschwingung.

(Passivbewegung.)

Stellung. Wie bei: Knickhalbliegend, Knieniederdrückung (30).

Bewegung. Stossweise wird der Oberschenkel gegen den Bauch (nicht gegen die Brust) 6—8 Mal ziemlich rasch gedrückt. Dies wird durch die richtige Führung des Unterschenkels und Abpassung der Druckrichtung der beiden Hände bewirkt.

Anmerkung. Ich lasse eine Spaltstellung beobachten, so dass die Stösse etwas schräg von aussen den untern Theil des Bauches treffen. Wird in der Regel gleich von Knieniederdrückung 2—3 Mal gefolgt, ohne sie am Bewegungszettel anzugeben; wird auch manchmal im Vereine mit vorhergehender Oberschenkelrollung gemacht.

Wirkung. Befördert den Stuhlgang, vermehrt aber auch die Regel.

30. Knickhalbliegend, Knieniederdrückung.

(Widerstandsbewegung.)

Stellung. Die Patientin sitzt tief zurückgelehnt. Das eine Knie ist gebeugt und hoch aufgezogen, das andere in irgend einer Weise fixirt. Der Arzt steht zur Seite und etwas vor der Patientin, die eine Hand auf dem Knie, die andre unter dem Fusse derselben.

Bewegung. Das Bein wird unter Widerstand der Patientin etwas langsam niedergedrückt und gestreckt, bis es gerade und horizontal liegt, dann wird es unter geringem Widerstand des Arztes von der Patientin wieder möglichst in die Ausgangsstellung aufgezogen, was 3—4 Mal wiederholt wird.

Anmerkung. Die Bewegung folgt (ohne Ausschreiben im Bewegungszettel) bei Amennorrhoe regelmässig gleich auf eine Oberschenkelrollung, bei Obstipation ebenfalls einer solchen oder einer Knieaufschwingung oder auch beiden vereint. Die Beine lasse ich immer

während der Bewegung gespreizt halten. In gespanntbogenstehender
Stellung (s. Fig. 38) wirkt sie am stärksten zuführend.

Wirkung. Diese Bewegung wird von mir bei Unterleibskranken
nie angewandt, wenn nicht die Regel zu gering ist, weil sie die
Uterusblutung vermehrt.

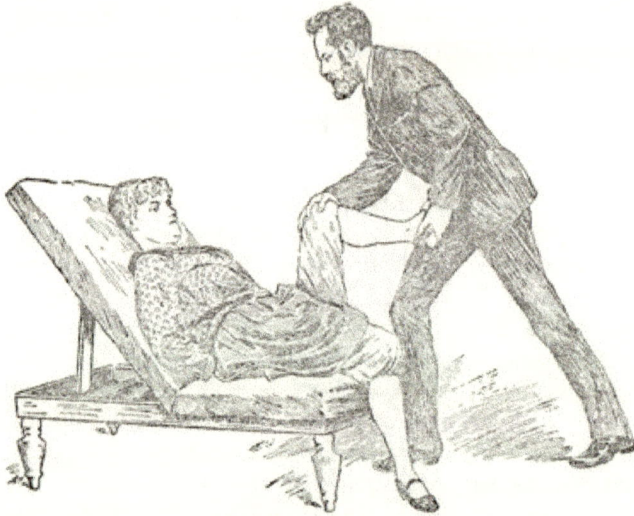

Fig. 39. Knickhalbliegend, Knieniederdrückung.

31. Streckbogenfussstützend, Kniebeugung unter Handdrückung.
(Widerstandsbewegung.)

Stellung. Der eine Fuss ruht gestreckt mit seiner Rückenseite hinten auf einem Schemel oder Stuhle, so dass das gebeugte
Knie nicht weiter nach vorne ragt als das stehende Bein; die Arme
werden parallel aufwärts gestreckt mit etwas nach vorne gerichteten
Handflächen und abgezogenen Daumen. Kopf und Wirbelsäule
sammt den gestreckten Armen hintenüber gebeugt.

Der Arzt steht auf dem erwähnten Stuhle hinter der Patientin,
umfasst die Daumen so, dass die Daumenballen aneinander zu liegen
kommen, und die andern vier Finger die Metaphalangen des Daumens etc.
der Patientin umfassen, und die Patientin die Hände des Arztes in
gleicher Weise gefasst hält, wie in Fig. 40.

Bewegung. Die Patientin hebt sich auf die Zehen, beugt
dann langsam unter leichtem Druck (bezw. Hülfe) des Arztes und
mit Beibehaltung der Stellung des Rumpfes das Knie, hebt sich

unter noch leichterem Widerstandsdrucke (bezw. Aufhelfen) bis zur Streckung des Beines und lässt sich zuletzt wieder auf die Ferse nieder. Dies wird mit jedem Fusse 3—4 Mal wiederholt, während dessen der Arzt die Bewegung so zu sagen zu steuern sucht.

Anmerkung. Um die erwünschte Wirkung auf die Beckenorgane zu haben, liegt nun sehr viel daran, dass das Becken während der ganzen Bewegung vorgestreckt wird. Fehler sind sonst, wenn der Arzt zu starken Druck ausübt, oder wenn die Patientin die Arme beugt.

Wirkung. Leitet das Blut kräftig zum Becken und den unteren Extremitäten und wird bei Amenorrhoe und Dysmenorrhoe gebraucht, sonst eher vermieden.

Fig. 40. Streckbogenfussstützstehend. Kniebeugung und Streckung unter Händedrückung.

32. Gegenfussstützstehend, Kniebeugung.

(Selbstbewegung.)

Stellung. Die Arme werden etwas vorwärts gehalten, so dass die Hände einen Gegenstand in bequemer Höhe als Stütze fassen; das eine Knie ist gebeugt (wird jedoch nicht vor dem des stehenden Beines gehalten), so dass der Fuss gestreckt hinten auf einem Schemel oder Stuhle gestützt ist.

Bewegung. Die Patientin hebt sich auf die Zehen, beugt langsam das Knie des Beines, auf dem sie steht, so dass der gerade gehaltene Rumpf gesenkt wird; streckt das Knie wieder langsam und lässt sich schliesslich wieder auf die Ferse nieder. Dies wird einige Male auf jeder Seite ausgeführt, wobei, um die Wirkung auf das Becken hervorzubringen, dasselbe während der ganzen Bewegung vorgestreckt gehalten werden muss.

Wirkung. Zuleitend zum Becken und den untern Extremitäten. Wird bei Amenorrhoe gebraucht.

33. Halbliegend, Kniebeugung.
(Widerstandsbewegung.)

Stellung. Die Patientin sitzt bequem und tief sich zurücklehnend; das eine Bein, im Knie gestreckt, ruht mit dem untern Ende des Oberschenkels auf einem festen Gegenstande, z. B. auf dem Oberschenkel des Arztes.

Fig. 41. Halbliegend. Kniebeugung.

Dieser sitzt daneben, die eine Hand auf das Knie, die andre auf die Spitze des gestreckten Fusses der Patientin gelegt.

Bewegung. Durch Drücken auf die Zehen wird der Unterschenkel unter Widerstand der Patientin langsam bis zur senkrechten Linie gebeugt, dann unter Widerstand des Arztes von der Patientin wieder gestreckt. Dies wird 3—4 Mal auf jeder Seite wiederholt.

Anmerkung. Nachher wird die eine Hand auf das Knie, die andere hinter die Ferse gelegt, und eine leichte passive Ueberstreckung ausgeführt, die mit Zitterbewegung endigt, um das Ermüdungsgefühl in den Streckern zu beseitigen.

34. Hochstützstehend, Beinvorziehung.
(Widerstandsbewegung.)

Stellung. Die Patientin steht auf einem Schemel oder Stuhle, mit den Händen oder dem Rücken gegen irgend einen Gegenstand

gestützt, das eine Bein lose, grade und etwas rückwärts gehalten.
Der Arzt steht davor, die eine Hand, z. B. bei Vorziehung des
linken Beines die rechte, hinter der
Ferse der Patientin liegen habend,
mit der andern vor der betreffenden
Hüfte eine Stütze gewährend.

Bewegung. Der Arzt zieht
so hoch, als es ohne Aenderung
der Stellung möglich ist, das Bein
langsam unter Widerstand der
Patientin hervor, dann führt diese
es unter Widerstand des Arztes
zurück. 3—4 malige Wiederholung.
Dann geschieht dasselbe auf der
andern Seite.

Wirkung. Ableitung vom
Becken. Nicht besonders anstrengend.

35. Neigfallend, Beinnieder-
drückung.

(Widerstandsbewegung.)

Stellung. Der grade gehaltene
Körper, je nach den Kräften weniger
oder stärker vorwärts geneigt, stützt
sich mit den flachen Händen, die

Fig. 42. Hochstützstehend, Beinvorziehung.

etwa in Achselbreite von einander gehalten werden, die Finger
nach innen vorwärts gerichtet, gegen einen Gegenstand. Der Kopf
ist zurückgehalten, die Arme sind beinahe, die Beine ganz grade
gestreckt. Jetzt wird das eine Bein rückwärts möglichst hoch ohne
Aenderung der sonstigen Stellung und grade gestreckt aufgehoben.
Der Arzt steht an einer Seite, die eine Hand an den Bauch gelegt,
um je nach Bedürfniss etwas stützen zu können, die andere auf die
Ferse des erhobenen Fusses.

Bewegung. Das Bein wird unter Widerstand vom Arzte
niedergedrückt, dann ohne Widerstand von der Patientin wieder erhoben. 3—4 malige Wiederholung. Dann auf der anderen Seite ebenso.

Anmerkung. Im Allgemeinen lasse ich eine nur mässige
Neigung des Körpers gebrauchen, so dass die Füsse noch ganz auf
dem Boden ruhen können, d. h. eine geringere als in Fig. 43.

. Brandt.

7

Wirkung. Diese Uebung wirkt durch die Stellung gleichzeitig auf eine grosse Menge Muskeln der Arme, Beine, Vorderseite

Fig. 43. Neigfallend, Beinniederdrückung.

des Rumpfes, ohne sich auf einer besonderen Stelle zu concentriren;
sie wirkt noch stärker durch die Bewegung auf die Glutaen,
Lenden- und hinteren Oberschenkelmuskeln. Etwas anstrengend und
stark vom Becken ableitend.

**36. Halbliegend, a) Fussbeugung, b) Fussstreckung und c) Fuss-
drehung.**

(Widerstandsbewegungen.)

Stellung. Der Arzt sitzt zur Seite mit etwas gespreizten
Beinen und legt den Unterschenkel der zurückgelehnt sitzenden
Patientin auf seinen Oberschenkel, z. B.
sitzt der Arzt links, so auf den rechten
Oberschenkel.

Fig. 44. Halbliegend, Fussstreckung.

Bei a) fasst die nach dem Knie der
Patientin zu liegende Hand = H 1 oberhalb des Fussgelenkes, die andere Hand
= H 2 umgreift von unten her den
vorderen Theil des Fusses.

Bei b) fasst H 1 von oben auf die
Zehen (und den vordern Theil des
Fussrückens), H 2 liegt unter (nicht
hinter) der Ferse.

Bei c) umfassen beide Hände, H 1 von oben, H 2 von unten, den Mittelfuss.

Bewegung. Bei a) wird der Fuss vom Arzte gebeugt, dann von der Patientin gestreckt;

bei b) ist es umgekehrt;

bei c) wird er zuerst in der einen, dann in der andern Richtung gedreht, jedoch nicht abwechselnd. Die verschiedenen Bewegungen werden einige Male wiederholt und geschehen stets unter Widerstand.

Wirkung. Vom Becken ableitend wirkt diese Bewegung nicht, obwohl man für den ersten Augenblick geneigt sein könnte, das zu glauben. Bei starken Blutungen muss man sogar vorsichtig mit der Bewegung sein. Wird oft angewandt bei Patientinnen, die an kalten Füssen leiden.

37. Bindehalbliegend, Fussrollung.
(Selbstbewegung.)

Die Patientin sitzt bequem und ziemlich tief zurückgelehnt, die Beine grade und gekreuzt auf dem Sopha oder auf einem Stuhle liegend, wobei jedoch die Fersen frei hinüberragen müssen.

Die zusammengehaltenen Füsse werden erst in einer Richtung in möglichst grossem Bogen eine Zeitlang herumgerollt, dann wird die Beinkreuzung umgetauscht, und die Bewegung wird in entgegengesetzter Richtung wiederholt. Wird bei kalten Füssen angewandt.

38. Krummhalbliegend, Knietheilung.
(Widerstandsbewegung.)

Stellung. Die Patientin sitzt bequem zurückgelehnt, die Füsse nahe an einander gegen einen festen Gegenstand (etwa einen Stuhl) aufgestützt, so dass die Hüften und die zusammengehaltenen Kniee gebeugt sind.

Zwei Personen (Arzt und Gehülfe) stellen sich an die Seiten der Patientin, das Gesicht ihr zugekehrt. Darauf legt die eine ihre Hände auf die Innenseiten der Kniee der Patientin, und die andere ihre Hände auf die der Ersteren.

Bewegung. Unter Widerstand der Patientin werden die Kniee langsam auseinander geführt, wobei derjenige, der seine Hände unmittelbar auf den Knieen der Patientin hat, die Bewegung leitet; dann werden dieselben unter Widerstand der Behandelnden von der Patientin wieder zusammengeführt. Die Bewegung wird 3—4 Mal wiederholt.

7*

Anmerkung. Nöthigenfalls kann auch, besonders wenn die Patientin nicht zu stark ist, diese Bewegung nur von einer Person gegeben werden, welche dann zur Seite der Patientin sitzt und, indem sie die Arme möglichst gestreckt und möglichst parallel führt, die grösstmögliche Kraftfähigkeit zu gewinnen sucht.

Wirkung. Wie die stärkeren Beinbewegungen im Allgemeinen, wirkt sie auch dem Becken ein wenig zuführend, wenn sie nicht in Verbindung mit einer ableitenden Bewegung ausgeführt wird. Diese Bewegung wird gegenwärtig von mir verhältnissmässig selten angewandt, z. B. gegen cervicale Leucorrhoe, wo immer die folgende Bewegung nachfolgt.

39. Krummhalbliegend, Kniezusammendrückung.
(Widerstandsbewegung.)

Stellung wie bei der vorigen Bewegung. Es stellt sich auf jede Seite der Patientin eine Person; jede legt ihre Hände aber auf die Aussenseiten der anfangs gespreizten Kniee auf einander.

Bewegung. Unter Widerstand der Patientin werden die Kniee langsam zusammengedrückt, worauf sie wieder von jener unter Widerstand der Behandelnden von einander entfernt werden, was 3—4 Mal wiederholt wird.

Anmerkung. Dasselbe wie bei der vorigen Bewegung ist anzuführen.

Wirkung. Vom Becken etwas ableitend.

40.) Krumm-   a) Knietheilung unter Kreuzhebung.
41.) halbliegend, b) Kniezusammendrückung unt. Kreuzhebung.
(Widerstandsbewegungen.)

Stellung. Während der Ausführung ist die Stellung zwar eigentlich nicht mehr die krummhalbliegende, diese wird jedoch zunächst eingenommen mit ziemlich stark aufgezogenen Füssen und zusammengeführten bezw. gespreizten Knieen, z. B. auf einem Sopha oder einem langen niedrigen Plinte. Indem die Bewegung anfängt, hebt die Patientin das Becken empor, bis die Hüftgelenke möglichst gestreckt sind, und die Körperschwere auf den Füssen und dem obern Theile des Rückens sammt den Schultern ruht.

Der Arzt sitzt zur Seite, die Hände bei a) an den Innenseiten, bei b) an den Aussenseiten der Kniee der Patientin gelegt, und die Unterarme möglichst parallel und einander nahe haltend.

Bewegung. a) Die Kniee werden unter Widerstand der Patientin von einander entfernt, dann von dieser unter Wider-

stand des Arztes wieder zusammengeführt. Wird 3—4 Mal
wiederholt.

b) Die Kniee werden von dem Arzt unter Widerstand der
Patientin zusammengedrückt, dann von dieser unter Widerstand von
einander entfernt. Im Allgemeinen wird die Bewegung 3—4 Mal
wiederholt, in einigen Fällen jedoch eine etwas längere Weile fortgesetzt, dann aber weniger kräftig ausgeführt.

Fig. 45. Krummhalbliegend. Knietheilung unter Kreuzhebung.

Anmerkung. Die Patientin darf sich niemals so anstrengen
dass sie nicht ruhig athmet; sonst wird das Blut nach dem Kopfe
getrieben, was man stets zu vermeiden sucht und die Gebärmutter
fällt wieder in Retroversion.

Wirkung. Die erste Bewegung bringt, besonders wenn die
Patientin sich kräftig bemüht, die Hüftgelenke möglichst gestreckt
zu halten, alle Muskeln des Beckenbodens in active Verkürzung;
der Beckenboden wird erhoben. Die gekräftigten Muskeln können
nicht nur beim Stuhlgange und Harnlassen bessere Dienste leisten,
sondern auch bei anstrengender Körperarbeit dem gelegentlichen
Anpressen von oben besseren Widerstand entgegensetzen, und somit
verhindern, dass ein solches Pressen die Gebärmutter niederdrücke
und deren Bänder ausdehne. Diese Bewegungen werden angewandt, gleich nach der Hebung, bei prolapsus uteri et vaginae,
recto- und cystocele ebenso wie bei Senkung und Retroversion
des Uterus.

Dagegen spricht meine Erfahrung gar nicht dafür, dass diese Bewegung an und für sich einen Prolaps heilen könne. Ich glaube nicht einmal, dass sie je genüge einen solchen dauernd zurück zu halten. Dass sie auch nicht nothwendig ist, um eine dauernde Heilung des Prolapses herbeizuführen, ist dadurch erwiesen, dass ich gegen 40 Fälle geheilt habe. ehe ich diese Bewegung kannte, bei welchen meines Wissens kein Recidiv eingetreten ist.

Durch die gleichzeitige Thätigkeit der Rückenmuskeln wird die geringe Zuleitung zum Becken aufgehoben und noch eine mässige Ableitung bewirkt. Wenn sie in Verbindung mit der Kniezusammendrückung ausgeführt wird, entsteht sogar eine kräftige Ableitung.

Diese letztere wirkt immer ableitend von den Beckenorganen. Sie wird u. A. unmittelbar nach der örtlichen Behandlung von Blutungen, Ausfluss, Exsudaten und Fixationen angewandt.

42. a) Stützgegenstehend,
   b) Gegenneigfallend,   1) Lendenklopfung.
   c) Gegenneigspaltsitzend, 2) Kreuzklopfung.
   d) Schwimmhängend,

(Passivbewegungen.)

Stellungen. a) Die Patientin steht grade, gegen einen Gegenstand z. B. eine Wand mittels der vorwärts emporgehobenen Hände leicht gestützt, den graden Körper daher nur ein wenig vorwärts geneigt, den Kopf zurückgehalten, die etwas von einander entfernten Füsse etwas nach innen gekehrt.

b) Wenn die Patientin in der eben erwähnten Stellung mit den Füssen etwas nach hinten rückt, so muss ein Theil der Körperschwere auf die nicht ganz grade gehaltenen Arme fallen, und eine active Spannung der Muskeln der Vorderseite des Körpers nöthig werden, um den Körper grade zu halten. Dies wird desto mehr der Fall sein, je stärker die Neigung des Körpers gemacht wird, wobei jedoch die Arme nicht mehr horizontal, sondern senkrecht zur Körperlinie gehalten werden müssen.

c) Die Patientin sitzt mit gespreizten Oberschenkeln, den Rumpf vorgeneigt, und mit den vorwärts emporgehobenen Armen sich gegen irgend einen Gegenstand leicht stützend.

d) Die Patientin legt sich bauchwärts auf einen Plint oder auf einige in Reihe gestellte Stühle und fasst mit den Händen einen vorn stehenden, etwas erhöhten festen Gegenstand. Ein Gehülfe fasst die beiden Fussgelenke und zieht kräftig nach hinten oben, so dass der ganze so passiv gestreckte Körper derselben einen langen Bogen bildet, der in der Mitte mit dem Bauch auf der Unterlage noch eine gewisse Stütze findet. Die Patientin hat nur den Kopf zurück zu halten, ist übrigens passiv.

Bewegung. Die Klopfung wird durch wiederholte Schläge mit der lose geballten Hand ausgeführt. Die linke Hand liegt, Stütze gewährend, am Bauche der Patientin, der rechte Oberarm wird gegen den eignen Rumpf gehalten; das Handgelenk ist gelenkig und lose zu halten, und die gebeugten Finger sollen etwas federnd wirken.

1) Eine Reihe von Schlägen (etwa 5) werden jederseits von oben nach unten, 3—4 Mal, in einer Bogenlinie ausgeführt, die sich von dem ersten Lendenwirbel zunächst nach unten, dann mehr nach aussen bis oberhalb der Crista ilei erstreckt.

2) Eine Reihe von Schlägen (etwa 7) werden, jederseits 3—4 Mal, von oben nach unten ausgeführt. Die Schlaglinie erstreckt sich jederseits etwas schräge von

Fig. 46. Stützgegenstehend. Kreuzklopfung.

aussen oben nach unten innen über den Seitentheil des Kreuzbeins, etwa den Seitenlöchern folgend, vom obersten Ende desselben bis zum Steissbein.

Anmerkung. Die gegenneigfallende Stellung lasse ich je nach den Kräften der Patientin verschieden tief einnehmen, jedoch nie tiefer, als dass die Patientin ihre Fusssohlen auf dem Boden noch ganz hält. Dies giebt somit einen allmählichen Uebergang von der Stellung a) bis in die Stellung b).

Nach der Klopfung wird gewöhnlich eine Streichung mit der flachen Hand am Rücken hinunter bis zum Steissbein, einige Mal gemacht.

Wirkung. Die ganze Bewegung wirkt immer erregend auf die zum Becken laufenden Nerven. Die Lendenklopfung wird bei

Lageveränderungen des Uterus angewandt; die Kreuzklopfung nicht
nur dann, sondern auch wo die Blutzufuhr zum Becken zu vermehren ist, und ebenso um auf die Blase, den Mastdarm, die Scheide etc.
erregend zu wirken. Wenn die Kreuzklopfung bei der Stellung
a) stark ausgeführt wird, befördert sie den Blutlauf zum Becken,
kann sogar gleich eine Uterusblutung in geeignetem Falle hervorrufen.[*]) Wenn sie dagegen in neigfallender Stellung und leicht
ausgeführt wird, wirkt sie belebend auf die Nerven des Beckens,
ausserdem aber den Stoffwechsel von sämmtlichen Beckenorganen befördernd. Man hat in jedem einzelnen Falle die Stellung und die
Kraft anzupassen.

Bei Patientinnen mit schweren Blutungen, die zu schwach für
die neigfallende Stellung sind, bei denen aber eine stärkende Erregung der zu den Beckenorganen laufenden Nerven aus irgend einer
Ursache nöthig ist, habe ich die Stellung c) brauchen und die Kreuzklopfung sehr schwach ausführen lassen. Die Stellung wirkt dann
der Blutzufuhr zum Becken entgegen.

Schwimmhängend, Kreuzklopfung wird vorzugsweise bei Hämor-
rhoidalleiden angewandt.

43. Stützgegenstehend, Rückenhackung.

(Passivbewegung.)

Stellung. Siehe bei Kreuzklopfung (Fig. 46).

Bewegung. Der hinter der Patientin stehende Arzt führt,
mit den äusseren Kleinfingerkanten der flach und parallel gehaltenen
Hände, abwechselnde Schläge schnell aus, die jederseits der Wirbelsäule von dem Nacken über den Rücken hinunterlaufen und einige
Male so wiederholt werden. Die Finger müssen gespreizt gehalten
werden, damit sie wie Federn bei dem Schlage wirken; es muss
aber dabei vermieden werden, die äussere Kante der Mittelhand
mit zu benutzen. Die Schläge müssen hoch oben am Nacken schwach
sein, je mehr abwärts aber an Stärke zunehmen.

Wirkung. Auf das Nervensystem im Allgemeinen wirkt sie
belebend. Ich benutze sie bei Lageveränderungen der Gebär-

---

[*]) In einem Falle, wo eine Frau (in einem gymnastischen Institute) eine
starke Kreuzklopfung erhielt, entstand plötzlich so schmerzhafter Harndrang, dass
sie nach Hause gefahren werden musste.

mutter etc. im Verein mit Lenden- und Kreuzklopfung, um so viel
wie möglich auf die Beckeninnervation belebend einzuwirken. Nach

Fig. 47. Stützgegenstehend, Rückenhackung.

der Angabe Branting's ist sie zu vermeiden, wo Herzklopfen zu
befürchten ist.

B. Spezieller Theil.

(Anwendung und Wirkung manueller und gymnastischer Behandlung bei Krankheiten und Anomalien der weiblichen Geschlechtsorgane.)

I. Die Regel.

A. Gymnastische Behandlung während der Regel.

Man kann vielfach beobachten, dass Bewegungen einen Einfluss auf die Reichlichkeit der Menses ausüben, und zwar in verschiedener Richtung. Insbesondere scheint dies kurz vor und während derselben der Fall zu sein. Schwieriger ist es zu bestimmen, in welcher Richtung eine gewisse Bewegung wirkt. Die einfache Gehbewegung z. B., wenn sie anhaltender oder anstrengender ausgeführt wird, kann unter Umständen verschieden wirken. Für eine starke gesunde Person, die daran gewöhnt ist, wird dadurch der Blutandrang nach der Gebärmutter meistens vermindert, was wohl durch die ableitende Wirkung der Muskelthätigkeit zu erklären ist. Wenn die betreffende Person dagegen schwach ist, dann wird die Blutung vermehrt, was vielleicht vermöge des durch die Anstrengung erhöhten Blutdruckes zu erklären ist. Noch stärker wirkt eine anhaltende Arbeit mit den Armen, um die Regel zu vermindern. Sogar das Tanzen macht bei vielen starken Personen die Regel, besonders wenn sie sehr profus ist, bedeutend geringer.

Zur Zeit der Regel lasse ich in den meisten Fällen solche Bewegungen aus, die den Stuhlgang befördern, weil die Stuhlentleerung gewöhnlich von selbst weicher und reichlicher zu werden pflegt. Ausserdem unterrichte ich mich, ob die Menses reichlicher oder spärlicher als früher erscheinen; in jenem Falle lasse ich alle zuführenden Bewegungen weg, in diesem werden die nicht zu starken fortgesetzt; sie müssen jedoch in vielen Fällen mit grösster Vorsicht ausgeführt werden, um nicht heftige Blutungen hervorzurufen. All dies ist jedoch von den vorhandenen Erkrankungen

abhängig. Eine zuführende Behandlung gegen Amenorrhoe wird nur
so lange angewendet, bis die Regel anfängt, jedoch in moderirter
Form fortgesetzt, wenn sie noch zu spärlich ist.

Nachdem Dr. Nissen 1874 angefangen hat, auch während der
Menstruation die lokale Behandlung anzuwenden, habe ich dieselbe
allmählich versucht, und kann sie nur dringend empfehlen. Nur
muss ich hervorheben, dass zur Zeit der Regel mit leichterer und
zarterer Hand und kürzere Zeit hindurch massirt werden muss, zumal da auch die Patientinnen dann viel empfindlicher als gewöhnlich sind. Niemals habe ich, unter Tausenden von Patientinnen,
dadurch schädliche Folgen beobachtet. Daher habe ich die Ueberzeugung, dass diese Erfahrung von allen Denjenigen bestätigt werden
wird, welche die Behandlung während der Regel fortsetzten, vorausgesetzt, dass sie mit derselben Vorsicht vorgehen. Jedoch will ich
nur in dem Falle örtliche Behandlung während der Regel zu-
rathen, wenn gleichzeitig allgemeine gymnastische Behandlung
angewendet wird.

Während meines und Dr. Nissens Aufenthalt in Jena im
Herbst 1886 wurde unsere Arbeit während $2^{1}/_{2}$ Monate von Dr.
Skutsch, einem streng objektiven Beobachter, der sich von vorn-
herein etwas ablehnend verhielt, stets controllirt. Unsere Behandlung wurde so ausschliesslich angewandt, dass nicht einmal ein etwa
wünschenswerthes Klystier gegeben wurde. Auch wurde die Behandlung während der Regel fortgesetzt, ohne dass eine nachtheilige
Beobachtung gemacht worden wäre. Die Patientin mit Prolaps
(vergl. die Publication darüber von Dr. Profanter), die am Tage,
ehe wir sie in Behandlung nahmen, von mehreren Aerzten in Nar-
cose sondirt worden war, hatte dadurch eine nicht sehr erhebliche
Blutung bekommen. Diese Blutung stand am ersten Tage nach
unserer Behandlung. In seiner freundlichen Kritik*) hat Dr. Skutsch
nichts über üble Folgen unserer Behandlung während der Regel zu
erwähnen gehabt.

Meine Gründe für ein solches Verfahren während der Regel,
das somit auf einer reichen Erfahrung basirt, kann ich dahin zu-
sammenfassen:

1. Geschieht diese Behandlung mit Umsicht und Moderation
aller Bewegungen je nach der Erkrankung, so schadet sie niemals,
beschleunigt aber in der Regel die Heilung. Wird aber die lokale
Behandlung während dieser Zeit unterlassen, so wird jedenfalls die

*) Fortschritte der Medicin 1887 v. 13. November.

Heilung zum mindesten verspätet. Sind Schmerzen vorhanden, die während der Regel sich vermehren, so können sie durch die Behandlung sehr gelindert werden.

2. Abnorme Blutungen sind häufig sehr bald, sowohl der Menge als auch der Dauer nach, auf die Norm zurückgebracht worden. Nicht nur bei kleinen, sondern auch bei sehr grossen Fibromyomen, bei grossen metritischen Anschwellungen, und bei den manchmal sehr profusen Blutungen bei sehr kleiner (atrophischer?) Gebärmutter ist dies in der Regel gelungen, so dass keine andere Behandlung dankbarer sein kann. In schweren Fällen habe ich Vortheil davon gehabt, sogar zweimal des Tages zu behandeln. Es ist selbstverständlich, dass wo Krebs vorhanden, nichts damit auszurichten ist.

3. Exsudate verkleinern sich während der Regel schneller, als in der Zwischenzeit, durch die entsprechende Behandlung. Ja manchmal können sie sich, wenn man die Behandlung während der Regel aussetzt, sehr verschlimmern, sogar so schmerzhaft und quälend werden, dass die Patientinnen veranlasst werden, anderweitige Hülfe zu suchen. Die Heilung kann daher bei Aussetzen der Behandlung während der Menstruation sehr schwierig, sogar unmöglich werden.

4. Fixationen werden während der Regel sicherer und leichter gelöst, als in der Zwischenzeit; allerdings erfordern diese inneren gefährlichen Losziehungen grade während der Periode ganz besondere Vorsicht. Es ist möglich, dass gewisse Fixationen, die sich während der Zwischenzeit nie beeinflussen lassen, sich doch wenigstens zur Zeit der Regel allmählich lösen lassen, und deshalb ist es wohl zu befürchten, dass wenigstens die Fixationen, die am schwierigsten loszumachen sind, gar nicht gelöst werden, wenn man nur in der Zwischenzeit arbeitet.

5. Bei Prolapsen und Lageveränderungen hat man in der während der Menses regelmässig eintretenden Vergrösserung und vermehrter Schwere der Gebärmutter und in der Lockerung der umgebenden Theile noch ganz besonders einen Grund, gerade dann die Gebärmutter immer wieder in normale Lage zurückzubringen und die Haltetheile derselben zu kräftigen, damit die etwa schon gewonnenen Resultate nicht ganz verloren gehen. Allerdings muss auch hier die Behandlung leichter und weniger anhaltend sein, als in der Zwischenzeit. Finde ich ja bei Behandlung von Rückwärtslagerungen ziemlich regelmässig jeden Montag, nachdem am Sonntag die Behandlung unterblieben war, dass die Redression merkbar schwerer gelingt als sonst; bleibt dann der Uterus während der

ganzen Zeit der Menses zurückliegend, und dadurch die Haltetheile relaxirt (bezw. retrahirt), so könnte man eben so gut ganz von dieser Sisyphusarbeit abstehen. Man hat behauptet, dass die Behandlung dieser Fälle sehr gewagt sei, abgesehen von dem Unbehagen der Patientin und des Arztes. Beschränkt man sich auf die Reposition, die von einer geübten Hand sanft und schmerzlos gemacht wird, und fügt nur eine kurze, sanft tangirende Massage der Umgebung bei, so habe ich nur gute Resultate hiervon gesehen.

Ich frage die Herren Aerzte, die mich besucht haben, — deren Anzahl über 80 — und durch Zeiträume von 8 Tagen bis 2 Monaten, meine Behandlungsweise gesehen haben, ob sie jemals von meiner Behandlung während der Regel eine üble Folge wahrgenommen haben? Ich kann nur tief beklagen, wenn anderweitig, wo trotz meiner Warnungen die Behandlung nicht leicht, vorsichtig und kurz genug war, böse Folgen sich gezeigt haben. Meinerseits werde ich unbedingt diese Behandlung fortsetzen, und hoffe hinreichend viele Nachfolger und kräftige Vertheidiger dieses Vorgehens zu finden.

B. Dysmenorrhoe.

Als Ursache von Schmerzen bei der Menstruation wird Verengerung der Cervix oder starre Flexion derselben, d. h. ein mechanisches Hinderniss, angeführt: Andere haben angenommen, dass wenigstens die der Regel vorhergehenden Schmerzen eine Folge des Druckes sind, der auf die Gefässwände ausgeübt wird, wenn das Blut, wie oft bei Endometritis, verhindert wird, in die Gebärmutterhöhle auszutreten. Metritis, Endometritis oder eine Auftreibung in der Umgebung der Gebärmutter ist oft als Ursache der Dysmenorrhoe angesehen worden. Ebenso verursachen Tubar- und Eierstocksentzündungen dysmenorrhoische Beschwerden, die mitunter sehr heftig sein können. Die Behandlung muss daher je nach dem Falle verschieden sein.

Es ist klar, dass Blut um so leichter durch Gewebe hindurchsickert, je grösser der Druck ist, unter welchem es steht. Auf diese Thatsache fussend, habe ich versucht, solchen Patientinnen, welche an der erst erwähnten Art von Abnormitäten litten, schmerzfreie Menses zu verschaffen, und es ist mir auch selbst in Fällen gelungen, wo die Verengerung das Einführen einer gewöhnlichen feinen Silbersonde nicht zuliess. Einer Patientin waren bei früheren Perioden die Hände und Füsse eiskalt geworden, das Blut wurde nach dem Kopfe gedrängt, die Pupillen waren erweitert, und es traten heftige krampfartige Schmerzen im Leibe auf, die mehrere Stunden anhielten. Ich nahm an, dass wenn das Blut einige Tage vor der Regel täglich vermöge gymnastischer Bewegungen kräftig zum Becken geleitet werden würde, so dass bei der Regel das Blut rascher und mit grösster Intensität aufträte, sich das Blut auch leichter den Weg durch die Verengerung bezw. die Abknickung bahnen würde. Die Patientin wurde deshalb mit passenden Bewegungen behandelt; bei der nächsten und den nachher folgenden Perioden blieben, wie bei vielen andern so behandelten Patientinnen, die Schmerzen aus. Verständnisshalber sei erwähnt, dass hierbei gar keine locale Behandlung, sondern nur gymnastische Bewegungen angewandt wurden.

Bei der andern Art der Dysmenorrhoe müssen zuerst die entzündlichen Zustände und die etwaige Auftreibung beseitigt werden, dann, wenn nöthig, zuleitende Bewegungen gemacht werden, unter welcher Behandlung ich viele Jahre hindurch bei verschiedenen Erkrankungen die menstruellen Schmerzen schwinden gesehen habe.

In vielen Fällen gehen die Schmerzen gar nicht von der Gebärmutter selber aus, oder sie haben wenigstens nicht in dieser ihren eigentlichen Grund, sondern in dem Zustande der umgebenden Theile. Bei Lageveränderungen der Gebärmutter können mitunter die Schmerzen während der Zwischenzeit verschwindend gering oder gar nicht vorhanden sein, während der Regel aber sich bedeutend steigern. Einerseits kann die Lageveränderung an sich die Gefäss- und Nerventhätigkeit der Gebärmutter so behindern, dass die Nerven derselben durch die Blutüberfüllung gereizt werden, andererseits können die Nerven sowohl in den geschrumpften, wie in den gedrehten oder anderweitig verlagerten Haltetheilen derselben schmerzhaft gereizt werden. Es bewirkt in letzterer Beziehung sowohl die durch die menstruelle Congestion herbeigeführte Erhöhung des Blutdrucks in den umgebenden Gefässen, wie auch die gleichzeitig mechanisch behinderte Blutbewegung manchmal auch eine gewisse Exacerbation eines noch bestehenden chronischen entzündlichen Zustandes. Besonders sind die Fixationen hierbei von Bedeutung.

Es ist einleuchtend, dass in solchen Fällen die Radicalkur der Dysmenorrhoe von der völligen Beseitigung dieser abnormen Zustände abhängt. Da aber die Stärke der menstruellen Congestion bei der Entstehung der Schmerzen eine hervorragende Rolle spielt, kann

schon eine nicht unerhebliche, mitunter sogar eine sehr bedeutende
Besserung durch eine ableitende Behandlung zu Stande gebracht
werden.

Eine zuführende Tagesbehandlung würde etwa so lauten:

1. Gangstehend, Kopfbeugung und Planarmbeugung (S. 69).
2. Streckbogenfussstützstehend, Kniebeugung und Streckung
   mit Händedrückung (S. 94).
3. Gespanntbogenknickstehend, Oberschenkelrollung (S. 91).
4. Stützgegenstehend, Rückenhackung und Lenden-Kreuzklopfung (ziemlich kräftig gemacht (S. 104 u. 102).
5. Reitsitzend, Rumpfrollung (S. 83).
6. Neiggegensitzend, Wechseldrehung (S. 80).
7. Niedrig spaltkniecnd, Schraubendrehung (S. 77).
8. Halbliegend, Kniebeugung (S. 96).
9. Stützgegenstehend, Kreuzklopfung (S. 102).
10. Hebestehend, Brustspannung (S. 73).

Eine Patientin gab an, dass, wenn sie in Rückenlage bei heran-
nahender Regel des Nachts Schmerzen im Kreuz fühlte und deshalb
erwachte, diese verschwanden, wenn sie sich auf den Bauch legte.

Wenn in normalen Perioden schwere subjektive Erscheinungen
auftreten, ohne dass jemals eine Blutung hervorgetreten wäre, muss
untersucht werden, ob Atresie oder sonstige Missbildung die Ursache
ist, um dann diese Fälle dem Gynäcologen zu überlassen.

Selbstbehandlung. In vielen Fällen, wo die Patientin nicht
Gelegenheit hat, eine geordnete gymnastische Behandlung von
geübter Hand zu erhalten, kann ein erheblicher Erfolg bei verschiedenen menstrualen Störungen durch passende active Bewegungen
erreicht werden, die ganz ohne oder nur mit Hülfe einer sonst
ungeübten Person vorgenommen werden.

Eine Patientin mit sehr schmerzhaften Regeln wurde in folgender
Weise mit Erfolg behandelt: In der letzten Woche vor der Regel
wurden täglich die Schenkel und Füsse rasch mit einem in kaltes
Wasser getauchten Handtuch abgewaschen, und sofort mit Drücken
ohne Reibung abgetrocknet; dann setzte sich die Patientin über das
Waschbecken und benetzte mit etwas Wasser das Kreuz und die
Geschlechtstheile, welche Theile ebenfalls in obiger Weise getrocknet
wurden. Dann hatte sie etwas stampfend und unter starkem Aufziehen der Kniee umherzugehen, bis sie in den erwähnten Theilen
warm wurde, worauf folgende Bewegungen genommen wurden:
1. Kreuzklopfung (s. S. 102); 2. Oberschenkelrollung (s. S. 91);
3. Gegenfussstützstehend, Kniebeugung und Streckung (s. S. 95);

4. Fussrollung (s. S. 99). Sobald die Regel erschien, hörte die Wasserbehandlung auf; die Bewegungen wurden fortgesetzt.

Man könnte in dergleichen Fällen einfügen: Spaltknieend, Rückwärtsfällung (s. S. 78) oder eine von Jemandem in der Umgebung ausgeführte Niedrig spaltknieend, Rückwärtsziehung.

Es ist vielleicht nicht überflüssig hinzuzufügen, dass eine solche Behandlung in Fällen, wo die Dysmenorrhoe mit Fixationen oder Auftreibungen in der Gebärmutter oder in deren Bändern, in den Adnexen etc. verbunden ist, weder erfolgreich noch statthaft sein kann.

C. Amenorrhöe.

Wenn eine Person noch nie ihre Regel gehabt hat, ebenso wenig periodisch auftretende Schmerzen, welche andeuten könnten, dass die Regel sich einfinden wolle, so behandelt man diese, vorausgesetzt, dass sie äusserlich normal entwickelt ist, mit zuleitenden Bewegungen, besonders wenn sie an Blutandrang nach dem Kopfe leidet. Die Vorsicht gebietet jedoch in solchen Fällen, bevor man die Behandlung kräftiger in Anspruch nimmt, sich davon zu überzeugen, dass keine abnorme Verhältnisse die Regel verhindern.

Hat eine vorher normal menstruirte Person durch zufällige Ereignisse, z. B. durch Erkältung, zumal der untern Extremitäten, ihre Regel verloren, so untersucht man genau, ob irgend eine entzündliche Anschwellung im Becken, besonders eine Auftreibung und schmerzhafte Empfindlichkeit der Eierstöcke zu entdecken ist. In dergleichen Fällen ist es am besten jede Anschwellung und Schmerzhaftigkeit auch in gelinden Fällen zuerst durch Massage ganz zu beseitigen. Dann werden allmählich immer stärker zuleitende Bewegungen angewandt, wobei man sich im Anfange jeden Tag durch kurze Massage zu vergewissern hat, dass die Empfindlichkeit nicht wiederkehrt. Die betreffenden Bewegungen beabsichtigen das Blut nach dem Becken und den untern Extremitäten zu leiten.

Es ist schwierig ein giltiges charakteristisches Merkmal für alle dem Becken zuführenden bezw. ableitenden Bewegungen anzugeben.

Es scheint jedoch, als ob diejenigen Bewegungen, welche die Blutströmung stärker gegen die untern Extremitäten befördern, wobei also ein starker Blutstrom durch die Iliacae communes circulirt, d. h. Fuss-, Knie- und Oberschenkelbewegungen, im Allgemeinen auch einen vermehrten Blutdruck im Becken bewirkten. Jedoch wirken Beinvorziehung und Kniezusammendrückung in entgegengesetzter Richtung, d. h. ableitend. Ebenso wirken die Bewegungen

mit Thätigkeit der Bauchmuskeln in passenden Stellungen gewöhnlich
zuleitend. Die Stellung des Körpers spielt jedoch hierbei eine eben
so grosse Rolle. Es ist bei vielen Bewegungen von besonderer
Wichtigkeit, dass eine Bogenstellung des Rumpfes mit stark hervorgehaltenem Becken innegehalten wird.

Hier ein paar Beispiele gymnastischer Behandlung gegen
Amenorrhöe.

A. Weniger kräftig (auch eine ableitende Bewegung einge-
schaltet):

1. Gangstehend, Kopfbeugung und Planarmbeugung (S. 69)
2. Halbliegend, Unterschenkelknetung, Fussbeugung und
   Streckung (S. 72 und 98).
3. Halbliegend, Kniebeugung (S. 96).
4. Stützgegenstehend, Rückenhackung und Lenden-Kreuzklopfung (S. 104 und 102).
5. Halbliegend, Oberschenkelrollung (S. 90).
6. Reitsitzend, Rumpfrollung (S. 83).
7. Neiggegensitzend, Wechseldrehung (S. 80).
8. Niedrig bogenspaltknieend, Schraubendrehung (S. 77).
9. { Schlaffsitzend, Brusthebung (S. 73) oder
   { Hebestehend, Brustspannung (S. 73).

B. Kräftiger:

1. Streckstützspaltstehend, Wechseldrehung (S. 75).
2. Streckbogenfussstützstehend, Kniebeugung und Streckung
   mit Händedrückung (S. 94).
3. Gespanntbogenknickstehend, Oberschenkelrollung (S. 91).
4. Stützgegenstehend, Rückenhackung und Lenden-Kreuzklopfung (kräftig) (S. 104—102).
5. Reitsitzend, Rumpfrollung (S. 83).
6. Niedrig bogenspaltknieend, Schraubendrehung (S. 77).
7. Stützgegenstehend, Kreuzklopfung (S. 102).
8. Hebestehend, Brustspannung (S. 73).

Andere zuleitende Bewegungen sind z. B.:

Halbliegend, Knieaufschwingung (S. 93).
Knickhalbliegend, Knieniederdrückung (S. 93).
Gespanntbogenknickstehend, Knieniederdrückung.

Wenn während der Zeit Molimina ohne Blutung sich einfinden,
habe ich mehrmals versucht, einen directen Reiz auf die Uterusschleimhaut in folgender Weise auszuüben. Eine Sonde wird sehr
vorsichtig und langsam ein paar Mal durch den Uteruskanal hinein-
geschoben und herausgezogen, während eine feine Zitterbewegung

in querer Richtung damit ausgeführt wird, ohne dass sogleich die Sonde blutig zu werden braucht. Erst nach einigen Stunden tritt eine Blutung ein, welche am nächsten Tage unter gewöhnlicher Behandlung zur völligen Menstruation führt.*) Manchmal war es nöthig, auch den zweiten Tag die Sondenbewegung auszuführen. Während derselben empfindet die Patientin keinen Schmerz, sondern nur ein allgemeines nervöses Gefühl, das von der Uterusgegend auszugehen scheint.

Es ist interessant zu sehen, wie junge Mädchen, die durch Chlorosis sehr bleich und geschwächt waren, nachdem die vorher ausgebliebenen oder sehr geringen Menses stärker zum Vorschein gekommen waren, statt durch diese Blutung noch mehr geschwächt zu werden, ihre gute Farbe und Gesundheit schnell wiederbekommen.

Wenn die Gebärmutter vergrössert ist, kann es oft nöthig sein, von den zuleitenden Bewegungen abzustehen falls Schwangerschaft nicht mit Sicherheit ausgeschlossen werden kann. Bei sonst ausgebliebener Menstruation ist nämlich die Gebärmutter gewöhnlich eher zu klein als zu gross. Vergrösserung der Gebärmutter ist dagegen wohl meistens mit übermässigen Blutungen verbunden, wenn nicht Schwangerschaft die Ursache ist.

Selbstbehandlung kann auch hier manchmal mit Erfolg angewandt werden. Die Füsse und Schenkel werden rasch mit kaltem Wasser abgewaschen und ohne Reiben getrocknet; dann die Geschlechtstheile und die Kreuzgegend auf dieselbe Art behandelt. Gleich darauf muss die Patientin so viel herumgehen, dass die abgekühlten Theile wieder warm werden. Dann wird eine Reihe passender zuführender Bewegungen gemacht, z. B.:

1. Stehend, Armhebung mit Tiefathmen (S. 72).
2. Bindehalbliegend, Fussrollung (S. 99).
3. Streckstützspaltstehend, Wechsel-Seitwärtsbeugung (S. 74).
4. Gegenfussstützstehend, Kniebeugung und Streckung (S. 95).
5. Streckspaltstehend, Vorwärts- und Rückwärtsbeugung.
6. Stützknickstehend; active Oberschenkelrollung (vgl. S. 92), oder
   Laufen auf dem Platz mit Aufziehung der Kniee.
7. Hüftfestspaltstehend, Rumpfrollung (S. 84).
8. Spaltknieend, Rückwärtsfällung (S. 78).

---

*) Die Behauptung, dass man nur durch Sondiren in der Regel die Menses bei Amenorrhoe hervorrufen könne, ist eine Irrung.

9. Gang auf dem Platze mit Aufziehen der Kniee.
10. Stehend, Armhebung mit Tiefathmen.

D. Menorrhagien und Metrorrhagien.

Abnorme Blutungen treten im Allgemeinen bei Erkrankungen der Uterusschleimhaut auf, oft auch in Folge besonderer krankhafter Bildungen, z. B. bei Polypen, Fibromyomen etc. In ersterem Falle kann die Gebärmutter verkleinert (atrophisch) oder vergrössert sein, häufig aber ist sie von ziemlich normaler Grösse. Bei diesen Zuständen werden Bewegungen (hauptsächlich active) angewandt, die das Blut aufwärts zu den Muskeln der Brust, der Arme und des Rückens, sowie abwärts zu den Muskeln an der Hinterseite des Oberschenkels leiten. Wenn die Blutung nicht sehr profus ist, so werden damit Gebärmutterhebungen mit grösserem oder geringerem Drucke verbunden. Die hauptsächlichste Behandlung besteht jedoch in einer leichten kurzen Massage der Gebärmutter. Alle Bewegungen werden in passender Reihenfolge gegeben. War ein Polyp vorhanden, so kann die gleiche Behandlung je nach den Umständen entweder bald nach dessen Entfernung oder später, immer jedoch mit der grössten Vorsicht, eingeleitet werden. Wegen der Blutungen bei Fibromyomen siehe das betreffende Kapitel.

Bei schwereren Blutungen muss die Massage der Gebärmutter, unabhängig von dem sonstigen Zustande derselben, besonders im Anfange immer sehr leicht gemacht werden; man sucht nur die Gefässe zur Contraction zu reizen. Man massirt hauptsächlich den Körper; wenn aber, wie sehr gewöhnlich bei lange anhaltenden Blutungen, die Pars vaginalis aufgetrieben ist, so wird auch dieser Theil der Behandlung unterworfen.

Ist der Uterus hart, dabei mehr oder weniger vergrössert, dann ist die Behandlung früher langwierig gewesen, und es dauerte meist 5—8 Monate, ja mitunter noch länger, bis eine erhebliche Besserung dieses Zustandes eintrat. Eine vollständige Rückbildung der Gebärmutter wurde wohl nicht erreicht; trotzdem verschwanden die Blutungen und sonstigen Beschwerden der Patienten, während ihre Kräfte wieder zunahmen, so dass sie sich ganz gesund fühlten; mit diesem Erfolge möchten sie sich dann genügen lassen.*) Je nachdem

*) In der letzten Zeit habe ich gefunden, dass auch bei scheinbar unansehnlichen Fixationen bezw. Kürzungen in den Haltetheilen des Uterus durch Ausdehnen und Massage dieser Fixationen bezw. Ligamente ein schnellerer Erfolg in der Behandlung der abnormen Vergrösserung und Härte des Uterus, chronischer Metritis erreicht werden kann.

8*

die Blutungen abnehmen (oder aufhören), muss die Massage kräftiger werden. Gewöhnlich kann in diesen Fällen nach wenigen Sitzungen kräftiger und länger massirt werden.

Eine meiner Patientinnen blieb nach einer solchen Behandlung vier Jahre anscheinend gesund, und konnte, in ihre Heimath zurückgekehrt, ihrer gewöhnlichen Beschäftigung nachgehen. Nach einer Erkältung aber traten wieder heftige Blutungen auf, die eine zweimonatliche Behandlung nöthig machten. Als die Patientin zum zweiten Male zur Behandlung eintraf, war der Uterus von etwa der gleichen Grösse und Consistenz, als beim Schlusse der ersten Behandlung, jedenfalls nicht grösser. Nach 16 Jahren war sie angeblich noch gesund geblieben.

Eine andere Patientin hatte Blutungen bei der geringsten Anstrengung und litt ausserdem an einem Gefühl von Hitze im Körper, so dass sie Nachts keine Bettdeke ertragen und sich bei Tage nur mit einem losen Kleide bekleiden konnte. Die Gebärmutter war ziemlich hart, fixirt und sehr vergrössert. Nach fünfmonatlicher Behandlung waren die Menses normal; der Uterus hatte nur die Grösse wie sonst gewöhnlich bei einer Multipara, doch war er etwas derber. Dasselbe Verhältniss zeigte sich bei der Untersuchung ein Jahr später (1872): die Patientin war verheirathet, hatte aber nie geboren.

Manchmal zeigt die Gebärmutter bei langwierigen profusen Blutungen eine starke schwammige Vergrösserung. Es muss dann nebst ableitenden Bewegungen leichte Massage angewandt werden, um die Gefässe zur Contraction zu reizen. Diese leichte Massage muss mit grösster Vorsicht geschehen und so lange fortgesetzt werden, bis die Gebärmutter fester geworden ist, und man keine neuen Blutungen mehr zu befürchten hat.

In schweren Fällen, wo die Kräfte der Patientin zu gering schienen, besonders wenn im Anfange durch die Massage die Blutung vorübergehend hervorgerufen oder vermehrt zu werden schien, habe ich es früher immer für das Beste erachtet, diese der ärztlichen Behandlung zu überweisen. In einem Falle, wo diese nicht zu erhalten war, und ich dadurch veranlasst wurde, fortzufahren, habe ich gefunden, dass wenn die Massage nur in leichtem Reiben ohne jeglichen Druck, sehr kurze Zeit ausgeführt, bestand, die Blutung aufhörte. Diese Beobachtung hat sich auch später in andern Fällen bestätigt.

Bei solchen profusen, jahrelang anhaltenden Blutungen habe ich mehrmals eine überaus kleine, weiche und schlaffe Gebärmutter gefunden. Grade dann ist die sehr leichte, nur sanft tangirende

Massage am wirksamsten, während eine etwas stärkere oft die Blutung vermehrt. Einige dieser Patientinnen haben nie geboren.

Da ich wiederholt anhaltende schwere Blutungen in Folge mangelhafter Involution nach Aborten mit Erfolg massirt habe, mögen hier einige derartige Beispiele angeführt werden. Im Jahre 1875 wurde eine 31jährige Frau, die wegen anhaltender Blutung mehrere Wochen das Bett nicht verlassen hatte, behandelt. Schon nach zwei Tagen konnte sie aufstehen, nach dem dritten Tage zu mir kommen (Treppen herunter und hinauf); nach weiteren 5 Tagen war sie wieder hergestellt. In demselben Jahre hatte eine 34jährige Frau nach einer Fehlgeburt anhaltende Blutungen vom Februar bis Ende Juli, um welche Zeit sie in meine Behandlung kam. Sie wurde vorher eine Zeitlang im Krankenhause behandelt, wo es zweimal nöthig wurde, sie zu tamponiren. Mehrmals war sie scheinbar dem Tode so nahe, dass ihr Ehegatte dreimal Urlaub von den Waffenübungen erhielt, um sie zu besuchen. In der Absicht zu mir zu kommen, verlangte sie endlich, entlassen und in ihre Heimath geführt zu werden, was, wie der Arzt erklärte, nicht ohne Lebensgefahr geschehen könnte. Sie hatte einen Weg von etwa 30 Kilometer zurückzulegen. Kurz vor meinem ersten Besuche hatte sie viel geblutet. Nach der ersten Behandlung wurde die Blutung geringer, nach der dritten hörte sie ganz auf, nach der fünften konnte die Patientin in der Stube herumgehen. Die Behandlung wurde noch einen Monat fortgesetzt. Es traten keine abnormen Blutungen mehr auf. Die Menses sind seitdem normal von 4—5 tägiger Dauer geblieben.

Wenn die Kranken bettlägrig und geschwächt sind, so müssen sie im Bett behandelt werden. Da in diesen Fällen folgende Methode sich sehr bewährt hat, glaube ich sie etwas ausführlicher beschreiben zu müssen:

Die Patientin muss sowohl während der Behandlung, als auch sonst, es strenge vermeiden, sich in solcher Weise aufzurichten, dass die Bauchmuskulatur activ gespannt wird. Wenn sie sich etwas aufrichten muss, so soll dies ausschliesslich durch fremde Kraft oder in der Art geschehen, dass sie sich zuerst behutsam in Bauchlage dreht und sich dann erhebt, indem sie sich auf Arme und Knie stützt. Während der Behandlung nimmt die Kranke Rückenlage ein, dazwischen muss sie so viel wie möglich Seitenlage mit angezogenen Oberschenkeln einhalten. Die Behandlung wird täglich zweimal ausgeführt und besteht aus fünf Bewegungen, von welchen die erste und letzte, und die zweite und vierte gleich sind.

1. Man stellt sich an das Kopfende des Bettes, fasst die Patientin an den Handgelenken und führt eine doppelte Armrollung aus (siehe Seite 70), welche in der Stellung endet, in welcher die Arme in den Schulter- und Ellenbogengelenken flektirt und die Hände ungefähr in Schulterhöhe sind; nun werden die Arme unter dem Widerstand der Patientin hinaufgezogen, bis sie gestreckt sind, aber so, dass die Ellenbogen nicht vorwärts, sondern mehr seitlich geführt werden. Dann bringt die Patientin unter Widerstand des Arztes die Arme wieder in die frühere (Flexions-)Stellung zurück. Die Aufziehung und Beugung wird noch 2—3 Mal wiederholt.

2. Man stellt sich am besten so neben das Bett, gegen das Kopfende desselben sehend, dass das eine Bein auf dem Boden, das andere kniend auf dem Bette ruht. Nun legt man die Hände unter den Nacken und ein wenig nach unten zwischen die beiden Schulterblätter der Patientin und richtet sie unter ihrem Widerstande bis zur sitzenden Stellung auf. Darauf legt sich die Patientin unter ziemlich starkem Widerstande des Arztes wieder zurück. Dies wird 3—4 Mal wiederholt. Man muss dabei genau darauf achten, dass die Bauchmuskeln nicht in Action treten, was leicht geschehen kann, wenn man nicht ununterbrochen einen Druck vorwärts auf den Nacken ausübt, welcher nur nach dem vollständigen Niederlegen der Patientin aufhören darf.

3. In gewöhnlicher Steinschnittlage mit erhöhtem Kopfe (krummhalbliegend) wird, nöthigenfalls nach Reposition der Gebärmutter, leicht und mit kurzen Unterbrechungen einige Minuten massirt. Es scheint dabei nicht unwichtig, durch freundliches Zureden die Aufmerksamkeit der Patientin von der Arbeit auf andere Dinge abzulenken.

4. Bewegung = 2.; 5. = 1.

Bei kräftigen Frauen kann man krummhalbliegend, Kniezusammendrückung unter Kreuzhebung in die Behandlung nach Nr. 3 einfügen.

Sobald die Patientin aufgestanden ist, kann man mit folgender Behandlung fortsetzen:

1. Streckneigspaltsitzend, Armbeugung.
2. Streckwendspaltsitzend, Vorwärtsdrehung unter Rückendrückung.
3. Hebeneigspaltsitzend, Wechseldrehung.
4. Krummhalbliegend, Massage der Gebärmutter und ihrer Umgebung.
5. Krummhalbliegend, Knieezusammendrückung unter Kreuzhebung.

6. { Hebeneigspaltsitzend, Wechseldrehung und Streckneig-
   { spaltsitzend, Armbeugung.

Es ist vielleicht nicht überflüssig zu erwähnen, dass diese Behandlung nicht nur während der Blutungen, sondern auch dazwischen
auszuführen ist. Wenn es während der Behandlung nöthig wird,
dass die Patientin aufsteht, ist es ihr auch hierbei nicht erlaubt,
aus der Rückenlage sich selbst gerade aufzurichten, sondern man
muss ihr mit ziemlich kräftiger Aufziehung aufhelfen.

Wo keine Exsudate u. dgl. im Becken vorhanden sind, kann
man, sogar bei ziemlich schweren Blutungen, einen mässigen und
ein wenig andauernden Druck, nach einander auf die Venae
hypogastricae, zuerst die eine, dann die andre, ausüben. Dieser
Druck endet mit einer leicht streichenden Bewegung aufwärts den
Gefässen entlang. Dieser Venendrückung geht immer eine leichte
Massage der Gebärmutter und der breiten Bänder in der Richtung
der Venen voraus. Eine etwaige Hebebewegung wird vorher, eine
Knietheilung bezw. Kniezusammendrückung gleich nachher ausgeführt.

Wenn abnorme Blutungen bei Deviationen oder bei Prolapsen
vorhanden sind, wo eine Stärkung des Beckenbodens nöthig ist, bin
ich in späterer Zeit in der Weise vorgegangen, dass ich unmittelbar nach der Massage (mit oder ohne nachfolgende Hebebewegung)
einige leichte Knietheilungen (mit Kreuzhebung), dann 3—4 stärkere
Kniezusammendrückungen (ebenso unter Kreuzhebung) ausführte.
Es scheint mir, dass die ableitende Wirkung kräftiger ist, wie
früher, als ich nur die letztere Bewegung anwandte. Im Allgemeinen
geht meine Erfahrung dahin, dass ein ableitender Einfluss sicherer
zu Stande kommt, wenn zuerst näher gelegene Theile etwas in
Activität gesetzt werden und dann die entfernteren.

Sehr gewöhnlich wird daher die locale Behandlung bei Lageveränderungen mit schweren Blutungen in folgender Reihenfolge ausgeführt. Zuerst wird die Gebärmutter reponirt, dann massirt; darauf
folgen Drückungen gegen den Plexus und die Venae hypogastricae,
unmittelbar darauf zuerst ein paar Knietheilungen und zuletzt
3—4 Kniezusammendrückungen; jene um die Gebärmutter in der
richtigen Lage fester zu stellen, diese um ableitend zu wirken.
Während des Aufstehens und noch kurze Weile nachher wird ein
Finger an die Vorderseite der Portio vag. gehalten, um die Vorwärtslage zu sichern, weil sonst, wenn sofort der Körper zurückgeschlagen wird, die Blutung bald wieder heftiger auftreten kann; mit
der andern Hand wird der Patientin kräftig aufgeholfen, so dass sie
dabei die Bauchmuskeln nicht anzuspannen braucht.

Sobald die Heftigkeit der Blutung etwas abgenommen hat, wird eine etwa nöthige Gebärmutterhebung gleich nach der Reposition in die erwähnte Behandlung eingefügt.

Im Allgemeinen scheinen diejenigen Bewegungen vom Becken ableitend zu wirken, in welchen die Arm-, und noch mehr die, in welchen die Rücken- und Brustmuskeln, sowie die Auswärtsrotatoren, die Abductoren oder die Strecker des Hüftgelenkes in Thätigkeit treten.

In einem Falle von Menorrhagie habe ich in einem Zwischenraum von 5 Jahren zweimal eine mehr als vierzigjährige Frau behandelt, die so dicke und straffe Bauchdecken hatte, dass es ganz unmöglich war, sie in der gewöhnlichen Weise zu behandeln, d. h. die Massage der Gebärmutter durch die Bauchdecken war unmöglich. Da machte ich meinen einzigen Versuch, den Uterus durch die Vagina zu massiren, wobei die Patientin auf der Seite mit stark aufgezogenen Beinen lag. Es war mir aber unmöglich hoch genug hinauf zu gelangen, um einen Nutzen von der Massage erwarten zu können, weshalb ich nach drei Sitzungen aufhörte. Ich setzte darauf nur die gebräuchlichen allgemeinen und ableitenden Bewegungen fort, um in dieser Weise die Gefässthätigkeit im ganzen übrigen Körper zu erhöhen. Es wurden gemacht:

Streckneigspaltsitzend, Armbeugung;

Halbliegend, Beinwalkung und Fussbeugung;

Streckwendspaltsitzend, Vorwärtsdrehung unter Rückendruck;

Halbliegend, Kniebeugung;

Streckneigspaltsitzend, Wechseldrehung;

Krummhalbliegend, Kniezusammendrückung unter Kreuzhebung;

Streckneigspaltsitzend, Wechseldrehung und Armbeugung.

Die Patientin wurde beide Male nur ungefähr einen Monat lang behandelt; die Blutung hörte jedes Mal bald auf; die Menses waren in den dazwischen liegenden 5 Jahren ziemlich normal, nach der letzten Behandlung eine Zeit lang sehr gering.

Da die Behandlung dieser Erkrankung ihre Gefahren hat, so wäre es sehr wünschenswerth, dass überhaupt nur in diesem Fache auch theoretisch gebildete Gymnasten, am besten Aerzte, die Ausführung übernähmen, oder dass Letztere derselben wenigstens vorständen.

Wenn Obstipation mit abnormen Blutungen besteht, so gebe ich dagegen nie Gespanntstehend, Querbauchstreichung, wohl aber z. B. Schlaffsitzend, quere Weichenschüttelung.

Im Allgemeinen trifft für die Behandlung der Menstruationsanomalien bei gleichzeitiger parenchymatöser Veränderung der Gebärmutter folgendes Schema das Rechte:

1. Gebärmutter gross; Blutung zu geringe: Zunächst leichtere, bald jedoch stärkere Massage; keine zuführende Bewegungen.

2. Gebärmutter gross; Blutung zuviel (entweder profus oder zu anhaltend): Leichte Massage, ableitende Bewegungen.

3. Gebärmutter klein (mehr oder weniger atrophisch); Blutung vermehrt: Möglichst leichte Massage und ableitende Bewegungen.

4. Gebärmutter zu klein; Blutung zu geringe: Leichte (reizende) Massage und zuführende Bewegungen.

S e l b s t b e h a n d l u n g. Eine wirksame Selbstbehandlung, wie etwa bei Amenorrhoe und Dysmenorrhoe, kann man nicht erreichen. Folgende Bewegungen wirken ein wenig in diesem Sinne:

1. Stehend, Armaufstreckung oder -Aufwerfung (ziemlich kräftig ausgeführt.)

2. Streckneigspaltsitzend, Wechseldrehung. (Diese Selbstbewegung wird der Widerstandsbewegung Seite 82 entsprechend gemacht).

E. Menopause. Erkrankungen nach der Menopause und vor der Pubertät.

Wenn bei einer etwa 45jährigen oder noch jüngeren Patientin die Regel zwei oder drei Monate hindurch ausgeblieben ist, jedoch sonst keine Beschwerden, welche die Menopause gewöhnlich begleiten, eingetreten sind, wird es, falls die Patientin noch kräftig ist und ihre Regel wieder zu erhalten wünscht, manchmal innerhalb eines Monats gelingen, dies durch zuführende Bewegungen zu bewirken. Natürlich muss man sich vorher vergewissern, das keine lokale Erkrankung das Hervortreten der Regel verhindert, oder dass eine solche durch eine solche Behandlung verschlimmert werden könnte.

Zur Zeit des gänzlichen Aufhörens der Regel, manchmal aber erst etwas (bis zu einem Jahr) später, werden viele Patientinnen von heftigen Blutcongestionen nach dem Kopfe mit oder ohne gleichzeitiges Schwitzen oft belästigt. Manchmal sind dabei die Füsse immer kalt. Dann ist die Gefäss- und Nerventhätigkeit in ihren neuen bleibenden Zustand noch nicht eingetreten. Man hat dann vermöge der Gymnastik das Eintreten dieses Zustandes zu befördern. Deshalb sucht man vom Kopf abzuleiten und die Gefäss- und Nerventhätigkeit in den Extremitäten, besonders den unteren und im Rücken

zu erhöhen. Viel Gewicht ist ausserdem darauf zu legen, den
Stuhlgang zu befördern, so weit dies geschehen kann, ohne die
Gefäss- und Nerventhätigkeit im Becken zu vermehren.

Jedenfalls ist hier ein Unterschied zu machen zwischen schon
älteren und noch verhältnissmässig jungen, ebenso wie zwischen
kräftigen und schwachen Frauen. Ist die Patientin noch jung und
kräftig, so ist es manchmal am vortheilhaftesten, zu versuchen, die
Regel wieder hervorzurufen. Bei kräftigen und vollblütigen Personen,
bei welchen die Regel seltener und geringer zu erscheinen anfängt,
und die unteren Extremitäten kalt sind, welche erhöhte Gesichtsfarbe,
glänzende Augen, Kopfschwere, erregtes Gemüt haben, ist es, auch
wenn sie schon ziemlich alt, unter keiner Bedingung erlaubt, das
Blut vom Becken nach oben zu leiten. Sogar wenn eine Auftreibung
im Becken vorhanden ist, muss diese mit Massage, aber nicht mit
den bei Jüngeren sonst üblichen, nach aufwärts ableitenden Bewegungen behandelt werden. Man muss immer das Blut kräftig nach
den unteren Extremitäten leiten, auch auf die Gefahr hin, dass die
Menses noch mehrere Jahre dauern, was übrigens bei der Blut-
fülle nur nützlich ist. Natürlich werden Bewegungen, welche sehr
kräftig den Beckenorganen Blut zuführend wirken, ganz vermieden.

Die Behandlung anderweitiger Erkrankungen der Beckenorgane
geschieht während dieser Zeit nach ungefähr denselben Regeln,
wie sonst.

Auch in noch höherem Alter kommen Behandlungen verschiedener
Erkrankungen vor, wie Uterus- und Scheidenvorfälle, Harnincontinenz
u. m. dgl. Manchmal gelingt es überraschend schnell, die Heilung
der Vorfälle zu Stande zu bringen; in den meisten Fällen aber ist
die Prognose schlechter als bei den Jüngeren.

Es liegt auf der Hand, dass es nur selten in Frage kommen
kann, junge Mädchen vor der Pubertät zu behandeln. Ich habe
solche nur wegen abnorm schweren Flusses und einmal wegen
Anschwellung eines Eierstocks behandelt.

Wenn man Zeit hat und die Beschwerden gering sind, sucht
man am besten zunächst durch eine allgemein kräftigende Behandlung des ganzen Körpers das Leiden zu heben. Dabei hat man
das grösste Gewicht darauf zu legen, die Muskeln des Nackens, des
Rückens und des Brustkorbes, in gewissem Grade aber auch die
äussere Beckenmuskulatur zu stärken, und hierdurch, aber auch durch
vorsichtige Behandlung der untern Extremitäten das Blut vom
Becken abzuleiten. Der Appetit und der Stuhlgang müssen befördert
und während des Sommers kräftigende offene Bäder nicht versäumt

werden. Dagegen sind örtlich nur rasche Waschungen mit abgestandenem Wasser der Reinlichkeit halber zu gebrauchen.

Einige Beispiele von örtlicher Behandlung mögen hier angeführt werden.

Eine Mutter brachte einmal ihre 13jährige Tochter und verlangte meine Hülfe, da dies Kind, trotz medicinischer Pflege von einem geschickten Arzte seit $1\frac{1}{4}$ Jahre, an schwerem Flusse litt. Da sie sehr dringend mich aufforderte, durch örtliche Behandlung möglichst bald das Kind von gänzlichem Zugrundegehen zu retten, behandelte ich dasselbe nach obigen Ideen, fügte aber ein paar specielle Bewegungen hinzu, nämlich: Stützgegenstehend, Rückenhackung und sehr leichte Lenden-Kreuzklopfung und Massage der Gebärmutter, die in krummhalbliegender Stellung, die Stütze per Rectum, durch die Bauchwand kurz und äusserst leicht gemacht wurde. Es trat bald Verbesserung ein, und nach 5 Wochen war der Fluss ganz gehoben, worauf nur noch die erwähnte allgemeine Behandlung eine Zeit lang angewandt wurde. Die Patientin blieb gesund.

Im Juli 1872 brachte eine Mutter, die ich wegen eines Eierstockleidens in Behandlung hatte, ihre 13jährige Tochter mit, die ohne Erfolg ein ganzes Jahr ärztlich behandelt worden war, und verlangte, dass ich dieselbe untersuche. Da ich mich im Anfange weigerte, sagte die Mutter, dass die Beschwerden des Kindes vollkommen mit den ihrigen übereinstimmten. Bei der Untersuchung (durch das Rectum) fand ich dann den linken Eierstock von der Grösse einer spanischen Nuss. Das Kind wurde mit der erwähnten allgemeinen Behandlung und Massage des Eierstocks behandelt und schnell gebessert, so dass es nach kurzer Zeit beschwerdenfrei nach Hause zurückkehrte. Der Eierstock blieb jedoch etwas vergrössert.

II. Behandlung während der Schwangerschaft.

Fasst man zusammen, was in diesem Buch gesagt wird, so wird es einleuchten, dass die Behandlung der Gebärmutterkrankheiten die Befruchtung gerade in dem Verhältniss erleichtert, als es gelingt, die Erkrankungen und abnormen Verhältnisse zu beseitigen, die als Hinderniss des erwünschten Zieles anzusehen sind. Wenn die Bedingungen zur Befruchtung auch noch unbekannt sind und in mancher Hinsicht es wohl bleiben werden, so dürften doch Alle darin einig sein, dass Sperma in das Uteruscavum hineinkommen müsse, was zum Theil wohl davon abhängig ist, ob die weiblichen Geschlechtsorgane gesund sind.

Es könnte die Frage aufgeworfen werden, ob es überhaupt statthaft ist, sobald bereits Schwangerschaft eingetreten ist, locale Bewegungen anzuwenden. Schädliche Folgen von einer vorsichtigen Behandlung während der ersten Monate der Schwangerschaft habe ich nie gesehen. Wo die schwangere Gebärmutter ungewöhnlich empfindlich ist und die Patientin spontane Schmerzen hat, habe ich mit gutem Nutzen eine kurze und leichte Massage angewandt, besonders im Beginn der Schwangerschaft. Meine Erfahrung macht es wahrscheinlich, dass in einzelnen Fällen der periodischen Wiederholung von Aborten durch die Behandlung mit Muskelbewegungen, Massage und Streichungen vorgebeugt werden kann. Den ersten Anlass zu dieser Anschauung gab folgende Begebenheit anfangs der sechziger Jahre. Eine etwas spät verheirathete Frau hatte in den ersten zwei Schwangerschaften zur selben Zeit Aborte gehabt. Sie war bettlägerig und wurde von mir wegen allgemeiner Schwäche und Uterussenkung behandelt. Als sie gesund nach Hause gekommen war, wurde sie bald wieder schwanger. Zu derselben Zeit, wie bei den früheren Zufällen, erwachte sie Nachts und bemerkte den gewohnten Anfang des Aborts. Sie versuchte dann unter Anderem ein Dienstmädchen zu lehren, die von mir ihr früher gegebene Hebebewegung auszuführen, was 14 Tage fortgesetzt wurde. Der drohende Abort hörte bald auf und die Schwangerschaft verlief seitdem normal. Weitere Beispiele von örtlicher Behandlung während der Schwangerschaft sind die folgenden.

Frau R. aus D., 30 Jahre alt, zum ersten Mal gravida im dritten Monate, hatte eine Rückwärtslagerung der Gebärmutter und litt seit ihrem 7. Jahre an einem Mastdarmprolaps. Eigentlich suchte sie wegen der letzten Erkrankung meine Hülfe. Nach einmonatlicher Behandlung lag die Gebärmutter vorwärts und der Prolaps war geheilt.

Frau W. aus F., 22 Jahre alt, zum ersten Male gravida im dritten Monate, suchte meine Hülfe wegen Schmerzen in dem angeschwollenen linken Eierstock und wiederholter kleiner Blutungen. Nach 12 tägiger Behandlung waren diese Erscheinungen verschwunden; die Schwangerschaft verlief normal; sie gebar am normalen Ende ein lebendes gesundes Kind.

Frau E. aus S., 34 Jahre alt, zum dritten Male gravida im

zweiten Monate, wurde vergrösserter und schmerzhafter Eierstöcke halber, ausser anderen Leiden, behandelt. Nach meinem Rathe wurde die Behandlung bis über die Hälfte der Schwangerschaft fortgesetzt. Die Entbindung soll besonders leicht gewesen sein.

Frau P. aus S., circa 30 Jahre alt und sehr kräftig, zum zweiten Male schwanger im dritten Monate. Verheirathet seit November 1878; abortirte im 2. Monate den 3. März 1879; letzte Menstruation den 25. Mai desselben Jahres. Nach einem eintägigen Besuch in Stockholm, wo sie 3 Treppen hoch wohnte und ausserdem in vielen Fällen Treppen Besuchs und Geschäfte halber gestiegen war, stellten sich am folgenden Vormittage den 2. August 1879 Schmerzen im Unterleibe ein; ausserdem zeigte sich eine gelinde Blutung. Nach einer vorsichtigen Behandlung dagegen hörte die Blutung auf. Am folgenden Tage Nachmittags von einer Segeltour zurückgekehrt, sprang sie ohne Vorsicht aus dem Boot und lief einen steilen Abhang hinauf. Es zeigte sich gleich nach der Heimkehr wieder eine solche Blutung, die nach gleicher Behandlung sofort gestillt wurde. Den 4. am Abend stürmte die Patientin eifrig einen Berg hinunter und wieder hinauf, wovon das Gefühl von „Schwere nach unten" vermehrt wurde und kleine Schmerzen sich einfanden. Alles dies verschwand jedoch nach der gewöhnlichen Behandlung. Von diesem Tage an wurde die Behandlung zweimal täglich ausgeführt bis zum 10. August, dann zwei Tage nur einmal täglich, die Patientin fühlte sich da, wie auch später, ganz gesund. Abort trat nicht ein.

Bei der ersten Untersuchung wurde der Muttermund geschlossen und nach hinten gerichtet gefunden, die Gebärmutter aber sehr weich und bedeutend angeschwollen, so dass sie beinahe zum Nabel reichte und breitete sich nach beiden Seiten aus, wo ein kleinerer Knollen ganz nahe dem Darmbein sich auf jeder Seite derselben befand, was Veranlassung gab, diese als vergrösserte Eierstöcke anzusehen. Alles war empfindlicher als sonst bei einer Schwangerschaft. Nach der Verschlimmerung am 4. August war die Pars vaginalis bedeutender nach unten und vorne gesenkt. Diese Umstände veranlassten mich zu vermuthen, dass die Schwangerschaft wenigstens im 4. Monate oder darüber sei.

Ich wurde deshalb höchst überrascht, als nach fortgesetzter Behandlung die grossen Partien sich so schnell verkleinerten, dass schon am 10. die Gebärmutter fest und von normaler Grösse (nach der Schwangerschaftszeit) sowie alle sonstigen Auftreibungen verschwunden waren.

Der Patientin, die gross und stark war, wurde empfohlen, sich ruhiger zu verhalten, besonders Küchengeschäfte zu vermeiden. Dagegen durfte sie sich im Zimmer sowie auf dem ebenen Hofe frei bewegen. Als Ersatz der nun ausgesetzten Bäder wurden nur Wasserabreibungen genommen.

Die Behandlung dieser Patientin bestand in: Streckneigspaltsitzend, Armbeugung; Gegenneigspaltsitzend, Wechseldrehung; Massage der Gebärmutter, besonders der Cervix und deren Umgebung; Uterushebung mehr von den Seiten gegeben (dritte Form); wieder Massage; Neiggegensitzend, Wechseldrehung: Streckneigspaltsitzend, Armbeugung.

Frau N. B. aus S. war schon vor ihrer ersten Schwangerschaft wegen Empfindlichkeit und Vergrösserung des linken Eierstocks von mir mit Erfolg behandelt, jedoch wurde der Eierstock nur wenig verkleinert. Zwei Monate nach der ersten Entbindung war der Eierstock noch etwas kleiner. Etwa im fünften Monate ihrer zweiten Schwangerschaft suchte sie bei mir Hülfe wegen eines schweren brennenden Schmerzes in der linken Leistengegend, welchen sie dem Druck des Kindes zuschrieb. Bei der Untersuchung fand ich zwar die Frucht tief gegen das linke Beckenbein drückend, aber auch daselbst eine kleinere sehr empfindliche Anschwellung.

Nach 3—4 tägiger Behandlung wurde die Anschwellung sammt dem Schmerze beseitigt. Sie wurde wegen cervicalen Katarrh und Ulcerationen einen ganzen Monat behandelt und kehrte gesund wieder nach Hause. Zwei Jahre später waren sowohl Mutter wie Kind gesund; das linke Ovarium noch mehr reducirt, jedoch noch etwas vergrössert.

Nicht selten kommt es im Beginn der Schwangerschaft vor, dass die wachsende Gebärmutter durch Druck auf Gefässe und Nerven der Frau ein Gefühl brennender Schmerzen verursacht. Hierbei habe ich, um eine etwas veränderte Stellung der Gebärmutter zu bewirken, leichte Hebebewegungen (3. Form) angewandt, die aber behutsam und mit leichter Hand unter feiner Zitterung so ausgeführt wurden, dass dieselbe weder zwischen den Händen noch gegen das Kreuzbein geklemmt, sondern nur gehoben wurde. Ich habe gefunden, dass hierdurch nicht allein der Schmerz aufhört, sondern auch dass die Patientinnen leichter zu gehen vermögen.

Manchmal sieht man bei Schwangeren grosse Varicen nicht nur an den Schenkeln, sondern auch an den Geschlechtstheilen, die aber bei derselben Frau in verschiedenen Schwangerschaften von sehr verschiedener Stärke sein können. In vielen Fällen, wo Hebebewegungen aus anderen Gründen gemacht wurden, haben die Patientinnen angegeben, dass die Spannung der Varicen abnahm.

Fernerhin halte ich es für sehr gut, wenn die Frauen, auch ohne gerade krank zu sein, während der Gravidität allgemeine Gymnastik treiben. Viele Mütter, die während der Schwangerschaft ein schwächliches Aussehen haben und mager werden, haben grosse Früchte und schwere Entbindungen, gewinnen die Kräfte nur langsam wieder und werden jedenfalls keine guten Ammen. Andere dagegen, welche in derselben Zeit stärker und fleischiger werden und gesünder aussehen, gebären oft kleine Kinder, haben leichtere Entbindungen, erholen sich rascher und werden bessere Ammen. Da wir ausserdem sehen, dass die Kinder des während der Schwangerschaft körperlich arbeitenden Weibes oft kleinköpfig und scheinbar schwach geboren werden, und dass deren Entbindung in der Regel unvergleichbar leichter ist, als die eines nicht arbeitenden Weibes, so dürfte schon hieraus der Nutzen einer vernünftig durchgeführten Bewegungscur während der Schwangerschaft zu erwarten sein. Kleine Kinder werden ja gross und gesund, wenn sie nur von kräftigen Ammen genährt werden.

Man hat dabei die Nutrition des ganzen Körpers und besonders der Muskulatur zu erhöhen, ausserdem die Muskeln und Bänder zu stärken, die bei der Entbindung angestrengt werden. Stärkere Bewegungen, in welchen der M. Iliopsoas in Action tritt, müssen vermieden werden.

Dieselbe Erfahrung in dieser Hinsicht hat auch De Ron, einer unserer tüchtigsten Gymnasten, in vielen Fällen gehabt. Zwei Patientinnen, die ich selbst gesprochen habe und die von De Ron bis kurz vor der Entbindung behandelt worden waren, haben mir gesagt, dass diese Entbindungen sehr leicht waren. Beide, besonders aber die Eine hatten früher mehrere sehr schwere Entbindungen durchgemacht.

Ich will es nicht unterlassen an dieser Stelle mit „De Ron's" Erlaubniss dessen Behandlung von Schwangeren mitzutheilen: Frauen in diesem Zustande sind zur Erleichterung und Erholung erfolgreich mit Heilgymnastik behandelt worden. Es zeigt sich bei ihnen Müdigkeit und Schmerz in den Lenden und dem Kreuze, sowie ein Druck in der Leistengegend, welcher quälend ist, und gegen diese Beschwerden wird die Behandlung gerichtet. Man muss nun alle Bewegungen und Stellungen vermeiden, die einen vermehrten Druck auf den Bauchinhalt verursachen können. Bei Anwendung der Heilgymnastik müssen die Frauen eine sitzende Stellung einnehmen, die Füsse so auf einen Schemel gestützt, dass die Knie sich höher als die Hüftgelenke befinden; und je weiter die Schwangerschaft vorgeschritten, desto höher müssen die Knie aufgestützt, und desto leichter und zarter muss die Behandlung werden. Es versteht sich ausserdem von selbst, dass eine bei diesem Zustande ausgeführte heilgymnastische Behandlung mit der grössten Vorsicht und Zartheit ausgeführt werden muss.

Die Bewegungen werden in folgende Gruppen getheilt:

1. Gruppe: 1) Sitzend, Rumpfbeugung nach hinten unter Zitterstreichung (die Füsse aufgestützt) die Gymnastenhände geben Widerstand und streichen von hinten die Schultern, unter die Axillen und vorwärts.

   2) Zarte Walkung von innen nach aussen über die Leistengegend, mit den Fingerbeeren äusserst sanft ausgeführt, in halbliegender Stellung.

   3) Passive Rollung und zitternde Schüttelung des Beines, das grade gehalten wird, von den Händen, unter dem Knie und dem Fusse, gestützt.

   4) Pumpung des Unterschenkels, active Beugung und Streckung des Knies (mit Widerstand).

2. Gruppe: 1) Pumpung der Arme, Armrollung, active Beugung und Streckung (in sitzender Stellung, die Füsse aufgestützt).

   2) Rückenhackung und Sägung, sowie Kreuzklopfung und Streichung mit der flachen Hand von den Schultern bis über die Lenden, und so mit den Handkanten vorwärts bis über die Leistengegend fortsetzend.

   3) Sitzend, die Füsse aufgestützt. Rumpfbewegung nach hinten mit Widerstand zunächst an den Schultern, dann am Rücken und der Lendengegend. (Der Bewegungsgeber hält seinen Kopf hinten still in einem gewissen Abstand von der Bewegungsnehmerin, und verhindert so, dass die Bewegung zu weit rückwärts gehe.)

3. Gruppe: 1) Bauchwalkung (mit flacher Hand und äusserst leicht und vorsichtig in halbliegender Stellung mit aufgestützten Füssen, gegeben. Der Bewegungsgeber sitzt der Bewegungsnehmerin gegenüber).

   2) Rumpfbeugung nach hinten mit Zitterstreichung (in sitzender Stellung).

   3) Leichte Walkung von innen nach aussen über die Leistengegenden (in halbliegender Stellung).

4) Beinerschütterung.

5) Oberschenkelrollung (zuerst passiv, dann activ).

6) Active Knie-Aus- und Einführung.

7) Pumpung des Unterschenkels; active Kniebeugung und Streckung.

8) Active Fussrollung, Beugung und Streckung.

4. Gruppe: 1) Stehend. Rücken- und Kreuzhackung, sowie Streichung mit der flachen Hand, von den Schultern bis an die Lenden, von da mit der innern Handkante vorwärts über die Leistengegenden.

2) Fallstehend. Zitternde Schüttelung an den Schultern.

3) Stehend. Brusthebung (die Hand wird von hinten unter die Arme angelegt) und danach schnelle Streichung nach unten längs des Rückens.

Tägliche Wiederholung der Bewegungen in jeder Gruppe folgen einander unmittelbar. Kurze Pausen zwischen den Gruppen.

Dass auch die Milchsecretion durch passende Bewegungen sowohl vermindert wie auch vermehrt werden kann, ist in einigen Fällen erwiesen. Näher darauf einzugehen ist hier nicht der geeignete Platz.

Dass auch bei Abnormitäten im Verlaufe des Puerperiums die gymnastische Behandlung nützlich sein kann, habe ich Grund zu glauben. In einem Falle, wo etwa 14 Tage nach der Entbindung die Gebärmutter noch bedeutend vergrössert blieb, wurde die Behandlung eines Gymnasten gesucht, der ich Gelegenheit hatte, einmal beizuwohnen. Ich sah dann, dass er die Gebärmutter ziemlich kräftig, wenn auch nicht gewaltsam gegen das Schambein drückte, und hörte später, dass ausserdem nur combinirte Untersuchung und äussere Massage der vorwärtsgelagerten sehr grossen Gebärmutter durch die Bauchwand mit beiden Händen angewandt wurde. Ein solches Verfahren scheint mir geradezu gefährlich.

Ich würde in einem ähnlichen Falle etwa folgendermaassen verfahren: Zuerst eine doppelte Oberarmrollung (Nr. 26, S. 71), welche ausserdem auf die Milchabsonderung etwas befördernd wirkt; dann leichte örtliche Massage. Diese fängt beiderseits des Promontoriums an, dringt dann tiefer an den Beckenwänden hinab, geschieht aber immer von unten aufwärts. Danach wird die ganze Gebärmutter mit leichten Zirkelbewegungen in gewöhnlicher Weise, aber sehr behutsam massirt, ebenso wie die Parametrien in der Richtung nach den Beckenwänden, wobei die Massagebewegungen wieder bis neben das Promontorium fortgesetzt werden. Sofort wird dann eine Knie-

zusammendrückung unter Kreuzhebung gegeben. Später folgt eine
nicht kräftige Neiggegensitzend, Wechseldrehung, und wieder doppelte
Oberarmrollung. Ich glaube, dass damit die Involution der Gebärmutter beschleunigt werden wird, ohne Gefahr für die Frau.

III. Lageveränderungen der Scheide.

Der Scheidenvorfall entsteht entweder durch primäre Erschlaffung oder Lähmung der Scheidenwand, oder secundär in Folge
von Senkung des Uterus. Im letzteren Falle schwindet er dem-
gemäss, sobald es gelingt durch Hebebewegungen etc. die Haltetheile der Gebärmutter zu kräftigen und somit dieser die normale
Lage wiederzugeben. Im ersten Falle ist die Beseitigung des Uebels
schon schwieriger, wenngleich mir dies doch bei vielen Patientinnen
gelungen ist. Ein Beispiel möge genügen. Frau S. B., 69 Jahre
alt, hatte dreimal geboren und vor einiger Zeit eine Blinddarm-
entzündung überstanden, im Anschluss an welche sie über anhaltende
Schmerzen in dieser Gegend und damit verbundener Schlaflosigkeit
zu klagen hatte. Ausserdem hatte sie einen ungefähr hühnerei-
grossen Vorfall der vorderen Scheidenwand, welchen ich im Winter
1879—80, zuletzt Ende Mai, mit gutem Erfolg behandelte. Als
ich sie im Januar 1881 gelegentlich wiedersah, versicherte sie von
dem letzteren Uebel nie wieder etwas gespürt zu haben.

Es ist diese Erkrankung ausser mit andern Beschwerden oft
mit einem unangenehmen Gefühl von Offensein im Scheideneingange
verbunden, das sich bereits zu einer Zeit geltend machen kann, wo
noch kein deutlicher Schleimhautvorfall zu sehen ist.

Nicht immer ist die Diagnose eines beginnenden Scheidenvor-
falls so leicht, wie es scheinen mag. Selbst in stehender Stellung
der Patientin ergiebt die Untersuchung mitunter keinen Befund,
obschon das subjektive Gefühl der Patientin auf ein solches Leiden
hindeutet. Man lässt dann die zu Untersuchende in aufrechter
Stellung anhaltend aber nicht zu stark drängen; während bei einer
gesunden Frau höchstens eine unerhebliche Verschiebung der Scheidenwände hierbei bemerkbar ist, die sofort beim Nachlassen der Bauchpresse wieder zurückgeht, sehen wir in Fällen, wo eine bedeutende
Schwäche der Scheidenwände vorhanden ist, diese in grösserem
Maasse vorgetrieben werden, und beim Nachlassen des Druckes von
oben nur unvollständig oder wenigstens langsamer wieder in ihre
frühere Lage zurückkehren.

Noch eine Erfahrung: Eine Patientin, die u. A. wegen einer Senkung der rechten Niere von mir behandelt wurde, klagte neben verschiedenen andern Beschwerden über starke Schmerzen in der Blinddarmgegend, sowie beim Vorwärtsneigen über ein Gefühl, wie wenn etwas im Becken nach abwärts dränge und heraus wolle. Letzteres gab mir Veranlassung, einen Scheidenvorfall zu vermuthen. Aber ungeachtet wiederholter Untersuchungen, sowohl in aufrechter wie in liegender Stellung, war es mir nicht möglich, auch nur das Geringste zu entdecken, weshalb ich der Patientin rieth, auf eine weitere Behandlung zu verzichten. Nach etwa zweimonatlicher Behandlung jedoch, während welcher Zeit die Frau ziemlich anstrengende Arbeit gehabt hatte und ausserdem täglich viel Treppen steigen musste, kam sie mit dem Verlangen zurück, die Behandlung wieder aufzunehmen, da die Beschwerden inzwischen bedeutend zugenommen hatten. Bei der neuerdings vorgenommenen Untersuchung zeigte sich nunmehr beim Drängen eine starke Senkung der vordern Scheidenwand, sowie der Gebärmutter, so dass man die früheren Beschwerden auf die Entwickelung dieses Leidens beziehen musste. Ich nahm sie daher wieder in Behandlung, und gelang es mir in verhältnissmässig kurzer Zeit ihre Klagen zu beseitigen.

Die örtliche Behandlung ist etwas schmerzhaft, und man vermeidet dabei möglichst die Wollustorgane zu berühren. Eine eigentliche Massage der Scheidenwand, etwa Streichungen oder Reibungen, wie dies von Anderen versucht worden ist, habe ich niemals angewandt und halte dies für unstatthaft. Meine gewöhnliche Behandlung besteht gegenwärtig aus Folgendem:

1. Stützneiggegenstehend, quere Lenden- und Kreuzklopfung;
2. Krummhalbliegend, Uterushebung (1. Form) und
3. Krummhalbliegend, Hypogastricus - Drückung,[1]) Pudendus- drückung und Vaginal-Schiebedrückung;
4. Krummhalbliegend, Knietheilung bei Kreuzhebung;
5. Stützneiggegenstehend, quere Lenden- und Kreuzklopfung.

Mit der ersten und fünften Bewegung suche ich die betreffenden Nerven zu vitalisiren, mit der zweiten die Scheide zur Contraction anzuregen und die Haltetheile des Uterus zu kräftigen, mit der dritten aber auf den erschlafften Theil der Scheidenwand direct einzuwirken und mit der vierten auf die Muskeln des Beckenbodens, insbesondere den Levator ani einen kräftigenden Einfluss zu üben.[2])

Die Drückung auf den Nervus Pudendus wird in seinem

---

[1]) Durch Scheide oder Mastdarm.

[2]) Noch besser durch Kneifungen.

Verlauf von der Mitte des Dammes vorwärts gemacht, und zwar
mit einer gewissen Bestimmtheit, so dass ein wenig Schmerz entsteht. Dabei legt man die Spitze eines Fingers oder zweier an die
Seite des Dammes an, drückt dieselben zuerst gehörig tief hinein
und übt dann gegen den aufsteigenden Sitz- bez. absteigenden
Schambeinast unter feiner Zitterung eine kurze Drückung auf die
Nerven aus; diese Drückung wird mit kleinen Zwischenpausen
noch 2—3 mal wiederholt, wobei die Finger jedesmal weiter nach
vorn vorrücken. Man muss dabei die Finger an der Aussenseite
der Labia majora ansetzen. Gegen das eigenthümliche „Gefühl von
Offensein" bei alten Frauen ist diese Bewegung besonders wirksam.

Die Vaginale Schiebedrückung (schwedisch: pettryckning)
wird in der Weise ausgeführt, dass man die Fingerbeere des etwas
gebeugten Endgliedes des Zeigefingers in der Scheideneingangs-
gegend ansetzt und mit derselben unter nicht zu starkem aber be-
stimmtem Drucke gegen die Innenfläche des Schambeins, seitlich
von der Harnröhre, den erschlafften Theil der vordern Scheidenwand nach oben hineindrückt und etwas darüber vorbei schiebt,
was 2—3 mal jederseits wiederholt wird.

Täglich 3—4 mal sollen die Patientinnen das prolabirte Stück
der Scheidenschleimhaut mit einem in frisches Wasser getauchten
Tuch betupfen und sofort ohne Reibung trocknen.

Kneifungen. Wesentlich unterstützt wird die Heilung durch eine
active Uebung der willkürlichen Muskeln des Beckenbodens, die mehrmals des Tages von der Patientin folgendermaassen ausgeführt wird.
Dieselbe kann sowohl in Rückenlage wie in aufrechter Stellung mit
etwas Stütze gemacht werden. Die übereinander geschlagenen grade
gestreckten Beine werden fest zusammengekniffen und die Gesäss-
muskeln contrahirt, während gleichzeitig die Beckenschliessmuskeln
langsam aber kräftig zusammengezogen werden, so dass der Beckenboden nach oben eingezogen wird (etwa dieselbe Bewegung, die
wir anwenden um den Stuhlgang zurückzuhalten).

Ausgesprochene Cystocelen zu heilen, ist mir in einigen Fällen
innerhalb 3—4 Monaten gelungen. Es wurde in diesen Fällen folgende Specialbehandlung angewandt: Kreuzklopfung, Gebärmutterhebung und Pudendusdrückung. Ausserdem liess ich die Patientin
einmal täglich eine Eingiessung eines Glases abgestandenen Wassers
in die Scheide machen, sowie ausserdem 2—3 mal täglich das oben
erwähnte Betupfen ausführen.

Auch bei Rectocele habe ich gute Erfolge zu erwähnen.
Einige Geheilte haben sogar Entbindungen überstanden, ohne Re-

cidiv zu bekommen. In der Absicht auf die Nerven der betreffenden Theile einzuwirken und die Scheide sowie den Mastdarm zur Contraction zu reizen, habe ich ausser Kreuzklopfung, Gebärmutterhebung und Hypogastricusdrückung auch noch Mastdarmhebung angewandt, die sich recht wohl bewährt hat. Gegenwärtig ist meine Behandlung etwas erweitert, indem ich folgendermaassen verfahre: Kreuzklopfung, Mastdarmhebung, Gebärmutterhebung und Hypogastricusdrückung, Pudendus-Drückung, schliesslich Knietheilung unter Kreuzhebung. Ausserdem lasse ich die eben geschilderte Uebung der Beckenschliessmuskeln zu Hause gebrauchen.

Auch die Vaginalschiebedrückung, auf den erschlafften Theil ausgeführt, hat einen guten Einfluss, besonders wenn die Mastdarmwand geschwollen ist[1]). Wo das Uebel mit einer Rückwärtslagerung der Gebärmutter verbunden ist, wird die Reposition und sonstige Behandlung dieses Leidens von grossem Werthe sein.

Behandlung der Hyperästhesie des Scheideneingangs und des Krampfes der Beckenbodenmuskeln (Vaginismus). Bei diesem so äusserst empfindlichen Uebel ist es Hauptsache die Patientin zu überzeugen, dass man durchaus nichts vornimmt ohne es ihr vorher mitzutheilen, so dass die Patientin nicht zu befürchten braucht, überlistet zu werden.

Nachdem ich mit Lanolin den Zeigefinger bestrichen und wir Beide die gewöhnliche Stellung zur Massage-Behandlung eingenommen, lege ich meinen Finger ganz leise und leicht auf die Aussenseite der einen grossen Schamlippe, fragend: Dies thut doch nicht weh? und wenn dies zugegeben, setze ich hinzu: Ebensowenig thut dies weh? den Finger auf die entgegengesetzte Seite legend, und wenn ich dann in derselben Weise und eben so vorsichtig ihn auf andre Stellen gesetzt, mit derselben Bestätigung, lasse ich die Patientin nochmals wiederholen, dass es keine Schmerzen verursacht. Am andern und den folgenden Tagen setze ich in der gleichen vorsichtigen Weise fort, und nähere mich so unbedeutend, dass unmöglich Schmerz entstehen kann, der Vulva, wodurch bei der Patientin volles Vertrauen, ich möchte fast sagen Verlangen entsteht, zu einem Ergebniss zu kommen. Wird man dies gewahr, so legt man den Finger äusserst leicht auf die Innenfläche der Labien und übt eine fast unmerkliche Schiebung derselben nach auswärts hin aus; und nach

---

[1]) Wo das Rectum mit Excrementen in die grosse Rectocele hinausfällt, wird man durch die Behandlung finden, dass sich das Rectum verkürzt, innen bleibt und normal functionirt, lange bevor die Rectocele geheilt wird.

dem Zugeständnisse nicht zu schmerzen, wird dies auf der andern
Seite ebenso gemacht. Ist dies gelungen, so wird der Finger eben
so leicht nach vorne zwischen die Labien gelegt und wenn dies ohne
Unbehagen ertragen wird, führt man an dem Tage nichts mehr aus.
Man kann dann am folgenden Tage, die gewöhnliche Frage wieder-
holend: „Dies thut doch nicht weh", mit dem Finger in der letztgenannten Stellung beginnen und wenn dies nicht beunruhigt, so
kann man, während des Gesprächs mit ihr, den Finger wie durch
eignes Gewicht niedriger, etwas in die Vulva hinein, sinken lassen
und darauf einen unmerkbaren Druck erst nach einer Seite, und dann
ebenso langsam und vorsichtig nach der andern ausüben. Damit
bricht man für diesen Tag ab. Nachdem man dann in obiger Weise
und ebenso vorsichtig versucht, den Finger hinein sinken zu lassen,
immer mit dem Druck nach einer der Seiten, so wird man zur Ver-
wunderung der Patientin innerhalb einiger Tage sagen können,
man habe den Finger völlig eingeführt. Eine solche Patientin
hatte ich vor 2 Jahren in Dalarö, welche ich, nach zweiwöchent-
licher Behandlung in oben angegebener Art, die Freude hatte, vom
Hofrath Herrn Dr. S. untersuchen zu lassen, was ohne das geringste Unbehagen geschah. Durch Briefe habe ich erfahren, dass
sie dauernd von ihrem Uebel befreit sei. Aehnliche bewährte Resultate
habe ich auch von andern Patientinnen anzuführen.

IV. Ueber die Lageverhältnisse der Gebärmutter.

Die Rückwärtslage ist bei Frauen, die geboren haben, so häufig,
dass vielfach angenommen wird, dieselbe sei bei Mehrgebärenden
ebenso normal, wie bei Virgines die Vorwärtslage. Träfe das zu,
so wäre es natürlich falsch, den rückwärtsgelagerten Uterus in Vorwärtslage zu bringen, selbst wenn Beschwerden vorhanden wären.
Ich habe jedoch eine Menge von Beispielen gefunden, wo Frauen,
welche mehrere (sogar 10, 11 und noch mehr) Geburten überstanden
hatten, trotzdem die Gebärmutter in ausgesprochener Vorwärtslage
darboten; ja bei einigen, die früher an Uterusprolapsen gelitten
haben, aber geheilt wurden, und dann wieder gebaren, fand ich bei
späterer Untersuchung, dass die Gebärmutter in Vorwärtslage geblieben war. Andererseits findet man sehr oft die Rückwärtslagen
mit Beschwerden und Schmerzen verbunden, welche in vielen Fällen

nach herbeigeführter dauernder Vorwärtslage verschwinden oder gebessert werden. Ich bin daher der Ueberzeugung, dass die Rückwärtslage in diesen Fällen durch krankhafte Zustände oder durch irgend eine accidentelle Ursache während der Geburt oder des Wochenbettes, nicht aber durch letztere an sich entstanden ist.

Wenn wir mit Lageveränderung der Gebärmutter so zahlreiche Schmerzen und allgemeine körperliche Leiden verbunden sehen, wie ist es dann erklärlich, dass ein so wichtiges Organ so leicht beweglich und so unsicher in seiner Stellung befestigt ist? Sieht man ja schon bei Untersuchung mit dem Sims'schen Speculum, wie ausgiebig und leicht die Gebärmutter sich bei jedem Athemzuge bewegt. Diese Beweglichkeit ist in erster Linie deshalb nothwendig, weil die Gebärmutter zwischen der Blase einerseits und dem Mastdarm andererseits eingefügt ist, welche beide Organe bei ihren Functionen einen so erheblichen Wechsel in Grösse und Stellung erfahren; dann auch deshalb, weil die Gebärmutter bei ihren Functionen während der Cohabitation, Schwangerschaft und Entbindung, ebenso wie bei der puerperalen Involution sehr nachgiebige aber auch elastische und contractionsfähige Befestigungen nöthig hat. Hauptsächlich geschieht die normale Bewegung der Gebärmutter um eine transversale Achse, die wir uns durch den Isthmus gelegt denken, um sich den Bewegungen der Blase und des Mastdarms am besten anpassen zu können. In der That ist auch grade in der Gegend des inneren Muttermundes die grösste Beweglichkeit in der Gebärmuttersubstanz selbst vorhanden. Diese Stelle ist daher bei den normalen Bewegungen des Organs als der relativ fixe Punkt anzusehen. Der Gebärmutterkörper wird schon in normalen Verhältnissen durch zunehmende Füllung der Blase nach oben und zurück, bei stärkerer Füllung aber die Gebärmutter im Ganzen nach hinten und oben geschoben. Wenn andrerseits grössere Fäcalmassen im Mastdarm sich anhäufen, wird die Cervix uteri nach vorn gedrückt, beides Vorgänge, die sich ohne Mitwissen und -fühlen der Frau vollziehen. Bei krankhaften Zuständen finde ich dagegen wiederholt diese normale Beweglichkeit beschränkt oder aufgehoben, indem die Gebärmutter oder deren Adnexe durch vorhergehende Erkrankungen fixirt, oder die umgebenden Theile aufgetrieben oder steif geworden sind, oder endlich die Elasticität der Haltetheile aufgehoben oder vermindert ist. Alles was einen Druck oder eine Zerrung bewirkt, besonders wenn dies in einem unbewachten Augenblicke vorkommt, wird dann Schmerzen oder Unbehagen verursachen, während die Bewegungen der Gebärmutter durch die Füllung oder Entleerung der Blase oder des Mastdarms vielleicht schmerzfrei sein können.

Es scheint somit deutlich, dass die normalen Befestigungen des Uterus locker und leicht nachgiebig, aber sehr elastisch sein müssen. Eine theoretisch wissenschaftliche Erläuterung dieser Verhältnisse muss ich den Fachmännern überlassen, will aber meine eigene Auffassung derselben in Kürze hier darstellen.

Im Allgemeinen findet man die Scheide um so mehr in Querfalten zusammengezogen, je kräftiger sie ist. Man wird schon dadurch veranlasst zu denken, dass sie nicht etwa wie eine Spiralfeder oder ein Blumenkelch von unten den Uterus stützt, sondern vielmehr durch einen nach unten und vorn gerichteten elastischen Zug an demselben sein Ausweichen nach oben hemmt.

Man kann die Gebärmutter mit einem umgekehrten Kegel vergleichen, welcher durch nachgiebige, elastische Bänder etwa an seinem unteren Drittel leicht fixirt ist und die Scheide mit einer rund herum befestigten elastischen Hülse, die nach unten (und vorn) zieht, die Spitze des Kegels umfassend. Wenn man diese Hülse spannt, kann man einen gewissen Einfluss auf die Stellung des oberen dickeren Endes des Kegels ausüben; die Erschlaffung derselben wird dagegen zulassen, dass die Lage dieses oberen Endes in grösserem Maasse von andern Kräften beeinflusst werden kann. Diese Zugwirkung in der angegebenen Richtung kann natürlich die Scheide nur dann entfalten, wenn die eigentlich tragenden Theile normal sind. Wenn jedoch diese erschlaffen, kann von einer Spannung derselben durch die Scheide nicht die Rede sein ebenso wie im Falle, dass ihre eigene Befestigung gegen das knöcherne Becken gelockert ist.

Vergleicht man, wie träge der Uterus durch die vereinte Zugwirkung der Bänder nach oben in seine Ausgangsstellung zurückkehrt, wenn man ihn z. B. mit einer Kugelzange bis zum Scheideneingang herabzieht und wieder loslässt, und wie fest andrerseits der untersuchende Finger von der Scheide bei der hohen Gebärmutterhebung umschlossen wird, wobei sogar die äusseren Geschlechtstheile mit gezogen werden können, und erinnert man sich ferner, mit welcher Heftigkeit der Uterus nach unten schnellt, wenn er bei dieser Hebung aus Unerfahrenheit oder Unvorsichtigkeit plötzlich losgelassen wird, so ist auch dies meiner Meinung nach ein Beweis, dass die befestigende Thätigkeit der Scheide eigentlich darin besteht, sich in ihrer Längenrichtung, d. h. nach unten zusammenzuziehen.

Sieht man bei einer weiblichen Leiche nach Entfernung der Gedärme vom Bauche aus nach dem kleinen Becken hinab, so erblickt man den Uterus zwischen den nach beiden Seiten ziehenden breiten Bändern gleichsam schwebend aufgehängt. An der Hinterseite ist der Uterus bis auf die Cervix von dem in diese Bänder übergehenden Bauchfell überzogen. Am Isthmus scheinen dieselben am straffsten zu sein.

Bei der Senkung der Gebärmutter und insbesondere bei Prolapsen treten subjective Beschwerden hervor, welche mehr oder weniger auf einen das Bauchfell treffenden pathologischen Zug hindeuten, wie z. B. Gefühl von Schwere und Druck nach unten gegen die Schamgegend, ziehende Empfindungen von der Magengegend, sowie von den Lenden oder der Kreuzbeingegend etc. Solche Senkungen, mit oder ohne gleichzeitige Deviation des Uterus, sieht man oft als Folge eines vermehrten Druckes von oben auf das Beckenbauchfell auftreten, so z. B. durch das gewaltsame Heben schwerer Gegenstände.

Alle erwähnten Verhältnisse haben mich zu der Ansicht gebracht, dass die Gebärmutter eigentlich vom Bauchfell, allerdings von den sonstigen umgebenden Bändern unterstützt, getragen wird. Auch spielt dabei der Beckenboden eine hervorragende Rolle, indem er eine kräftige Stütze von unten giebt. Insbesondere haben seine Muskeln gegen etwaige von oben drückende Kräfte gelegentlich unterstützend einzutreten. Ausserdem erfährt der Uterus durch die Blase eine gewisse Stütze und ist durch besondere Gewebezüge einerseits gegen das Schambein und die Blase, andererseits gegen das Kreuzbein befestigt. Aber alle diese befestigenden Theile müssen die Gebärmutter nicht allein bei gewöhnlicher Körperhaltung tragen, sondern auch, insofern sie normal sind, dieselbe in der normalen Vorwärtslage auch bei körperlichen Anstrengungen, bei Action der Bauchpresse, beim Harnlassen und der Defaecation etc. erhalten. Hierzu müssen dieselben eine gewisse Contractionsfähigkeit besitzen. Nun trifft man nur in den runden Bändern stärkere Muskelbündel an, in den andern aber nur zerstreute Muskelfasern, weshalb man die Möglichkeit einer wirksamern Concentration wohl in jenen hat zugeben, in den übrigen aber hat leugnen wollen. Ich frage dann aber: Wie ist es denn zu erklären, dass eine gesenkte, sogar prolabirte oder eine, sei es nach hinten, sei es seitwärts, umgelegte Gebärmutter in eine dauernde Normallage gebracht werden kann, wenn nicht die erschlafften Haltetheile sich contrahiren können? Auch habe ich, nach Ausführung einer Dehnung der fest zusammengezogenen hintern Bänder eine bestimmte krampfhafte Zusammenziehung derselben ganz deutlich wahrnehmen können.

Diese Bänder müssen den untern Theil der Gebärmutter nach
hinten halten, die runden Bänder dagegen befestigen ja nur den
Fundus nach vorn.

Jedoch dürfte die normale Lage nicht allein von der Stärke
dieser tragenden Theile abhängig sein, sondern ausserdem von dem
harmonischen Verhältnisse einer Menge elastischer Theile, wie des
Bauchfells, der Bauchmuskeln, des Zwerchfells, der Brust- und
Rückenmuskeln. Wenn daher aus irgend einer Ursache die Bauchwände erschlafft sind, sei es durch directe Erschlaffung des vom
Bauch ins Becken ziehenden Bauchfells oder der Bauchmuskulatur,
sei es indirect durch Nachgeben derjenigen Muskel, welche den
Brustkorb und den Kopf aufrecht halten, so wird dies ein Tiefer-
drücken der tragenden Theile der Gebärmutter bewirken, ebenso
wie man im Sims'schen Speculum dies im Zusammenhang mit den
Athmungsbewegungen beobachtet.

V. Die Lageveränderungen der Gebärmutter im Allgemeinen.

Man soll möglichst bei der Untersuchung versuchen, etwa vorhandene Verkürzungen und Fixationen zu entdecken. Man schiebt
z. B. mit dem Stützfinger die Gebärmutter in die ungefähr normale
Lage und lässt dann leise nach; die verkürzten oder fixirten Theile
werden dann mehr oder weniger ihre frühere Lage wieder einnehmen,
indem die weniger festhaltenden Verbindungen nachgeben. Wenn
die Gebärmutter seitwärts liegt, können manchmal die Beschwerden
und Schmerzen einseitig auftreten; wenn dann dieselbe durch Entzündungen oder narbiges Schrumpfen seitwärts gezogen oder stärker
befestigt ist, findet man die Schmerzen in derselben Seite, wohin
der Uterus gezogen ist. Wenn man aber umgekehrt Schmerzen nur
auf der anderen Körperseite findet, so hat man Ursache zu vermuthen, dass das Uebel in dem krankhaften Nachgeben in dieser
Seite seinen Grund hat; dies kann dadurch bestätigt werden, dass,
wenn man behutsam versucht die retrahirten Theile auf der andern
Seite zu dehnen, dieselben leicht nachgeben und sich darauf sofort
normal anfühlen.[1]

---

[1] Jedoch, da ich auch in diesem Falle oft nicht wage, Alles in einer Sitzung
auszudehnen, sondern zunächst nur z. B. den dem Uterus am nächsten liegenden

Diese Ausdehnung ist nicht im geringsten schmerzhaft und
man findet dabei nicht wie im ersteren Falle circumscripte breitere
oder schmälere Schrumpfungsstränge sich straff anspannen. In
ersterem Falle ist die Losziehung viel schwieriger, oft auch schmerzhaft, und erfordert längere Zeit, ist sogar manchmal wegen der
Gefahr von Erguss mit Schmerzen vorläufig unmöglich. Die Schrumpfungsstränge können auch mitunter gleich nach der völligen Ausdehnung gänzlich verschwunden sein, manchmal aber findet man
nachher eine empfindliche Infiltration an ihrer Stelle besonders wenn
man zu viel Kraft angewendet hat.

Bei einer Retroversion der Gebärmutter, wo der Hals sehr kurz
ist, ist es oft schwierig, oder sogar unmöglich, die dicht hinter der
Harnröhre befindliche Vaginalportion nach hinten zu drängen. In
der Mehrzahl dieser Fälle findet man jedoch, dass nach vorheriger
Reposition des Körpers nach vorn der Cervix ohne besondern
Widerstand nach hinten geführt werden kann; es ist dann hauptsächlich eine Erschlaffung vorhanden. In andern Fällen fühlt man
den Cervix auch nach der Reposition des Körpers fortwährend nach
vorn befestigt, was ohne Zweifel in Schrumpfungsprocessen seine
Ursache hat.

Die normale Lage der Gebärmutter ist zu einer völlig normalen
Lebensthätigkeit derselben nothwendig. Die Lebensthätigkeit äussert
sich in der Thätigkeit der Gefässe und Nerven derselben. Letztere
müssen daher normal sein und unbehindert ihre Thätigkeit ausüben
können. Da die Gefässe und Nerven der Gebärmutter durch die
umgebenden Theile nach derselben ziehen, und hauptsächlich durch
die breiten Bänder, so ist es von Bedeutung, ob diese Theile normal
oder verändert sind. Bei Lageveränderungen ist letzteres immer
der Fall, da entweder Schrumpfungen, Zusammenziehungen, Ver-
längerungen und Erschlaffungen oder Torsionen, manchmal auch
Blutüberfüllung, oder sogar Exsudate in denselben vorhanden sind,
welche die Gefäss- und Nerventhätigkeit nicht nur dieser Teile,
sondern auch die der Gebärmutter benachtheiligen müssen.

Wie könnte alles dies dadurch wesentlich verbessert werden,
dass ein Pessar die Gebärmutter in mehr oder weniger normale
Lage zwingt? Oder glaubt Jemand, dass ein erlahmter Arm gesund

---

Theil, so wird sich nur dieser gleich nach der Ausdehnung normal anfühlen; am
nächsten Tage aber noch ein Stück, bis nach wenigen Sitzungen alles Retrahirte
ausgezogen worden ist und sich gleich nachher normal anfühlt. Vor der ge-
lungenen Ausdehnung fühlt man in solchen Fällen dicht an der Beckenwand eine
gar nicht empfindliche Verdickung.

wird, wenn man ihn in einem Verbande aufhängt? Werden Exsudate oder Blutüberfüllung in den Bändern durch diese Instrumente
zum Schwunde gebracht? Ja, können Patientinnen, welche an Exsudaten oder festen Schrumpfungen leiden, diese Instrumente ohne die
Gefahr, dass ihr Leiden verschlimmert werde, tragen? Was kann
ein Stiftpessarium in solchen Fällen bewirken?

Es ist zu vermuthen, dass Elektricität auch nichts taugt, da trotz aller
Anpreisung dieselbe doch keine allgemeine Anwendung gefunden hat.
Operationen können in dergleichen Fällen nicht angewendet werden.[1]

Zwar ist es nicht zu leugnen, dass eine gewisse Zahl von Patientinnen, die ärztlich mit Pessaren behandelt wurden, gesund geworden sind, ich glaube aber, dass dieser Erfolg meistentheils dadurch
gewonnen wurde, dass vor der oft viele Mal wiederholten Einpassung derselben jedesmal eine Reposition der Gebärmutter ausgeführt und bei derselben eine Reizung der Gefässe und Nerven
bewirkt wird. Vielfältig habe ich ohne jedes Instrument denselben
Erfolg gehabt, sogar von der ersten Behandlung an. Ich glaube
also nicht, dass die stützende Wirkung des Instruments das Wesentliche wäre. Ebenso glaube ich, dass der dauernde Druck des Pessars
auf die Gefässe den Abfluss des Blutes aus dem Uterus verhindert.

Meiner Ansicht nach liegt die einzig vernünftige Behandlung
darin, dass man einerseits durch Massage, durch Ausdehnungen oder
Druckbewegungen Schrumpfung und Verkürzung, Blutüberfüllung,
Exsudate etc. beseitigt; andrerseits die erschlafften und verlängerten
Bänder besonders durch Hebebewegungen zur Verkürzung zu reizen
und zu beleben sucht. Selbstverständlich ist dies nur da zu erreichen, wo das Nervenleben nicht allzuviel geschädigt worden ist.

Ausserdem suche ich möglichst bald und in jeder Sitzung die
Gebärmutter so weit es geht zu reponiren. Mancher, der mich oder
meine Schülerinnen arbeiten gesehen hat, fragt ohne Zweifel: Wozu
nützen alle diesen wiederholten Repositionen? Jedenfalls müssen
dieselben bei allen solchen Lageveränderungen für nöthig angesehen werden, wo entweder die Gefäss- und Nerventhätigkeit in den
Bändern oder im Uterus selbst durch Umdrehung, Dehnung oder
Schrumpfung der gefässführenden Theile behindert ist, oder wo die
Function der Gebärmutter oder Blase beeinträchtigt oder mit Beschwerden verbunden ist. Natürlich setze ich mir dabei zum Ziel,
eine dauernde Normallage herbeizuführen. Wenn aber dies scheitert,

[1] Dies ist lange vor der in jüngsten Zeiten verbreiteten Ventrofixation und
Anwendung der Elektrizität geschrieben, scheint mir aber doch noch eine
gewisse Giltigkeit zu haben.

werden dennoch während der Behandlungszeit diese steten Repositionen die Gefäss- und Nerventhätigkeit erleichtern und somit den Erfolg der anderweitigen Behandlung unterstützen.

Blasenbeschwerden können sowohl von der Rückwärtslage wie von der Senkung oder dem vermehrten Volumen der vorwärtsgelagerten Gebärmutter oder von Prolapsen herrühren. Manchmal entstehen sie auch bei hinterer Fixation der Gebärmutter mit Zerrung der Blase. Sie werden dann, wenn auch mitunter im Anfange sogar etwas vermehrt, jedoch im Laufe der Behandlung durch die Besserung der Ursache beseitigt. Wenn nur die etwaige Fixation nach hinten entfernt wird, verschwinden gewöhnlich die Blasenerscheinungen, sobald die Gebärmutter reponirt werden kann, wenn sie auch nicht in der Normallage bleibt. Die Repositionen sind daher meist bei der Behandlung nöthig. Wenn aber dieselben unvorsichtig ausgeführt werden, so werden die Blasenbeschwerden gerade dadurch vermehrt. Man muss dann die Reposition möglichst in der Art auszuführen suchen, dass die ganze Gebärmutter zuvor ab- und vorwärts gezogen wird, und dann behutsam, ohne Schmerzen zu verursachen, nach vorn umgelegt wird. Wenn die Beschwerden von einem Blasenleiden herrühren, oder sehr intensiv sind, müssen dieselben vorher beseitigt bez. gebessert werden, ehe die Gebärmutterhebung in Frage kommen kann.

Andrerseits ist es gar keine Seltenheit, dass, sobald die vorher rückwärtsgelagerte oder prolabirte Gebärmutter in der normalen Lage zu bleiben anfängt, besonders Blasenbeschwerden und Harndrang, ein oder zwei Tage lang, eintreten. Letztere Erscheinung ist dann als ein gutes Zeichen aufzufassen, welches die Hoffnung giebt, dass die Vorwärtslage angefangen hat dauernd zu werden.

In vielen Fällen ist auch eine ableitende Behandlung bei den Lageveränderungen am Platze oder sogar unerlässlich. Erstens ist sie stets nöthig, wenn entzündliche Zustände die abnorme Lage veranlasst oder complicirt haben; zweitens ist sie manchmal symptomatisch, um eine etwaige Menorrhagie oder Metrorrhagie zu mindern. Patientinnen, welche an festen Fixationen, Auftreibungen u. s. w. leiden, klagen oft darüber, dass ihre Schmerzen bei der Periode bedeutend vermehrt werden; die Ursache davon ist in der Regel darin zu suchen, dass ein mehr oder weniger grosses Hinderniss der Gefäss- und Nerventhätigkeit durch die erwähnten krankhaften Veränderungen oder sogar nur durch abnorme Lage, und zwar nicht nur in diesen erkrankten Theilen, sondern manchmal auch in der vielleicht noch ziemlich gesunden Gebärmutter, in den Eierstöcken etc.

entsteht; wenn jetzt während der Regel ein vermehrter Andrang des arteriellen Blutes einen verstärkten Druck von den Gefässwänden bewirkt, wird dies Hinderniss noch gesteigert und eine schmerzhafte Reizung der schon empfindlichen Nerven veranlasst. Die ableitenden Bewegungen sind dann nicht zu entbehren, wenn sie auch am besten durch Massage und Hebebewegungen, im Falle wenn letztere möglich sind, unterstützt werden. Wo es geschehen kann, wird diese Wirkung durch zweckmässige Wasserbehandlung, jedoch nicht während der Periode selbst, verstärkt.

Ebenso habe ich mehrmals gefunden, dass in Fällen, wo die Gebärmutter, sei es nach vorn, nach hinten oder seitlich festgezogen war, die Menses nicht nur verlängert und profuser waren, sondern dass auch mitunter während der Zwischenzeit ein etwas blutiger Ausfluss bestand. In dem Maasse als die Gebärmutter freier und beweglicher gemacht worden war, gingen die Erscheinungen zurück, wobei jedoch stets ausserdem ableitende Bewegungen angewandt wurden.

Uebrigens ist die Frage aufzuwerfen, ob überhaupt eine veränderte Lage der Gebärmutter an sich eine Behandlung erfordert. Eine kräftige Frau, die ohne Beschwerden sogar in Galopp reiten konnte, liess sich durch eine meiner jüngeren Schülerinnen untersuchen, nur in der Absicht, dass diese als Anfängerin Gelegenheit haben sollte, gesunde Genitalien zum Vergleich zu untersuchen. Die Gebärmutter wurde in querer Lage liegend befunden, den Fundus nach der einen, die Vaginalportion nach der andern Seite des Beckens gezogen. Ebenso habe ich in ähnlichen oder andern Fällen ausgeprägte Rückwärtslage gefunden, wie z. B. bei einer kräftigen, gesunden Frau, die den ganzen Tag hindurch heilgymnastische Bewegungen ohne Beschwerden machte. In solchen Fällen ist es am besten, die Trägerin nicht zu beunruhigen und Alles in Ruhe zu lassen. Nur wenn dieselbe steril wäre und sich ein Kind wünschte, hätte man einen Grund, eine Veränderung des Zustandes zu versuchen.

Wenn auch ausnahmsweise stärkere Fixationen ohne jegliche Beschwerden vorhanden sein können, liegt jedoch auch bei diesen ein Grund vor, dieselben zu beseitigen. Erfahrungsgemäss können dieselben nämlich Aborte veranlassen, wenn Schwangerschaft eintritt.

In einer grossen Anzahl von Fällen, wo es sich als unmöglich herausstellte, die erschlafften Theile so zu kräftigen, dass die vorher retroflectirte Gebärmutter dauernd vorwärts lag, sind wenigstens die Beschwerden durch meine Behandlung verschwunden, so dass die Patientinnen nicht nur ihre Gesundheit, sondern auch ihre Arbeitsfähigkeit wiedergewonnen haben. Es lag natürlich die eigentliche Ursache der Krankheit nicht in der fehlerhaften Lage, sondern in den etwaigen damit in Beziehung stehenden Schrumpfungen, Auftreibungen etc. in der Umgebung; diese haben sich beseitigen lassen. Es ist daher der hauptsächlichste Zweck der Behandlung, die Beschwerden zu beseitigen, nur in zweiter Linie ist die Normallage anzustreben, und zwar deshalb, weil die Lageveränderung manchmal genau mit den Beschwerden oder deren Ursachen zusammenhängt, manchmal auch zur Wiederkehr derselben disponirt. In der Praxis gelingt es einmal zuerst die Normallage zu gewinnen, das andere Mal die Schmerzen früher zu beseitigen.

Wenn ich auch oft, besonders in den ersten Jahren meiner Thätigkeit, mich über wunderbar schnelle Erfolge bei Prolapsen und andern Lageveränderungen freuen konnte, hat es sich später meist mehr oder weniger schwierig, manchmal unmöglich gezeigt, die Gebärmutter in dauernd normale Lage zu bringen. Dies war oft ebenso schwierig, wie es leicht war sie bei Verwachsungen beweglich zu machen. Besonders wo die abnorme Lage nur durch eine mehr oder weniger verbreitete Erschlaffung bedingt war, ist die Behandlung schwierig und langwierig gewesen, jedoch nicht immer.

In andern Fällen, wo die Gebärmutter ziemlich fixirt in der abnormen Lage zu fühlen war, oder wo bei durch Fixationen herbeigeführter Lageveränderung alle Haltetheile einigermaassen elastisch gefühlt wurden, war die Herstellung der normalen Lage sehr leicht, ja mitunter so leicht, dass der Uterus schon nach einer oder wenigen Sitzungen sich nie mehr aus derselben bewegte.

Die Prognose ist im einzelnen Falle immerhin schwierig. Es gelingt in der Regel nicht, die Zeit für die Heilung voraus zu bestimmen, sogar nicht, ob dieselbe überhaupt je gewonnen werden wird. Da ich jedoch in Hunderten von Fällen eine dauernde Normallage erzielt habe, sogar in einem Falle von Rückwärtslage mit totaler Dammruptur, setze ich auch in schwierigen Fällen lange Zeit die Behandlung fort.

Bei einer sehr kräftigen Patientin ist es zweimal mit einer Zwischenzeit eines halben Jahres vorgekommen, dass die Patientin nur durch Reposition ganz gesund und von den vorherigen Schmerzen befreit wurde. Beide Male hatte sie durch zufälliges Heben einer schweren Last das Leiden erworben. Der Fundus wurde in Rückwärtslage tief abwärts nach links und fest gelagert befunden. Um zu ermitteln, ob er dahin festgezogen war, versuchte ich ihn mit dem Finger durch die Vagina leise medianwärts von der Beckenwand

zu verschieben. Plötzlich schlug sich dann die Gebärmutter, wie
von einer Feder bewegt, in die normale Lage um, und alle Beschwerden waren verschwunden. Bemerkenswerth ist, dass die Kranke
bald nach der Entstehung des Leidens behandelt wurde.

VI. Fixirte Lageveränderungen der Gebärmutter.

Ueberall wo die Gebärmutter im Ganzen, oder in irgend einem
Theile nach einer Richtung hin, mehr oder weniger fest gegen die
Beckenwand gezogen ist, oder sogar nur in einer oder mehreren
Richtungen in ihrer physiologischen Beweglichkeit behindert ist,
muss man die verkürzten oder fixirenden Theile so lange dehnen,
bis die natürlichen elastischen und muskulären Verbindungen der
Gebärmutter sich unbehindert geltend machen können. Die durch
behutsame, stärkere Ausdehnungen bewirkte Relaxation wird allmählich durch das Streben der Natur theilweise wieder ausgeglichen;
während dieser Zeit aber können die vorher schlaffen, antagonistisch
wirkenden Haltetheile sich kürzen und überhand nehmen, so dass
schliesslich die normale Lage innegehalten wird. Um eine belebende
Einwirkung auf diese schlaffen Theile auszuüben, müssen die Gebärmutterhebungen in die Behandlung eintreten, sobald keine wahren
Fixationen mehr vorhanden sind. Ist eine Rückwärtslage vorhanden,
so muss die Gebärmutter, sobald sie genügend beweglich gemacht
worden ist, täglich reponirt werden.

Sind aber Exsudate oder grössere Empfindlichkeit, die auf einen
ausgeprägt entzündlichen Zustand hindeutet, noch vorhanden, so müssen
die Dehnungen, und noch mehr die Hebungen und Repositionsversuche
vorläufig unterbleiben, bis durch Massage und ableitende Bewegungen
die Entzündungserscheinungen hinreichend gebessert werden, bez.
beseitigt worden sind. Es ist sonst immerhin Gefahr vorhanden eine
Exacerbation bez. eine Erneuerung der Entzündung zu erwecken.

So lange noch Verkürzungen oder Fixationen, welche gedehnt
werden müssen, in den Haltetheilen des Uterus vorhanden sind, wende
ich nebst entfernteren ableitenden Bewegungen Kniezusammendrückung unter Kreuzhebung unmittelbar nach der örtlichen Behandlung an. Wenn die erwähnten Leiden einigermaassen behoben
sind, so fange ich, wenn nöthig, gleichzeitig mit der Hebung an,
Knietheilung (statt der Zusammendrückung oder ausserdem) zu
gebrauchen.

Dehnung. Die Dehnungen müssen behutsam, aber weder zu schwach noch zu kurz ausgeführt werden. Nur in diesem Falle wird eine Erschlaffung zu Stande gebracht. Wird aber zu wenig oder zu kurze Zeit gedehnt, so wird nur ein Reiz entstehen, welcher die betreffenden Theile zur Contraction bringt, anstatt sie zu erschlaffen. Es könnte dadurch sogar die Verwachsung stärker werden.

Die Gefahr, gefährliche Auftreibungen und Anschwellungen in den Bändern etc. hervorzurufen, ist bei keiner andern Manipulation so drohend, wie bei den Dehnungen, wenn man im geringsten zu viel Kraft anwendet. Als Regel gilt daher, jedesmal lieber zu wenig, als zu viel zu machen; man hat ja Gelegenheit, am nächsten Tage wieder mehr zu gewinnen.

Die anzuwendende Kraft ist in verschiedenen Fällen sehr verschieden und sehr schwierig abzupassen. Man muss sie, durch die genaue Untersuchung des Falles und vorherige Erfahrung geleitet, versuchsweise zu bestimmen suchen. Was der unerfahrene Anfänger in schwierigen Fällen nicht wagen darf, findet der Geübte durch die Erfahrung, und vielleicht noch mehr durch das prüfende Gefühl nicht nur möglich, sondern nothwendig und richtig.

Die Nachgiebigkeit und Elasticität der auszudehnenden Theile sind sehr verschieden, indem diese bald sehr dünn und weich, bald bedeutend verdickt, fest und derb sein können. Derjenige Kraftaufwand, welcher im ersten Falle vollkommen genügt, die schwachen Theile wirksam zu dehnen, muss bedeutend vermehrt werden, wenn im letztern Falle die starken Theile in erwähnungswerthem Maasse beeinflusst werden sollen. Bei weicheren Zusammenziehungen kann man daher gewöhnlich in einer, höchstens einigen Sitzungen ohne jede Anstrengung das Ziel leicht erreichen. Bei sehr starken Fixationen hat man mitunter nöthig, mit bedeutendem Kraftaufwande eine Viertelstunde und noch länger jedesmal fortzusetzen, und zwar täglich zwei bis mehrere Wochen lang, ehe es anfängt nachzugeben. Niemals ist es möglich Anderen zu lehren, die anzuwendende Kraft in einem Falle richtig zu treffen.

Um mich möglichst gegen die erwähnte Gefahr zu schützen, habe ich gelernt, bei der Dehnung ein bestimmtes Verfahren, zumal in schwierigen Fällen, zu befolgen. Zunächst suche ich durch genaue Untersuchung mich über die Fixation, deren Lage, Richtung, Dicke und Stärke, Ausbreitung und Zusammenhang u. s. w. zu orientiren, und massire dieselbe in möglichst centripetaler Richtung, wobei ich die Art und Weise, dieselbe am passendsten für die Ausdehnung anzuspannen, suche. Dann wird die Patientin in die für den Fall passendste Stellung gebracht, die Theile in bestimmter Weise gefasst und allmählich am äussersten gedehnt, soweit die Nachgiebigkeit dies erlaubt aber nicht weiter. Diese Spannung wird eine Weile festgehalten, dann ein wenig und ziemlich kurz nachgelassen, aber noch 1—2 mal in derselben Weise wiederholt. Nie wird nach einer Dehnung versäumt, Zirkelreibungen rund herum und oberhalb der gedehnten Theile zu machen. Je nach Umständen wird der Zeigefinger durch das Rectum oder die Scheide eingeführt, manchmal aber der Daumen per vaginam, oder gleichzeitig der Zeigefinger per rectum und der Daumen per vaginam; in vielen Fällen aber auch der innere Finger im Vereine mit der äussern Hand.

Bei der Ausführung muss man die Patientin oft geradezu auffordern, nicht zu geduldig zu sein; am besten ist, stets einen Blick auf das Gesicht der Patientin geheftet zu halten, um bei einer plötzlichen Schmerzäusserung sofort etwas nachlassen zu können. Die Dehnung soll möglichst wenig schmerzhaft sein; heftige Schmerzen sind absolut zu vermeiden. Wenn die Fixation, wie besonders bei flächenhaften Anlöthungen, sehr verbreitet ist, sucht man nicht Alles gleichzeitig zu dehnen, sondern zuerst stärker an einem Theil der Peripherie, dann an einem andern Theile u. s. w. bis man rund um denselben gedehnt hat. Man braucht auf diese Weise nie Gewalt anzuwenden.

Ausdehnungen können in jeder Richtung, vom Uterus gerechnet, in Frage kommen; die dehnende Kraft ist immer von dem Anheftungspunkt an der Beckenwand, und zwar in der Regel möglichst senkrecht gegen dieselbe gerichtet. Wenn aber die Fixation beweglich und einigermaassen verlängert worden ist, kann man versuchen, dieselbe mehr partiell zu dehnen, indem man sie an dem uterinen Ende bimanuell fasst, dann dieselbe mehr schief in einer Richtung dehnt, und dieselbe langsam in einem Kreise führt, somit von allen Seiten dehnend.

Je nach der Lage und Beschaffenheit der Fixation ist eine verschiedene Stellung der Patientin die beste. Die Ausdehnung kann in aufrechter oder krummhalbliegender Stellung oder in Bauchlage gemacht werden (siehe Kap. III). Wenn die Patientin sehr fett ist und dicke Oberschenkel hat, wird die Ausdehnung bei aufrechter Stellung dadurch sehr erleichtert, dass dieselbe ihren entfernteren Fuss auf einen Stuhl setzt.

Wie lange Zeit man im einzelnen Falle die Dehnungen anzuwenden hat, ist höchst verschieden und kann oft nicht im Voraus bestimmt werden. Manchmal wo man die Gebärmutter bei der Untersuchung so stark fixirt fühlte, dass dieselbe anfangs nicht eine Linie

von der Beckenwand verschoben werden konnte, gelang es dieselbe
in einer oder einigen Sitzungen ganz los und beweglich zu machen;
in anderen Fällen, wo sie nur mit einer unerheblichen Fläche befestigt war, dauerte die völlige Lösung lange Zeit.

Ich habe wiederholt in Gegenwart von Aerzten Patientinnen
empfangen, bei welchem jene bestätigten, dass die Gebärmutter ganz
fest, als ob verwachsen, gegen die Beckenwand lag; jedoch gelang
es mir nach einer Weile, dieselbe durch Ausdehnungen und Massage
durchaus beweglich zu machen, was auch von jenen anerkannt wurde.
In anderen Fällen sind mehrere Wochen oder Monate erforderlich,
zumal wenn grosse Vorsicht nach vorhergegangenen schweren Entzündungen von Nöthen ist.

In solchen Fällen fühlt man während der Dehnung gewöhnlich
mit Bestimmtheit, wenn es zu gelingen beginnt. Ich höre dann
augenblicklich mit der Dehnung für diesmal auf. Bei der nächsten
Sitzung giebt das schon Ausgedehnte sofort nach, und ich dehne
dann sehr vorsichtig etwas weiter aus. Manchmal, wenn es auch
mit kräftigeren und anhaltenderen Dehnungen nicht gelungen ist,
die Fixation im geringsten zu verlängern, geht es dennoch während
der Regel, obschon dann ein weit schwächerer und kürzerer Zug
angewandt werden muss. So gelang es in einem Falle in Jena
(Nr. XV in Dr. Profanter's Buch) nicht in den ersten zwei Wochen
den fixirten Uterus im geringsten zu verschieben, aber während der
Regel am dritten Tage ein wenig, und dann ein kleines Stück
weiter jeden Tag.

Die Anwendung dieser Manipulation erfordert daher nicht wenig
Beurtheilung, Erfahrung, Umsicht und Vorsicht.

Zu starke Dehnung. Trotz der grössten Vorsicht ist es doch im
Laufe der Zeit in vereinzelten Fällen, wenn auch im Ganzen selten, bei
der Losziehung von schwierigeren Festziehungen vorgekommen, dass zu
viel Kraft verwendet worden und danach eine Entzündung oder ein
Bluterguss entstanden ist. In solchen Fällen entstehen sofort, oder
wenigstens innerhalb der ersten halben Stunde, heftige Schmerzen im
Unterleibe, häufig mit abwechselndem Schüttelfrost und Hitze verbunden. In jedem Falle, wo diesbezüglich eine Untersuchung vorgenommen
wurde, war spätestens innerhalb einer Viertelstunde eine circumscripte
bis hühnereigrosse Auftreibung in dem gezerrten Theile zu fühlen,
die sehr empfindlich war und spontane Schmerzen verursachte.

Wenn in einem Falle die erwähnten Ereignisse eingetreten sind,
habe ich die Patientin einen bis mehrere Tage zu Hause bleiben
lassen und den Erguss möglichst bald massirt. Wenn's möglich,

10*

wiederhole ich die Massage anfangs 2—3 mal täglich, und fange mit
der Ausdehnung nicht früher wieder an, bevor die Schmerzhaftigkeit
und Auftreibung verschwunden ist. Bei mehrmaliger Massage jeden
Tag geht dies manchmal überaus schnell, so dass z. B. bei hühner-
eigrossen Extravasaten die Patientin, nachdem sie nur drei Tage
zu Hause behandelt worden war, schon am vierten die allgemeine Behandlung unter meinen andern ambulanten Patientinnen wieder auf-
nehmen konnte. Früher wandte ich ausserdem häufig gewechselte
kalte Umschläge an; später habe ich durch Dr. Nissen belehrt eine
Eisblase noch besser gefunden. Ist während der Zeit die Menstruation vorhanden oder eingetreten, wird ebenfalls die Massage
angewandt, das Wasser oder Eis dagegen, habe ich aus Vorsicht
ausgesetzt.

Wenn auch in einigen Fällen die Erscheinungen sehr bedrohlich
schienen, ist jedoch glücklicherweise keine von meinen zahlreichen
Patientinnen gestorben, noch, soweit ich habe ermitteln können, für
die Zukunft verschlimmert worden.

Fixation nach vorn. Manchmal sind die Ausdehnungen von
vorn bei Vorwärtslagen nöthig, z. B. wenn der Fundus nahe an dem
Schambein, oft mehr oder weniger seitlich, ganz fest oder unbedeutend
beweglich angezogen liegt.

Bei einer Patientin z. B., welche an einer chronischen Metritis
mit Verhärtung und enormer Vergrösserung des Uterus litt, wurde
der Fundus so fest gegen das Schambein fixirt befunden, dass es
mir erst nach einem ganzen Monat gelang, denselben loszumachen.
In einem andern Falle war der Fundus schräg nach vorn, oben
und rechts gegen die Bauchwand festgezogen; die Patientin wurde
zwei Monate lang behandelt, ehe die Losziehung gelang, dann entstand aber trotz der grössten Vorsicht wieder eine Entzündung der
Gebärmutter und der Eierstöcke.

Wenn der Fundus gegen das Schambein fest fixirt ist, während
die Vaginalportion so ziemlich an normaler Stelle sich befindet,
habe ich folgendes Verfahren eingeschlagen: Zunächst wird der
untere Theil der Gebärmutter mit dem um den Isthmus eingehakten
Zeigefinger (per vaginam) nach vorn bis dicht an das Schambein
gezogen. Dann führe ich den Finger längs der Hinterseite des
Mutterkörpers hinauf, wobei der ganze Uterus grade gedrückt wird,
und schiebe ihn darauf mit dem Finger behutsam aufwärts dem
Schambein entlang, so dass der Fundus oberhalb desselben kommt.
Wenn jetzt der rechte Ellenbogen hoch gehalten wird, so dass der
Unterarm und die Hand eine grade Linie bilden, vermag man mit

der flachen Hand (die Innenfläche nach dem Bauche gekehrt) von vorn den Fundus mit hinreichender Kraft zurückzudrücken. Tag für Tag gelingt dies immer besser, wobei man gleichzeitig versucht die Fingerspitzen längs der Vorderseite des Uterus hinabzudrängen. Wenn letzteres gelungen, führt man den Stützfinger zur Vorderseite des Cervix und sucht die Loslösung zu vollenden, indem man, abwechselnd mit diesem Finger und den Fingern der äussern Hand, den Isthmus nach oben bezw. nach unten zu drängen sucht, unter gleichzeitigem vorsichtigen Druck nach rückwärts.

Hat man eine geschickte Gehülfin, so kann man nun rascher zum Ziele kommen. Man lässt zu diesem Zwecke, während der eigne Zeigefinger wie gewöhnlich vor dem Cervix angesetzt wird, dieselbe die Hände wie bei der Vorbereitung zur gewöhnlichen Gebärmutterhebung zwischen dem Mutterkörper und dem Schambein behutsam hinabdrücken, dann die Hände ruhig in derselben Richtung zurückziehen, was einige Mal wiederholt wird. Erst sobald das Zurückdrängen des Fundus gut gelingt, darf dieselbe anfangs sehr unerhebliche, später immer vollständigere Hebungen ausführen. Die grösste Vorsicht ist selbstverständlich zu beobachten wegen der Gefahr, durch Ueberstreckung ein Extravasat hervorzurufen.

Wenn die Fixation zwischen dem Fundus und dem Schambein sehr fest ist, so sucht man am besten den Fundus in krummhalbliegender Stellung der Patientin behutsam bald nach rechts bald nach links zu drücken oder zu ziehen. Oder auch man kann in aufrechter Stellung der Patientin den Daumen per vaginam gegen die Vorderseite des Isthmus ansetzen und mit demselben abwechselnd von verschiedenen Seiten zu lösen suchen. Jedoch muss man dabei die Blase möglichst schonen. Oft sind eine Woche bis Monate nöthig, um die Gebärmutter in solchen Fällen einigermaassen zu lösen.

Nicht selten findet man die Vaginalportion oder den ganzen Cervix mehr oder weniger fest gegen das Schambein gezogen. Gewöhnlich liegt dann der Körper beweglich nach rückwärts; diese Frauen sind oft steril, und mitunter ist die Cohabitation schmerzhaft. Manchmal sitzt die Vaginalportion sogar dicht hinter der Urethralöffnung. In der Regel werden die erwähnten Beschwerden beseitigt, wenn es gelingt, der Gebärmutter die normale Lage zu geben, manchmal auch schon ehe die Rückwärtslage beseitigt ist, wenn nur der Cervix losgemacht worden ist. (Fig. 48).

Scheinbare Fixation. Es ist in diesen Fällen unmöglich, direct die Vaginalportion zurück zu drängen, um eine Ausdehnung zu gewinnen.

Sehr oft ist dies aber auch bei einer einfachen Rückwärtslage ohne Fixation nach vorn unmöglich. Wenn aber der retrovertirte, bezw. retroflectirte Körper mit dem Zeigefinger durch den Mastdarm nach vorn reponirt und der Daumen hoch oben auf dem Cervix angesetzt wird, gelingt es im letzteren Falle sofort und leicht, diese zurückzudrücken und im Falle einer Fixation die verkürzten Theile mit dem Daumen zu dehnen. Am besten gelingt dies in stehender Stellung der Patientin. Wenn man dabei den Ellenbogen auf das entsprechende Knie stützt und die Dehnung durch Heben auf die Zehen ausführt, gewinnt man nicht nur grössere Kraft und Ausdauer, sondern kann auch die Kraft genau moderiren. Entgleitet der Cervix nach oben, so dass der Daumen an ihm vorbei nach hinten schlüpft, so wird während der Dehnung mit dem Daumen der Körper mit dem Zeigefinger nach vorne gehalten, oder man kann auch die Patientin Bauchlage (siehe Kap. III) einnehmen lassen und die freie Hand flach auf das Hypogastrium legen, mit den Fingern hinter dem Schambein eindringen, und so gleichzeitig mit dem Daumen durch die Vagina und die freie Hand

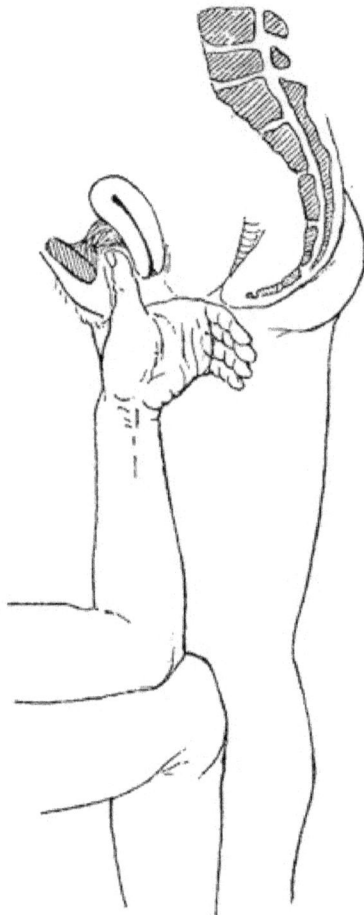

Fig. 48.

durch die Bauchdecken den Cervix nach hinten drücken. In einigen Fällen mit sehr schlaffen Bauchdecken kann man dies ausführen, indem die Patientin gegen den sitzenden Arzt gekehrt und über ihn geneigt steht; jedoch muss dann die Dorsalseite der freien Hand gegen die Bauchdecken gekehrt sein.

In allen Fällen, in denen der obere Theil der Gebärmutter

beweglich ist, der Cervix aber, sei es nach unten, nach vorn oder seitwärts, fixirt ist, kann man niemals die normale Lage der Gebärmutter erreichen, bevor diese Hindernisse beseitigt worden sind. Umgekehrt kann oft nach gelungener Dehnung der Fixation ziemlich bald die normale Lage hergestellt werden.

Seitliche Fixation. Es giebt eine Anzahl von Fällen, in denen die Gebärmutter, sei es in Vorwärts- oder Rückwärtslage, nach der einen Beckenseite fixirt ist, und zwar manchmal ihrer ganzen Länge nach. Wenn der Fundus nach hinten seitwärts und die Vaginalportion gleichzeitig nach vorn seitlich festgezogen ist, kann mitunter die Losziehung eine gewisse Schwierigkeit bereiten. Dann suche ich in erster Linie den Cervix beweglicher zu machen, indem ich zuerst in aufrechter Stellung der Patientin mit der Daumenspitze in der Scheide möglichst tief zwischen der Vaginalportion (bezw. dem Cervix) und der Beckenwand hineindringe und erstere von der Wand medianwärts abziehe, dann aber die Vaginalportion mit derselben Fingerspitze gegen die Wand dränge und längs derselben nach hinten verschiebe. (Fig. 49.) Um die Ausdauer ohne Ermüdung zu erhalten, stütze ich hierbei den entsprechenden Ellenbogen auf das Knie, so dass die dehnende Verschiebung des Fingers durch Heben auf die Zehen erreicht werden kann. Nachher führe ich den Zeigefinger in den Mastdarm möglichst hoch oben auf die Hinterseite des Körpers und suche mehr von oben die Fixation anszudehnen, wobei ich den Körper theils nach vorn, theils von der seitlichen Beckenwand weg drücke. Darauf dringe ich, bei krummhalbliegender Stellung der Patientin, mit der äussern Hand längs der seitlichen Beckenwand in die Tiefe, um mit den Fingerspitzen zwischen der Wand und dem Gebärmutterkörper ein-

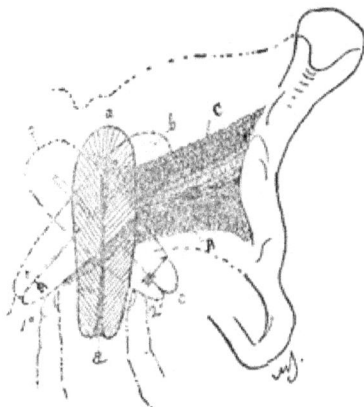

Fig. 49. Losziehung von der Seite.

zudringen, und suche so denselben gleichzeitig mit diesen und dem Zeigefinger in der Vagina medianwärts und allmählich bis über die Mittellinie zu verschieben. Alles dies wird täglich wiederholt, und erst wenn dies einigermaassen gelungen ist, kann man eine Reposition der Gebärmutter versuchen. Dabei sucht man zuerst in aufrechter Stellung der Patientin die Gebärmutter möglichst zu reponiren, lässt dann die Patientin sehr behutsam die krummhalbliegende Stellung einnehmen, um die Reposition möglichst und nöthigenfalls unter Massage der behindernden Stränge zu vollenden. In der reponirten Lage werden die straffen Theile massirt. Wenn die Reposition einigermaassen gut gelingt, werden schräge Gebärmutterhebungen versucht etc. Man darf jedoch nicht früher heben, ehe es gelungen ist, den Fundus über die Mittellinie in die andere Seite hinüber zu drängen.

Hintere Fixation. Sehr oft findet man die Vaginalportion oder die Cervix, in andern Fällen den Körper oder Fundus nach hinten, meist schräg seitwärts, festgewachsen. Wenn die Gebärmutter gross ist oder tief unten in der Kreuzbeinhöhlung liegt, werden die verkürzten Bänder nöthigenfalls in Bauchlage, gewöhnlich aber (und besonders wenn die Gebärmutter kleiner ist am besten) in stehender Stellung gedehnt, und zwar per rectum mittelst des Zeigefingers, welcher mit der Spitze oberhalb der Mastdarmenge und der sich spannenden Stränge geführt werden muss. Man drückt dabei wiederholt anhaltend auf die Gebärmutter, abwechselnd bald an dieser bald an jener Seite dicht an die geschrumpfte Partie.

Sobald es bei einer Rückwärtslage in dieser Weise gelingt, den Fundus so weit vorwärts zu treiben, dass die Gebärmutter etwa in der Mittellinie des Körpers liegt, fängt man an zu versuchen, dieselbe zu reponiren; zu diesem Zweck wird der Daumen per vaginam auf die Vorderseite des Cervix angesetzt und mit demselben abwechselnd diese nach hinten gedrückt, um somit die Gebärmutter während der Dehnung zu antevertiren. Erst später, wenn die Reposition ohne Schwierigkeit gelingt, darf man die Gebärmutterhebung ausführen.

Bei stärkeren Anteflexionen findet man ziemlich häufig die Gebärmutter im Ganzen sehr fest nach hinten oder nach hinten seitwärts, wie es scheint von den hintern Bändern, gezogen, während sowohl die Vaginalportion wie der Fundus leicht nach beiden Seiten bewegt werden können. In vielen Fällen, wo es mir gelungen war, diese Bänder so auszudehnen, dass die Gebärmutter damals in ganz normaler Lage blieb, habe ich doch, sogar wenn die Behandlung längere Zeit dauerte und die Patientin von Beschwerden ganz befreit worden war, einige Zeit nachher bei der Untersuchung gefunden, dass die Zusammenziehung wieder eingetreten war, sei es mit oder ohne Beschwerden.

In einigen Fällen war die rückwärtsgelagerte Gebärmutter so fest gegen die hinteren Theile des Beckens geheftet, dass ich nach vergeblichen Versuchen während 14 Tagen geneigt war, eine unlösbare Verwachsung anzunehmen. Allmählich gelang es mir doch in folgender Weise die Gebärmutter loszubringen und die zusammengezogenen Theile so auszudehnen, dass ich den Fundus nach vorn und unten bis gegen das Schambein bringen konnte. In aufrechter Stellung der Patientin führte ich den Zeigefinger per rectum längs des Kreuzbeins bis oberhalb der Mastdarmenge, machte dann zu beiden Seiten der Fixation mit der dicht am Kreuzbein seitwärts gedrängten Fingerspitze Ausdehnungen, die senkrecht von der Beckenwand ausgeführt wurden, und setzte sofort den Daumen per vaginam auf die Vorderseite der Gebärmutter an, bei kleinem und steifem Uterus auf den Cervix, bei grossem auf die untere Hälfte des Körpers. Der Daumen drückte jetzt abwechselnd mit dem wie früher thätigen Zeigefinger zuerst nach hinten, dann kräftig nach oben. Es scheint dieser Daumengriff eine besonders kräftige Wirkung zu haben, diese abnorme Befestigung loszulösen. Der Fundus erfährt dabei einen gewissen deutlichen Widerstand, der ihn nach vorn treibt und die ausdehnende Wirkung des Daumendruckes in der Richtung verändert; es wird somit die Dehnung mit dem Zeigefinger in besonders wirksamer Art vervollständigt. Durch tägliche Wiederholung wird der Fundus mehr und mehr nach vorn getrieben.

Unter meinen Patientinnen hat es mehrere gegeben, welche an langjähriger, schwerer Verstopfung, welche aller ärztlichen Behandlung getrotzt hatte, litten. Einige unter ihnen, welche darüber klagten, dass sie ein mechanisches Hinderniss beim Stuhlgange deutlich fühlten, waren mit „dilatation forcée" behandelt worden, ohne dass das beabsichtigte Ziel im geringsten gewonnen wurde. Bei der Untersuchung durch den Mastdarm habe ich in diesen Fällen gefunden, dass die Gebärmutter hoch nach oben und hinten fixirt war. Es war somit eine starke Zusammenziehung in den Bändern oder abnorme fixirende Bänder, jedoch ganz ohne irgend eine Auftreibung in denselben.[1]) Kurze Zeit nach der Behandlung fühlten sich diese Patientinnen besser und erhielten ihren natürlichen Stuhlgang wieder, indem gleichzeitig die Lage der Gebärmutter näher der normalen kam und die erwähnten Bänder nachgiebiger wurden.

In einigen von diesen Fällen waren nur die sacrouterinen Bänder verkürzt und die Gebärmutter in der oben erwähnten Weise

---

[1]) In andern Fällen ist der Stuhlgang auch bei ziemlich starken hinteren Fixationen durchaus befriedigend. Mitunter haben die Patientinnen angeblich früher eine Zeitlang die erwähnten Beschwerden gehabt, welche aber von selbst zurückgegangen sind.

anteflectirt; in andern war die Gebärmutter rückwärts gelagert und der Fundus beiderseits nach hinten fixirt; wieder in andern, und zwar den schlimmsten Fällen war die Hinterfläche der Gebärmutter mit dem Mastdarm verlöthet.

In derlei Fällen werden zwar die gewöhnlichen, Stuhlgang befördernden gymnastischen Bewegungen gemacht, die Hauptsache aber ist behutsame und anhaltende Dehnungen der Bänder und Fixationen, welche in stehender Stellung der Patientin mit dem hoch oben durch die Mastdarmenge hinaufgeführten Zeigefinger von oben nach vorn und unten gemacht werden. Die Fingerspitze muss manchmal oberhalb des Körpers und der breiten Bänder, ja ganz bis oberhalb des Fundus gelangen, um nicht nur nach vorn, sondern auch nach abwärts drücken zu können. Oft ist die Gebärmutter empfindlich, und man muss dann etwas neben derselben den Druck anbringen. Der Druck soll gleichmässig über das gekürzte Band verbreitet erfolgen, nicht aber partiell und unvollständig, wie es leicht der Fall ist, wenn man nicht hoch genug hinaufreicht. Ueber die Verlöthung mit dem Mastdarm siehe unten!

Seitdem ich Jahre hindurch eine grosse Menge Unterleibskranke behandelt hatte und immer gefunden, dass angebliche Fixationen sich ausdehnen liessen, mitunter sehr bald, sogar nach einigen Minuten, so fing ich an alle diese Leiden nur als mehr oder weniger starke Verkürzungen der Bindegewebsringe zu betrachten welche nur Vorsicht bei der Ausdehnung erforderten. Später fand ich doch, dass es wirkliche Verwachsungen gab. Dies im einzelnen Falle zu entscheiden, ist sehr schwierig. In vielen Fällen, wo bei der ersten Untersuchung oder noch eine Zeitlang die Gebärmutter gegen die Beckenwand verwachsen schien, gelang es doch dieselbe loszumachen. Ein paar Beispiele mögen angeführt werden, um zu zeigen, dass man die Hoffnung nicht aufgeben soll, wenn auch die Aussicht sehr schlecht zu sein scheint.

Frau C. A., 35 Jahre alt, war schon früher ihres Unterleibsleidens wegen anderorts behandelt worden. Bei der Untersuchung 1883 war der Gebärmutterkörper so fest gegen das Os sacrum etwas rechts fixirt, dass es mir am ersten Tage ganz unmöglich schien, dieselbe jemals loszudehnen. Schon am zweiten Tage wurde jedoch die Gebärmutter ein wenig beweglich und am dritten Tage gaben die Theile nach, so dass der Körper nahezu halbwegs zur normalen Lage nach vorn und abwärts gezogen werden konnte. Am vierten Tage konnte die Gebärmutter ganz reponirt werden, und blieb nachher während der noch fünf Wochen fortgesetzten Behandlung, sowie

während der inzwischen eingetretenen Menses in der normalen Lage;
die Patientin kehrte dann ganz gesund nach der Heimath zurück.
Solche Fälle, wie dieser sind nicht selten.

Eine 24jährige seit 6 Jahren verheirathete Frau H. B. aus S.,
hatte auf ärztlichen Rath ein ganzes Jahr hindurch wegen Entzündung mit einem Exsudate und danach angeblich eingetretener
Verwachsung das Bett gehütet. Es wurde der Rath gegeben, noch
länger, vielleicht noch ein Jahr zu liegen. In Verzweiflung verlangte die Frau meine Hülfe. Bei der Untersuchung wurde die
Gebärmutter retrovertirt und nach rechts verzogen gefunden. Schon
am folgenden Tage liess ich die Kranke aufstehen und nach drei-
wöchentlicher Behandlung konnte sie zu und von mir gehen, wobei
sie 3 steile Treppen hinunter steigen, dann längs eines Quartiers
der Stadt gehen musste. Obschon ich die Patientin wiederholt
längere Zeit behandelte, gelang es mir in diesem Jahre nicht, die

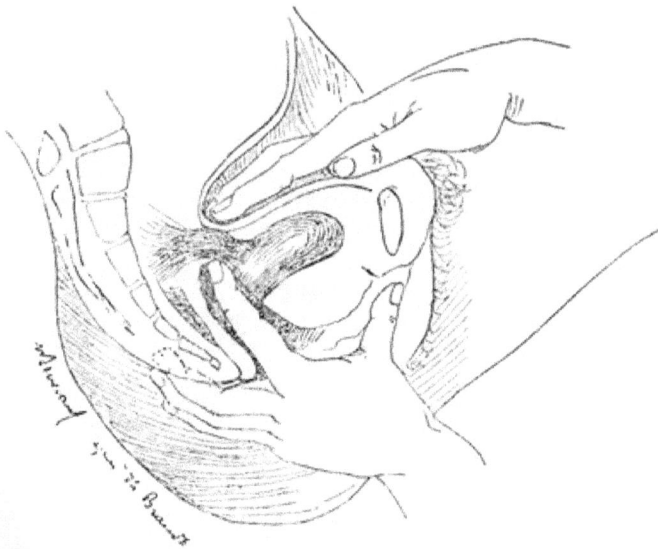

Fig. 50. Losziehung vom Rücken.

Gebärmutter los und beweglich zu bekommen. Im folgenden Jahre
kehrte die Patientin noch einmal in die Behandlung zurück; dann
gelang es ziemlich bald die festen Fixationen auszudehnen und die
Gebärmutter völlig in die normale Lage zu reponiren, während es
freilich unmöglich blieb, sie in dieser Lage zu erhalten.

Vor mehreren Jahren habe ich eine unverheirathete Frau in Behandlung gehabt, bei welcher ich wieder die Gebärmutter mit dem oberen Ende hoch oben nach hinten rechts gegen die Beckenwand stark verzogen fand. Die hohe Lage und feste Beschaffenheit der Fixation, ebenso wie der Umstand, dass die Patientin vorher eine Mastkur durchgemacht hatte, machten es mir unmöglich in irgend einer Stellung oberhalb des Fundus zu gelangen. Ich erinnerte mich dann, wie bei der Loslösung fixirter Eierstöcke das Bauchfell sich ausstrecken lässt, und begann ich damit, rund herum zu massiren, den Stützfinger in der Scheide. Während dessen suchte ich mit Vorsicht bimanuell den Uteruskörper von der Beckenwand zu drücken und zu ziehen. Danach suchte ich von unten mit dem Stützfinger den Cervix so stark von der rechten Seite zu ziehen, dass ich auch einen Zug durch den Körper auf die Fixation ausübte, dann den gegen die rechte Beckenwand gedrückten Cervix nach oben zu verschieben, um damit in entgegengesetzter Richtung auf die Fixation dehnend zu wirken. Nun führte ich den Zeigefinger per rectum durch die Mastdarmenge hinauf, drängte, mit der Spitze der hintern Beckenwand folgend, nach rechts, und übte auf den Körper eine Dehnung aus in der Richtung nach vorn, links und unten. Es gelang in dieser Weise in wenigen Sitzungen, die Gebärmutter nicht unbedeutend von dem Fixationspunkte wegzuziehen. Dieses Verfahren, eine Zeitlang täglich fortgesetzt, machte den Uterus immer freier. Niemals ist in solchen Fällen eine nachfolgende Massage der Theile zu unterlassen. (Fig. 50).

Bei einer jungen verheiratheten Frau, die an Schmerzen im Kreuze und im Unterleibe litt, fand ich die Gebärmutter so hoch oben festgezogen, dass ich mit dem Zeigefinger nur die Vaginalportion erreichen und nicht ermitteln konnte, wo oder wie sie fixirt war. Ich machte da einen Versuch, eine Hebung zu geben. Da keine Assistenz zugegen war, führte ich die Hebung ohne solche dreimal aus. Die Gebärmutter wurde dadurch durchaus beweglich.

A d h ä s i o n   a m   M a s t d a r m. Mitunter ist die rückwärtsgelagerte Gebärmutter flächenhaft mit dem Mastdarm in grösserer oder kleinerer Ausdehnung verlöthet. In gewissen Fällen scheint dadurch die peristaltische Thätigkeit des Mastdarms behindert zu werden, indem die Patientinnen an Verstopfung leiden, und oft die Ampulla recti leer, der obere Mastdarmtheil dagegen gleichzeitig gefüllt angetroffen wird. Manchmal ist die Gebärmutter gleichzeitig fest nach hinten fixirt, manchmal auch nicht; im ersten Falle ist die Diagnose schwierig oder unmöglich zu stellen, bevor die Fixation einigermaassen ausgedehnt worden ist. Charakteristisch ist, dass die Gebärmutter sich zwar reponiren oder nahezu reponiren lässt, aber es nur so lange bleibt, als man sie in der hergebrachten Lage festhält, beim Loslassen aber sofort durch einen elastischen Zug nach hinten zurückgezogen wird.

Diese Quasireposition oder besser Vorwärtslegung der Gebärmutter kann in gewöhnlicher Weise ausgeführt werden; wenn man dann mit der freien Hand den Fundus nach vorne festhält, so kann man sowohl mit den Fingern der freien Hand, und der Spitze des untersuchenden Fingers von beiden Seiten hinter der Gebärmutter, die vom Kreuzbein zur Gebärmutter gespannten Seiten des Rectums fühlen. Als Controlle kann dies auch ventro recto vaginal geschehen, dann aber mit dem untersuchenden Finger längs der beiden Seiten des Rectums. Wenn die Verlöthung nicht bis zum Fundus hinaufreicht, kann man dann diesen in der gewöhnlichen Art fassen und nach vorn und unten führen; mitunter biegt sich dann, wenn man den Fundus vorzieht, der Körper in der Gegend der Verlöthungsgrenze; jedenfalls fühlt man, wenn man mit der freien Hand auf der Hinterseite des Uterus nach hinten streicht, dass man vom Anfang der Verlöthung an einem gewissen Widerstand gegen das tiefere Hinunterdrängen der Finger begegnet, welcher Widerstand bei stärkerer Vorwärtsdrückung des Fundus stärker wird, beim Nachlassen dieses Druckes aber geringer. Um mit den Fingern hinunterzudrängen, so dass sie den Zeigefinger im Mastdarm treffen können, muss man jedoch, während der Fundus stark nach vorn gezogen ist, die Fingerspitzen ein Stück nach hinten von der Gebärmutter einsetzen, dann, während man mit dem Vorwärtsdrücken des Fundus etwas nachlässt, mit denselben tief eindringen; dabei faltet man, unter einem gewissen nothwendigen Loslassen, die vorher gespannte Mastdarmwand leicht nach unten ein und kann nun mit dieser Hand, im Verein mit dem inneren Zeigefinger, die ganze Hinterseite des Uterus und die angelöthete Mastdarmwand abtasten. Hierbei wird die Gebärmutter durch die vereinte Thätigkeit der freien Finger und des Stützfingers nach vorn gehalten.

Reicht aber die Verlöthung bis am Fundus hinauf, so kann man diesen in der gewöhnlichen Weise nicht fassen. Man setzt dann die äusseren Fingerspitzen nicht dicht am Fundus, sondern ein Stück oberhalb ein; es kann jetzt gelingen, die etwas gespannt zu fühlende Mastdarmwand so einzustülpen, dass die Fingerspitzen auf die Hinterseite des Körpers gelangen, und dann denselben nach vorn und unten ziehen können.

Wenn man jetzt die ganze Gebärmutter möglichst nach vorn
gezogen festhält, den Cervix mit der Mittelphalange des Zeigefingers,
den Fundus mit den mittleren oder oberen Theilen der Finger, kann
man unten mit der Zeigefingerspitze, oben mit den Spitzen der freien
Finger seitwärts tasten und fühlt dann die Seitenwände des Mastdarms und etwaige Fixationsstränge sich anspannen. Sobald man
loslässt, federt die Gebärmutter wieder zurück. Dies ist sehr charakteristisch. Will man fühlen, wie die Vorderseite des Mastdarmes
beim Hervorziehen der Gebärmutter sich von hinten vorwärts an-
spannt, wirkt der Zeigefinger in obiger Weise per vaginam. Wenn
man die obern Theile der Gebärmutter leise loslässt, so kann man
aus ihrer Art sich zurückzuziehen, die Stelle der Fixation erkennen.
Zieht sich der Fundus zuerst zurück, während der Retroflection der
Gebärmutter, so ist der Fundus am Darm fixirt; zieht sich der
Mutterkörper zuerst zurück, während der Anteflection der Gebärmutter, so ist der Uteruskörper am Darm fixirt.

Um den Mastdarm von der Gebärmutter zu trennen, kann man
versuchen, in folgender Weise jenen von dieser abzuziehen: In
krummhalbliegender Stellung der Patientin legt man in der schon
erwähnten ventro-recto-vaginalen Weise die Gebärmutter möglichst
vorwärts. Man greift in der angegebenen Weise etwas oberhalb des
Fundus, um die Rectalwand bis auf die Hinterseite des Körpers
einstülpen zu können. Der Cervix wird fest aufwärts und hinter-
wärts durch die beiden inneren Finger in der Weise fixirt, dass
dieselben, die Rectovaginalwand zwischen sich fassend, einander
kreuzen, die Daumenspitze rechts, die Zeigefingerspitze links, und
dass eine Vaginalportion, etwa wie in einem Achterpessar, in dem
nach hinten oben offenen Winkel desselben, festgestellt wird. Jetzt
sucht man mit den nach hinten gerichteten äusseren Fingerspitzen
mittelst wiederholter k l e i n e r nach hinten unten ziemlich hart
streichenden Bewegungen, welche dicht am Fundus bezw. der etwa
weiter unten befindlichen oberen Grenze der Verlöthung gemacht
werden, die duplicirte Mastdarmwand nach unten abzuziehen.
Während der Zeit zieht man den Fundus bezw. den Körper immer
nach vorn. Gewalt darf nicht im geringsten angewandt werden.

Wenn die Fixation mehr zu einer Seite, als zu der andern ist,
so ist die Beweglichkeit der Gebärmutter vermindert.

Ist die Gebärmutter noch dazu gegen die Beckenwand fixirt,
so muss man zuerst versuchen die Gebärmutter quer über den Mastdarm von der fixirten Stelle loszumachen; und dann erst dieselbe
auf gewöhnliche Weise losziehen.

Dies ist gleichzeitig Massage und Ausdehnung der Fixation. Die Manipulation ist sehr anstrengend; man muss daher Pausen machen, wobei man jedoch die Gebärmutter festhält; am besten hebt man dabei den Ellenbogen grade nach oben, so dass die Finger, die Hand und der Unterarm eine gerade Linie bilden.

Nur in verhältnissmässig wenigen Fällen gelingt diese Loszichung vollständig, so dass die Gebärmutter in normaler Lage bleibt. Manchmal wird nur die oberste oder ein seitlicher Theil der Verlöthung gelöst, dann wird die Gebärmutter immer wieder vom Rectum nach hinten gezogen, sobald man mit den Fingern loslässt. Manchmal gelingt es gar nicht, die verlötheten Organe zu trennen. Jedoch können durch die Ausdehnungen und die Massage die Beschwerden gebessert werden.

VII. Bewegliche Lageveränderungen.

Da die beweglichen Lageveränderungen oft sehr schwierig, mitunter unmöglich gänzlich zu heilen sind, sollte man streben, der Entstehung derselben möglichst vorzubeugen. Wie schon erwähnt, scheint mir die letztere in der Regel mehr oder weniger durch vernachlässigte, unrichtige oder zu eingreifende Maassregeln während der Geburt oder des Wochenbettes bedingt zu sein. Es ist nicht meine Sache, diese Verhältnisse auseinander zu setzen. Jedoch will ich auf einen Umstand hinweisen, welcher meiner Meinung nach für eine schlaffe Rückwärtslage der Gebärmutter disponiren muss. Eine grosse Zahl meiner Patientinnen habe ich über die Verhältnisse während ihrer Wochenbetttage ausgefragt. Es stellte sich in der Regel heraus, dass sie nicht nur 9 Tage und länger im Bett geblieben sind, sondern auch die ganze Zeit hindurch Rückenlage eingenommen hatten. Wenn auch der Arzt dies selten verordnet, haben doch viele Hebammen dieser Lage das Wort geredet, und die wenigsten Frauen haben ja ärztliche Hülfe bei ihren Entbindungen. Die Gebärmutter ist gerade während dieser ersten neun Tage so gross, dass ihre Schwere auf die Haltetheile stärker einwirken kann. Es mag nun sein, dass sie selten vor dem 9. Tage so weit sich verkleinert hat, dass der Fundus an dem Promentorium vorbei zurückfallen kann. Die Bänder werden jedoch verhindert, ihre normale nöthige Elasticität früh genug wieder zu gewinnen, besonders wenn die Wöchnerin schwach ist. Gewiss ist für die Frau nach der Entbindung Ruhe von Nöthen, diese erreicht man jedoch viel

besser, wenn die Frau abwechselnd auf dem Rücken, auf der rechten
oder linken Seite je nach Belieben liegt. Wie wenig beneidenswerth
die Ruhe ist, wenn man gezwungen ist, eine bestimmte Lage dauernd
einzuhalten, sollten diejenigen prüfen, welche es empfehlen.

Eine gar nicht seltene Ursache der Lageveränderungen des Uterus
ist die Gewohnheit der Frauen, den Harn zu lange Zeit zurückzuhalten. Dies Verhältniss hat seinen Grund sowohl in der Unkenntniss
der Gefahr, wie in der Nothwendigkeit, da besonders in den grossen
Städten, wenigstens in Schweden, für Frauen fast keine Gelegenheit
vorhanden ist, bei eintretendem Bedürfniss den Harn zu lassen.

Wenn eine verbreitete oder partielle Erschlaffung der Haltetheile des Uterus entstanden, ist es dann möglich, dieselben wieder
zu vitalisiren und zu kräftigen? Meine reichlichen Erfahrungen
scheinen mir dies völlig zu beweisen; eine vorher schlaffe Scheide
wird straffer, kürzer und enger, ein schlaffer und schwacher Beckenboden wird allmählich stärker, eine vorher abnorm bewegliche Gebärmutter wird nach und nach in ihrer normalen Lage dauernd befestigt. Weshalb dies in gewissen Fällen gar nicht gelingt, in anderen
sehr leicht, in manchen Fällen nach sehr wenigen Sitzungen, in
wieder anderen nur nach einer Behandlungszeit von vielen Monaten,
kann ich nicht ermitteln. Eine hervorragende Bedeutung scheint
jedoch hier das Alter und der Kräftezustand der Patientin zu
besitzen. Haben sich senile Veränderungen ausgebildet, so ist in
der Regel, wenn auch nicht immer, die Prognose ungünstig. Dass
langjährige Lageveränderungen eine längere Behandlung erfordern
als frische, ist wohl im Allgemeinen wahr, jedoch nicht in dem Sinne,
dass die Schwierigkeit der Behandlung mit der Dauer des Leidens
in directem Verhältnisse steht. Besonders betreffs der Prolapse
habe ich oftmals gesehen, dass sogar sehr alte und grosse Vorfälle,
wenn nur die Frauen selbst noch nicht zu alt sind und die Haltetheile derselben noch kräftig anzufühlen waren, eine sehr gute
Prognose haben können; oft tritt die Gebärmutter schon nach der
ersten oder nach wenigen Sitzungen nicht mehr heraus. Manchmal
war freilich später eine ziemlich langdauernde Behandlung nöthig,
um die dauernde Normallage im Innern zu erhalten.

In Bezug auf die Prolapse kann man sogar behaupten, dass nur
diejenigen, welche nach einer oder zwei Wochen gut ausgeführter
und vorsichtiger Behandlung innerhalb des Körpers zu bleiben anfangen, eine gute Prognose haben; die übrigen werden gar nicht
oder nur unvollständig und nach sehr langwieriger Behandlung geheilt. Jedoch soll man, wenn möglich, auch die Behandlung jener

ersterwähnten Fälle nicht früher abschliessen, bis die Gebärmutter so ziemlich in normaler Vorwärtslage bleibt.

Der so verschiedene Erfolg bei der Behandlung der schlaffen Lageveränderungen ist wohl davon abhängig, ob die Nerventhätigkeit noch vorhanden, oder mehr oder weniger gelähmt ist. In der Regel habe ich diejenigen Fälle, welche mit Ringen und Pessarien behandelt worden waren, schwieriger und langsamer zu heilen gefunden, als andere für den ersten Augenblick viel schwerer scheinende Fälle.

Wenn die Gebärmutter anfängt eine verbesserte Lage zwischen den Sitzungen zu behalten (z. B. bei Prolapsen im Innern, bei Rückwärtslagen nach vorn zu bleiben), muss man natürlich besonders im Anfange Alles genau vermeiden, was diese Lage, wenn auch nur vorübergehend, stören könnte. Sonst tritt sofort der alte Zustand wieder ein, und zwar manchmal so, dass es noch schwieriger wird als das erste Mal, eine bis zur nächsten Sitzung anhaltende Lageverbesserung zu Stande zu bringen. Unter diesen Umständen muss z. B. das heftige Pressen untersagt werden, welches bei früherem Prolaps die Gebärmutter wieder herab oder sogar heraus drängen könnte, bei vorherigen Rückwärtslagen den Fundus wieder nach hinten überschlagen könnte. Der Harn darf nicht zu lange angehalten werden. Schwere Last heben, lange Wege gehen, Treppensteigen etc. muss möglichst vermieden werden. Bei den Hebebewegungen wie bei der Massage muss die richtige Lage möglichst strenge behalten werden. Grade bei diesen Krankheiten wäre es daher am besten, dieselben in einer Klinik zu behandeln.

Mehrere Male habe ich gefunden, dass, wenn schon die Gebärmutter in Antreversion einige Tage geblieben war, dieselbe doch wieder in unrichtige Lage kam, wenn sie zufälligerweise bei einer heilgymnastischen Bewegung zurückgeschlagen wurde. Dies kann z. B. bei unrichtiger oder unbehutsamer Ausführung der Hebung geschehen, bei den verschiedenen Bauchbewegungen, bei Oberschenkelrollung, Knieaufschwingung u. A. Bei der ersten Patientin, bei der ich dies beobachtete, wurde eine Leibwalkung gemacht. Ich vergewisserte mich über den Zustand, indem ich den Zeigefinger während der Bewegung in der Scheide hielt und die Vaginalportion nach hinten drückte. Seitdem die Bewegungsgeberin vor dem Zurückschlagen des Fundus gewarnt wurde, blieb auch die Gebärmutter in Vorwärtslage.

Es ist kaum zu verstehen, wie es einem Arzt möglich gewesen ist, so zu handeln, wie man mir erzählt hat. In einer Poliklinik wurden Versuche mit meinem Verfahren gegen Prolapse angestellt. Nachdem die Gebärmutter eben angefangen hatte im Körper zu

bleiben, wurde, „um den Erfolg zu prüfen", nicht nur die Patientin aufgefordert zu pressen, sondern auch die Gebärmutter mit der Kugelzange
nach unten gezogen. Es wäre sehr zu verwundern, wenn es unter solchen
Umständen jemals gelingen könnte, eine Lageveränderung zu heilen.

Die Hauptbewegung bei der Behandlung der schlaffen Veränderungen der Haltetheile und der damit in Beziehung stehenden
Lageveränderungen ist die Gebärmutterhebung, die nach Umständen verschieden ausgeführt werden muss. Der leitende Gesichts-
punkt dabei ist, die schlaffen Theile mittelst kurzer und nicht zu
starker Dehnung, durch Zitterung unterstützt, zur Contraction zu
reizen und gleichzeitig die etwa vorhandenen zu kurzen oder zu
straffen Theile so kräftig zu dehnen, dass sie wenigstens nicht sofort
sich wieder gänzlich verkürzen können. Es werden dadurch nicht
nur die Scheidenwände, sondern auch die oberen Bänder der Gebärmutter und das Bauchfell beeinflusst.

Um die Innervation der schlaffen Haltetheile wenn möglich zu
verstärken, werden Kreuzklopfungen gemacht, wobei je nach dem
sonstigen Zustande der Beckenorgane verschiedene Stellung des
Körpers benutzt wird. Ebenso suche ich durch feine aber bestimmte
Zitterdrückungen auf den sympathischen Nervenplexus an beiden
Seiten des Promontoriums und etwas tiefer nach unten erregend
auf die Innervation der Haltetheile zu wirken (Hypogastricusdrückung)[1]. Wenn aber wie im Allgemeinen bei schlaffen Rückwärtslagen die hinteren Ligamente erschlafft sind, mache ich jederseits einige Zitterdrückungen um und an der Anheftungsstelle derselben an der hintern Beckenwand. Gegen Schlaffheit der Scheide
werden manchmal Nerv. pud.-Drückungen hinzugefügt.

Wenn der Beckenboden erschlafft ist, suche ich denselben durch
Knietheilung unter Kreuzhebung zu kräftigen, manchmal aber
auch durch eine Selbstbewegung, welche die Patientin zu Hause
einige (3—5) Mal während des Tages auszuführen hat. Entweder
stehend und gegen irgend einen Gegenstand sich stützend, oder in
Rückenlage kreuzt sie die Beine über einander; indem sie die Oberschenkel kräftig gegen einander zusammendrückt, sucht sie gleichzeitig den Beckenboden kräftig einzuziehen, etwa in derselben
Weise, wie man bei kräftigem Stuhldrang den Stuhl zurückhält.
Letztere Bewegung wird jedesmal 3—4 mal wiederholt.

Die Patientin darf bei Rückwärtslagen, Senkungen oder Prolapsen sich von der Rückenlage nicht in gewöhnlicher Weise aufrichten, weil dann die beabsichtigte Wirkung der Behandlung auf

[1] Durch Scheide oder Mastdarm.

die Haltetheile vernichtet werden kann. Deshalb muss man ihr entweder in der Weise behülflich sein, dass man, während sie Rücken und Nacken steif hält, die Füsse ausserhalb des Bettrandes, ihr die eine Hand auf den Nacken, die andere zwischen die Schultern legt und sie nun zur sitzenden Stellung aufrichtet, oder man muss sie lehren, es in der Weise selbst zu thun, dass sie die Arme hinter sich gegen die Unterlage stützt und sich mit diesen aufrichtet. Noch besser ist es, wenn sie sich zuerst behutsam in Bauchlage umdreht und sich dann mit den Armen zu knieender Stellung aufrichtet.

In späterer Zeit führe ich, unmittelbar nach der örtlichen Behandlung, dies Aufhelfen in folgender Weise aus. Ich führe zwischen den Beinen (nicht wie sonst unter dem linken Oberschenkel) den Zeigefinger in die Scheide bis hoch oben an die Vorderseite der Cervix auf, fasse darauf mit meiner freien Hand die beiden Hände der Patientin, während diese den mir nächsten Fuss zur Seite des Lagers auf den Fussboden setzt, und ziehe dann die Patientin herauf. Nach dem Aufstehen drücke ich die Cervix während einer Weile fest nach hinten oben auf und ziehe dann die Hand zurück. Ich beabsichtige mit diesem Hinaufdrücken der Cervix, den etwa durch die Hebung gereizten erschlafften Haltetheilen Gelegenheit zu geben, sich zu contrahiren, indem ich auf alle diejenigen Theile relaxirend einwirke, welche die Cervix nach vorn festhalten. Dann gebe ich eine leichte Kreuzklopfung, führe 2—3 mal Streichungen längs des Rückens aus und lasse schliesslich, wenigstens bei Prolapsen, die Patientin 5—10 Minuten lang ruhig auf dem Bauche, ein Kissen unter dem Leibe, liegen.

Es ist selbstverständlich, dass wenn, wie nicht selten, andere krankhafte Zustände vorhanden sind, ausserdem viele andere Bewegungen nöthig werden können.

Die Reihenfolge der örtlichen Bewegungen ist gegenwärtig gewöhnlich folgende:

1. Rückenhackung und Lenden-Kreuzklopfung, je nach den Umständen verschieden ausgeführt (s. S. 104 u. 102);
2. etwa nöthige Reposition, Dehnen, Massage etc.;
3. Gebärmutterhebung;
4. manchmal wieder Massage, wie z. B. bei Retroflexion an der Biegungsstelle;
5. wenn nöthig, Hypogastricus- oder Pudendusdrückung;
6. Knietheilung unter Kreuzhebung, nöthigenfalls auch Zusammendrückung;[1])

---

[1]) Da Lageveränderungen, besonders Rückwärtslagen, öfters mit vermehrten Blutungen verbunden sind, gebe ich in derlei Fällen zuerst nach der Hebung

7. (bei Prolapsen) Neiggegensitzend, Wechseldrehung (s. S. 80);
8. Aufhelfen der Patientin und Hinaufdrücken der Cervix; dann leichte Lenden-Kreuzklopfung; dann nachfolgende Bauchlage.

VIII. Form- und Substanzveränderungen der Gebärmutter.[1])

Eine reiche Erfahrung hat mir gezeigt, dass die Zurücklagerung der Gebärmutter sie nicht nur zur Vergrösserung, sondern besonders zur Verlängerung disponirt. Die Vergrösserung betrachte ich, wenigstens in vielen Fällen, als von der Drehung der breiten Bänder und der dadurch behinderten Gefässthätigkeit abhängig; sie schwindet allmählich, sobald die Gebärmutter in normaler Lage bleibt. Die Verlängerung dagegen scheint mir durch eine mechanisch herbeigeführte Streckung derselben veranlasst, ohne dass ich die dabei wirksamen Momente angeben könnte; die Verlängerung entsteht in den betreffenden Fällen augenblicklich durch die Rückwärtslegung des Uterus; reponirt man denselben, ist er sofort kürzer.

In einem Falle fand ich eine rückwärts gelagerte Gebärmutter missgestaltet, der Mutterhals war verlängert, das untere Ende in Grösse und Form etwa wie eine Kirsche. Nach der Reposition war der Hals stets wieder kürzer und von normaler Form.

Mitunter findet man eine rückwärtsgelagerte Gebärmutter dadurch verlängert, dass die Vaginalportion durch vordere Verkürzungen nach vorn gezogen ist. Wenn es gelingt, die Gebärmutter zu reponiren, bemerkt man während dessen, wie sie in der Länge gewissermassen zusammengedrückt wird, und wie nachher eine gewisse Spannung bleibt zwischen der Vaginalportion und dem Schambein.

Im Allgemeinen findet man, dass eine bei Rückwärtslage vergrösserte oder sonst veränderte Gebärmutter durch die Reposition verkleinert und normaler wird. Ebenso bilden sich allmählich totale oder partielle Vergrösserungen der Gebärmutter in Folge von Pro-

---

(und etwaiger Drückung auf die Vena hypogastrica) die Knietheilung nur 2 höchstens 3 mal, um den Beckenboden zu stärken, unmittelbar darnach aber Kniezusammendrückung 3—4 mal, um die Blutung zu beeinflussen. Ebenso werden stets, wenn ein entzündlicher Zustand irgend einer Art oder eines Ortes in den Beckenorganen vorhanden ist, die Kniezusammendrückungen hinzugefügt.

[1]) In der folgenden Darstellung wird eigentlich nur von denjenigen Formveränderungen gesprochen, die mit einer Veränderung im Uterus selbst in Beziehung stehen. Wenn dagegen z. B. eine Flexion nur durch eine Fixation bedingt ist, gehört der Fall unter die straffen Lageveränderungen.

lapsen mehr oder weniger vollständig zurück, sobald die Gebärmutter anfängt dauernd innerhalb des Körpers zu bleiben. Dies muss wohl davon abhängen, dass durch die verbesserte Lage die Gefäss- und Nerventhätigkeit freier geworden ist.

Flexionen der Gebärmutter.

Bei Retroflexionen (wie übrigens auch bei einfachen Retroversionen) sind sehr häufig stärkere Blutungen vorhanden, welche durch die Reposition meistentheils vermindert werden. Gewöhnlich aber haben die Patientinnen nicht dysmennorrhoische Beschwerden, welche bei Anteflexionen sehr häufig sind. Die Flexion der Gebärmutter bei Rückwärtslagen verschwindet fast immer, wenn sie nach vorn reponirt wird, oder geht in eine weiche Anteflexion über. Nur in einem Falle habe ich eine steife Retroflexion gefunden, die auch nach dem Umlegen der Gebärmutter nach vorn zurückblieb. In der Regel ist daher dieselbe Behandlung wie bei einfachen Retroversionen anzuwenden, nur wird die Biegungsstelle mit leichter, kurz dauernder Massage behandelt. Dass in der Regel Retroflexionen langsamer und schwieriger als Retroversionen zu heilen sind, dafür finde ich den Grund in der Schlaffheit der Flexionsstelle, welche man daher durch leichte Massage möglichst beseitigen muss. So lange dies nicht gelungen ist, wirft sich der reponirte Körper bei den geringsten Veranlassungen wieder um.

In Fällen, wo eine ausgeprägte Erschlaffung im Biegungswinkel die Reposition so schwierig machte, dass sie nur ventro-recto-vaginal ausgeführt werden konnte, ist mitunter durch die Massage eine gewisse Steifheit dieser Partie erreicht worden, so dass die Reposition später sehr leicht ventro-vaginal gemacht werden konnte.

Im Allgemeinen schliesse ich aus meinen Erfahrungen, die Behandlung der Flexionen betreffend, dass, wenn Atrophie an der Flexionsstelle entstanden ist, dieselbe durch stete Repositionen, Massage und sonstige Bewegungen mit der verbesserten Ernährung verschwinden kann; wenn aber eine Contraction oder Narbenbildung vorhanden ist, habe ich nur vereinzelte Erfolge durch die Behandlung gehabt.

Steifere Biegungen oder Knickungen sind mitunter, wenn auch im Ganzen selten, bei Anteflexionen vorhanden. In andern Fällen von Anteflexionen ist die Steifheit weniger ausgeprägt, oder statt derselben sogar eine gewisse Erschlaffung vorhanden; in wieder andern Fällen ist dieselbe nur durch Festziehung des mittleren Theiles nach hinten entstanden. In allen Fällen können sowohl dysmenorrhoische Beschwerden wie Sterilität vorhanden sein, welche durch Verbesserung der Uterusform beseitigt werden können.

In den letztgenannten Fällen sind gewöhnlich die hinteren Bänder zusammengezogen, die Vaginalportion nach vorn in der Richtung der Scheide gerichtet, der Fundus nach vorn über der Blase gelagert. Es ist dann die hauptsächliche Aufgabe, die verkürzten Bänder auszudehnen, manchmal aber ist es ausserdem nöthig, sowohl gleichzeitig und auch noch eine Zeitlang nachher die Knickungsstelle mit Massage zu behandeln.

In schwierigen Fällen dieser Art geschieht es, dass, wenn schon die verkürzten Bänder gedehnt worden sind und die etwa vorher hoch nach oben hinten verzogenen Eierstöcke ihre normale Lage wieder erhalten haben, die starke Anteflexion dennoch bleibt. Legt man dann den Uteruskörper nach hinten, so findet man die Gebärmutter ganz gerade liegend. Mitunter habe ich dann am folgenden Tage die Gebärmutter zwar noch zurückgelagert gefunden, den Fundus aber mit einer Biegung im Körper mehr oder weniger nach vorn gerichtet, und die Vaginalportion, den Cervix und den untern Theil des Körpers in einer Linie. Wenn ich den Fundus hervorziehe, entsteht die gewöhnliche Anteflexion. Wenn ich die reponirte Gebärmutter eine kurze Zeit ganz gerade gegen den Stützfinger und das Schambein presse, finde ich nach dem Loslassen sofort wieder die Anteflexion, als ob eine bestimmte äussere Kraft das Organ biege. Wenn ich den Fundus zurückschlage, ist die Gebärmutter wieder ganz gerade. Dass eine gewisse Schlaffheit der Gebärmutter vorhanden sein muss, ist einleuchtend. Was ist aber die Ursache der Hervorbiegung des Fundus? Wird derselbe durch die vorderen Fascikel der breiten Bänder nach vorn gezogen?

Bei Reposition der zurückgelagerten Gebärmutter finde ich fast immer, dass die Gebärmutter, sobald sie die „Halbspannung" erreicht hat, sich nach vorn biegt, als ob die Haltetheile dieselbe von oben und von unten zusammendrückten.

Zweier Patientinnen kann ich mich erinnern, bei welchen die kleine Gebärmutter eine scharfe Knickung nach vorn mit einer gewissen Steifheit hatte, nach dem Zurücklegen des Körpers aber nicht nur der Knickungswinkel, sondern auch die Steifheit sofort verschwunden war, so dass der Uterus von einem Tage zum andern gerade und retrovertirt liegen blieb; sobald ich den Körper nach vorn reponirte, fand ich wieder die Steifheit sowie den Knickungswinkel. Bei einem 17jährigen Mädchen fand ich bei der ersten Untersuchung am 1. Juli die Gebärmutter retrovertirt und sehr klein. Seit dem 27. Juli blieb dieselbe in stärkerer Anteflexion; die Patientin fühlte sich seitdem gesund. Bei allen diesen war

somit die Steifheit bei der Anteflexion nur scheinbar, da dieselbe
in Retroversion mit dem Verschwinden der Biegung nicht mehr
fühlbar war. Es müssen wohl eigentlich die Haltetheile gewesen
sein, welche, sobald der Körper vor die „Halbspannung" gelangt
war, den Uterus zusammenknickten und mit einer gewissen Kraft
in dieser Stellung erhielten.

Bei festen und weniger nachgiebigen, scharfen Knickungen ist
die Gebärmutter in der Regel klein. Bis zum Jahre 1882 haben diese
Fälle stets meinen Bemühungen getrotzt. Ein 20jähriges Mädchen
hatte zu dieser Zeit bei dem Anfange der Behandlung am 7. Februar
eine spitze Knickung im Mutterhalse, welche unmöglich grade gestreckt werden konnte. Ich liess täglich eine Gebärmutterhebung
in der Weise ausführen, dass ich mit dem Stützfinger die Vaginalportion nach hinten gegen das Kreuzbein fixirte, während meine
Gehülfin den Griff hoch auf den Körper nahm und den Fundus beim
Heben zurückdrängte. Es gelang in der Weise die Gebärmutter
längs der Kreuzbeinfläche gestreckt zu erhalten. Die hierdurch
herbeigeführte Retroversion wurde mehrere Tage hindurch unter-
halten, währenddessen die vorher geknickte Partie täglich massirt
wurde. Als ich später den Körper nach vorn reponirte, fand ich
zwar eine starke Anteversion, die Knickung im Mutterhalse aber
beinahe verschwunden. Ich fuhr fort täglich den Körper in der
erwähnten Weise zurückzudrängen, ebenso die Stelle des Knickungs-
winkels von beiden Seiten des Mutterhalses zu massiren. Am 16.
März war die abnorme Flexion beseitigt.

Will man eine kleine, steife anteflectirte Gebärmutter (mit oder
ohne scharfe Knickung) gerade ausstrecken, so soll man am besten
folgendermaassen verfahren (Fig. 51). Man führt den Zeigefinger in
den Mastdarm, den Daumen in die Scheide und legt die freien Finger
leicht von vorn auf den Fundus.

Während man mit der inneren Zeigefingerspitze den convexesten
Theil von hinten und die Vaginalportion mit dem Daumen von vorn
fest stützt, sucht man mit der freien Hand den Fundus nach oben
hinten zu drücken, Alles jedoch mit Vorsicht. Es gelingt gewöhnlich
bald die Gebärmutter so zu strecken, dass sie ganz gerade und
retrovertirt gegen den Zeigefinger liegt. Dies wiederholt man
täglich, bis die Gebärmutter (gewöhnlich nach einigen Tagen) retrovertirt bleibt. Täglich massirt man natürlich die Biegestelle. Ist
Obiges gelungen, so darf man nicht zu früh den Körper wieder nach
vorn reponiren, weil sonst die frühere Anteflexion bald wieder sich
einstellt. Nachdem die Retroversion etwa 4—5 Tage erhalten worden

ist, reponirt man den Uteruskörper nach vorn; wenn man den Uterus dann gleich, und auch am nächsten Tage gar nicht oder nur wenig anteflectirt findet, kann man ihn so liegen lassen. Sonst bringt man ihn wieder für einige Zeit in Retroversion und wiederholt das vorherige Verfahren.

Wenn der durch scharfe Knickungen behinderte Ablauf von Blut bez. anderen Flüssigkeiten Beschwerden verursacht, kann die Beseitigung der Knickung die Hauptsache sein. Manchmal muss man dann wenigstens eine Zeitlang von der Reposition der künstlich herbeigeführten Retroversion abstehen. Dieselbe ist dann stets eine Nebensache, bis die eigentlichen Beschwerden beseitigt sind.

Fig. 51. Rückwärtsgedrängte Anteflexion.

Auch bei abnormen Anteflexionen, die nicht so stark wie die obigen sind, können vermehrte Schmerzen bei der Regel entstehen. Wenn die Patientin nicht überaus grosse Beschwerden hat, habe ich in diesen Fällen keine Veranlassung gefunden, eine künstliche Retroversion herbeizuführen, da dieselbe doch eine Abnormität ist und ihrerseits Beschwerden veranlassen könnte. Wenn man in diesen Fällen mit dem Zeigefinger per vaginam die Vaginalportion zurückdrängt, gelingt es in der Regel den vorwärtsgelagerten Uterus mit der freien Hand unter dem nöthigen Massiren auf dem Zeigefinger grade zu strecken. (Fig. 52).

Wenn der Druck der obenstehenden freien Hand direct gegen die ligg. saçro-uterina gerichtet wird, anstatt gegen die Gebärmutter, ist es noch besser, die Wirkung bleibt kräftiger und der Zweck ist schneller erreicht.

Wendet man die Hand erst gegen das Promontorium, und der Ellbogen wird hierauf gerichtet, so bleibt der Druck am zweckmässigsten.

Abnorm grosse und kleine Gebärmutter.

Vermehrte Innervation bewirkt vermehrte Gefässthätigkeit also vermehrte Ernährung. Niemals kann man einen lebenden Organismus so leicht berühren, dass dabei nicht Nerven erregt werden, so auch bei der Massage einer atrophischen Gebärmutter. Wenn aber die Massage nur ganz leicht und vorübergehend gemacht wird, kann dadurch die Resorption nur wenig oder gar nicht beschleunigt werden. In der That, wenn man täglich eine solche Massage fortsetzt, findet man mitunter, dass die sehr verkleinerte Gebärmutter erstaunlich schnell zunimmt. Sogar schon nach drei Tagen ist die Form und palpable Beschaffenheit, wenn auch nicht die Grösse der Gebärmutter etwa normal geworden. Wendet man ausserdem Bewegungen an, welche zum Becken zuleiten, so wird die Ernährung der Organe desselben noch stärker vermehrt und die normale Grösse des Uterus schneller als sonst gewonnen werden.

Eine kräftigere Massage, besonders wenn sie mehr anhaltend gemacht wird, muss eine entgegengesetzte Wirkung zeigen. Wenn man dieselbe längere Zeit wiederholt, zumal wenn ableitende Bewegungen diese Wirkung unterstützen, wird diese Wirkung auch deutlich

Fig. 52.

wahrnehmbar. Die Resorption wird auf diese Art verstärkt. Bei langdauernden Blutungen findet man mitunter eine schwammige Vergrösserung der Gebärmutter; jene würden vermehrt, wenn man im Anfange eine wenn auch nur mässig kräftige Massage anwenden wollte. Nur wenn man durch eine leichtere Massage eine Contraction der Gebärmuttersubstanz herbeigeführt und die Blutung sistirt hat, kann man mit einer (gewissen Vorsicht) die Kraft und Dauer der Massage vermehren. Die ableitenden Bewegungen sind während der Blutung nur um so mehr von Nöthen. Ist aber die Gebärmutter bei abnormen Blutungen nicht nur mehr oder weniger vergrössert, sondern auch fester und härter als normal, dann kann man ruhig schon vor dem Aufhören der abnormen Blutungen, nachdem man

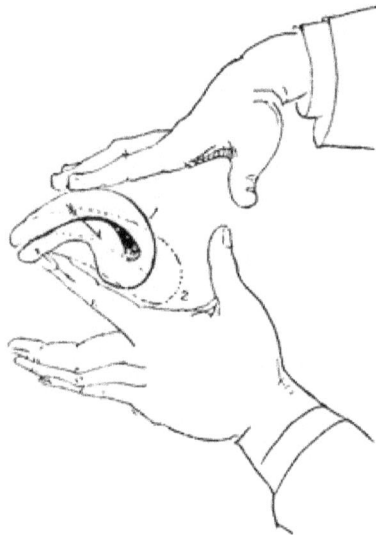

einigemal leichtere Massage angewandt hat, allmählich mehr Kraft und längere Dauer versuchen.

Bei Patientinnen, die an langjährigen schweren Blutungen gelitten haben, findet man auch sehr gewöhnlich die Vaginalportion angeschwollen und schwammig weich. Nicht selten ist gleichzeitig ein ausgeprägter Cervikalkatarrh vorhanden; der Muttermund steht gewöhnlich weit offen. Manchmal ist dann auch der Körper vergrössert und verhärtet. Die Auftreibung der Vaginalportion verschwindet meistentheils ziemlich bald durch Massage, jedenfalls schneller als die Auftreibung der obern Theile der Gebärmutter. Der Körper kann noch lange Zeit hart und gross bleiben, nachdem der ganze Cervix normale Beschaffenheit angenommen hat.

Wenn die Gebärmutter vergrössert ist, darf man bei ausgebliebenen Regeln zuführende Behandlung aus Furcht vor möglicher Schwangerschaft nicht anwenden. Amenorrhoe ist im Allgemeinen nur bei kleinerer Gebärmutter vorhanden; bei krankhafter Vergrösserung, sei es mit harter oder mit schwammiger Beschaffenheit derselben, sind fast stets vermehrte Blutungen vorhanden; bleiben sie dann ganz aus, dann ist Schwangerschaft zu vermuthen.

In einzelnen Fällen findet man eine eigenthümliche Beschaffenheit der Gebärmutter. Mitunter haben die Patientinnen geboren, mitunter aber auch nicht. Dieselbe ist im Ganzen sehr klein, besonders aber der Körper; er erscheint sehr klein und kurz, fühlt sich sehr weich an und sitzt wie eine spitze Mütze auf dem kurzen und dicken Halse; die Vaginalportion ist sehr hart, nahezu wie ein Knorpelring um den weiten Muttermund, durch welchen man den Finger wie in einen Fingerhut bis an den innern Muttermund hineinführen kann. Wird diese Gebärmutter mit den erwähnten Regeln angepasster Massage der verschiedenen Theile behandelt, so wird die Form und Beschaffenheit derselben gewöhnlich binnen nicht besonders langer Zeit verändert. Der untere Theil wird weicher und zieht sich zusammen; der obere wird grösser als der untere, sowohl in Länge wie in Breite und Dicke. Die ganze Gebärmutter nimmt allmählich die normale Form an. Nicht selten entsteht während der Zeit ein stärkerer Ausfluss, mitunter sogar Ulcerationen, welche in gewöhnlicher Weisse bald heilen. Meist waren starke Blutungen vorhanden, so dass eine ableitende Behandlung unentbehrlich war. In einem Falle, er betraf ein junges Mädchen, konnten gleichzeitig zuführende Bewegungen angewandt werden.

IX. Entzündliche Zustände der Gebärmutter.

Es ist ein unter vielen Aerzten verbreiteter Irrthum, dass die Massage und andere örtliche Manipulationen einen hyperaemischen Zustand der Beckenorgane veranlassen und dadurch bei entzündlichen Zuständen schädlich wirken. Allerdings ist es wahr, dass Klemmung und Druck augenblicklich eine gewisse Behinderung der Blutbewegung bewirken; die Nachwirkung aber und diese ist die Hauptsache, wird eine vermehrte Gefässthätigkeit und vermehrter Abfluss stagnirender Flüssigkeiten, d. h. vermehrte Resorption, sein. Die eben angedeuteten Bewegungen haben daher eine, vielleicht mit nichts Anderem zu vergleichende Kraft in naturgemässer Art, d. h. durch die Heilkraft der Natur chronische Entzündungen zu heben, Geschwüre zu heilen etc. Ebenso werden in derselben Weise abnorme Blutungen aus der Schleimhaut der Gebärmutter behoben.

Aber nicht nur die örtlichen passiven Bewegungen sind wirksam, sondern auch Bewegungen, welche eine erhöhte Gefässthätigkeit in den äussern Partien des Rumpfes und in den Extremitäten bewirken. Auch die Hebebewegungen, welche gegen etwaige gleichzeitige Lageveränderungen gebraucht werden, wirken in demselben Sinne auf die Gebärmutter selbst, besonders wenn sie mit Klemmung und Druck auf diese ausgeführt werden. Wenn die Vaginalportion oder die Cervixschleimhaut angegriffen ist, habe ich ausserdem die Patientinnen Morgens und Abends eine Scheidenausspülung mit einem Trinkglas Wasser (etwa 25—28° Cels.) machen lassen. Es ist wieder selbstverständlich, dass, wenn der Entzündungszustand mit Lageveränderungen oder pathologischen Zuständen in der Umgebung der Gebärmutter complicirt ist, die Behandlung dieser Leiden unerlässlich ist und indirect eine Behandlung der Gebärmutterentzündung bildet.

Die Erfahrung hat mir vielfältig gezeigt, dass stets, wo keine Entzündungen bez. Exsudate, Zusammenziehungen bez. Fixationen in der Umgebung der Gebärmutter die Hebebewegungen schädlich oder gefährlich machen, die entzündlichen Processe in der Gebärmutter stets vortheilhaft durch dieselben beeinflusst werden. Wenn der Ausfluss aus dem Uterus von der Blutüberfülle der Schleimhaut abhängt, haben die Gebärmutterhebungen (in Verbindung mit Massage) eine besonders vortheilhafte Wirkung.

Wie erfolgreich meine Massage bei chronischer Metritis gewesen ist, haben viele Aerzte Gelegenheit gehabt zu sehen. Die Massage ist ebenso zweckmässig bei jedem entzündlichen Zustande in der

Gebärmutter, wie bei Hypertrophien, bei Ulcerationen und gegen den mitunter bei spärlichem aber sehr irritirendem Fluor vorhandenen Pruritus.

Je nachdem nur in dem Cervix oder nur in dem Gebärmutter-körper ein entzündlicher Zustand vorhanden ist, wird vorzugsweise der untere Theil in der Richtung von unten nach oben, oder der obere Theil in der Richtung von oben nach unten massirt. Immer werden jedoch zuvor die Lymphgefässbahnen auf dem Promon-torium und zu beiden Seiten desselben und im Zusammenhange mit der Uterusmassage auch die Parametrien in der Richtung nach aussen massirt. Insbesondere muss man jederseits die gefässreiche Strecke, welche vom Isthmus Uteri sich auf-, hinter- und seitwärts zieht, massiren. Die Massage wird in der Regel ziemlich anhaltend ausgeführt, wenn auch anfangs kürzer und leichter. Manchmal, besonders wenn der Uterus sehr hart aber wenig empfindlich ist, kann dieselbe sogar sehr kräftig gemacht werden. Ist die Gebär-mutter sehr gross, kann die Massage derselben mitunter auch allein von aussen durch die Bauchdecken geschehen, indem man dieselbe mit beiden Händen, und zwar sehr kräftig, knetet. Anfangs darf man dabei dieselbe nicht heben oder ziehen, weil es irritirend auf die Haltetheile derselben wirken kann.[1])

Im Allgemeinen gilt, dass man bei grösserer Empfindlichkeit leichter massirt; ebenso wenn, wie es mitunter bei Cervikalkatarrhen oder Ulcerationen der Fall ist, kleine Blutungen nach der Massage sich einstellen.

Manchmal ist die Behandlung sehr langwierig, obgleich die Besserung bald eintritt, aber nur allmählich und langsam fortschreitet. Bisweilen treten auch auf besondere Veranlassungen (z. B. bei Er-kältungen der unteren Extremitäten) Exacerbationen und vorüber-gehende Verschlimmerungen ein. Es scheint sogar in einzelnen Fällen, als ob die Patientinnen grade während der Behandlungszeit noch empfindlicher gegen Kälte und Anstrengungen wären als sonst. Grosse weiche Anschwellungen der ganzen Gebärmutter lassen sich in der Regel schliesslich völlig beseitigen, manchmal sogar in er-staunlich kurzer Zeit.

In Fällen, wo gleichzeitig eine starke Vergrösserung mit Ver-härtung sowohl des Körpers wie des Cervix und Metrorrhagien sowie

---

[1]) Wenn aber die Gebärmutter z. B. durch einen Prolaps oder eine andere Lageveränderung angeschwollen oder vergrössert ist, werden die Hebungen die Hauptsache bei der Behandlung.

ausgebreitete Ulcerationen der Vaginalportion vorhanden waren, ist es manchmal gelungen, die Gebärmutter nahezu auf die normale Grösse zu reduciren, wenn auch sehr langsam (in 5—8 Monaten u. n. m.). Sie ist jedoch eher verkleinert als erweicht worden; vielleicht würde auch dies gelungen sein, wenn die Behandlung lange genug fortgesetzt worden wäre. Die Geschwüre sind aber in der Regel ziemlich schnell geheilt und ebenso die Blutungen auf die normalen Menses beschränkt worden.

Nicht selten wird auch die Erfahrung zeigen, dass zwar die völlige Wiederherstellung der normalen Gebärmutter unmöglich ist, die Patientin aber allmählich gebessert wird, so dass sie sich schliesslich ganz gesund und arbeitsfähig fühlt, und die Blutungen ganz normal sind. Dann scheint es mir zwecklos zu sein, die Behandlung länger fortzusetzen.

Cervicalkatarrh und Ulcerationen.

Ich will gar nicht bestreiten, was die ärztliche Erfahrung vielfach bewiesen hat, dass durch Aetzungen oder ähnliche ärztliche Behandlung Geschwüre heilen können; wenn ich aber über die dazu erforderliche Zeit nachfrage, finde ich, dass dies in der Regel schneller mit meiner Behandlung gelingt. Ich habe auch gefunden, dass bei Patientinnen, deren Geschwüre durch ärztliche Behandlung geheilt waren, kurz nachdem sie in meine Behandlung getreten waren, das alte Leiden wieder erschien, ja mitunter die Geschwüre grösser als ursprünglich wurden. Andere Patientinnen, welche in ziemlich derselben Weise behandelt wurden, bekamen keine Geschwüre. Soviel ich weiss, haben die Geschwüre, welche nach meinem Verfahren völlig geheilt wurden, sich nie wieder bemerkbar gemacht. Ich frage nun: ist dies nicht ein Beweis, dass in jenen Fällen die Geschwüre äusserlich geheilt wurden, ehe das Uebel, das in der Tiefe seinen Sitz hat, gänzlich beseitigt war? Kann nicht dadurch sogar die eigentliche Ursache gleichsam eingesperrt werden? Meine Behandlung beabsichtigt nur das Heilbestreben der Natur zu unterstützen, indem ich direct und indirect die Resorption stagnirender Flüssigkeiten durch Bewegungen erstrebe, welche gleichzeitig die Lebensthätigkeit der Gefässe und Nerven sowohl örtlich wie allgemein erhöhen. Die Folgen davon zeigen sich auch darin, dass die einmal geheilten Geschwüre auch geheilt bleiben, weil alle Beckenorgane und, wenn möglich, die ganze Patientin wirklich gesund werden.

Eine Frau, die Dr. Sköldberg bei einem Besuch in Sköfde 1871

untersuchte, hatte seiner Erklärung nach „ulcerativen Katarrh mit
einem prachtvollen Geschwür". Zweifelnd fügte er hinzu: „Curiren
Sie dies, — jetzt haben wir beide gesehen, wie es ist." Ein Monat
genügte dazu, dass die Patientin gesund heimkehren konnte, 1873
nach einer Sterilitätspause von 9 Jahren ihr drittes Kind gebar
und später gesund blieb, wie ich zuletzt 1888 erfuhr.

Die Massage verursacht zwar anfangs einen Reiz auf das Geschwür, aber nur einen vorübergehenden, und die dadurch herbeigeführte vermehrte Gefäss- und Nerventhätigkeit wirkt mit bei der
vermehrten Resorption, welche durch die Massage direct zu Stande
kommt. Kleine Blutungen, die mitunter, aber nur selten sich zeigen,
haben nichts zu bedeuten, fordern aber dazu auf, dass die Massage
sehr leicht gemacht wird.

Es ist zu beachten, dass man bei Anwendung des Speculum
zwar mit dem Depressor so weit die Vaginalportion vorwärts zieht,
dass man die Ulceration übersehen kann, nicht aber die Gebärmutter retrovertirt. Jedenfalls ist es anzurathen, nie zu unterlassen,
sich über die Lage nachher zu vergewissern.

Uebrigens werden lauwarme Eingiessungen Morgens und Abends
sowie ableitende Bewegungen wie erwähnt angewandt.

Schon seit langer Zeit habe ich bemerkt, dass für die Ableitung
des Blutes bei Ausfluss die Knietheilung und Kniezusammendrückung
unter Kreuzhebung, besonders wenn nacheinander gegeben, besonders
wirksam sind, und zwar wirksamer als letztere allein. Ich gebe
daher unmittelbar nach der Massage zuerst 2—3 ziemlich leichte
Knietheilungen, dann 3—4 kräftigere Kniezusammendrückungen.

Wenn Amenorrhoe vorhanden ist, müssen sowohl Hebungen wie
Massage des Mutterkörpers, wenn möglich, unterlassen werden, diejenige des Mutterhalses aber darf gemacht werden.

X. Neubildungen.

Ob bei malignen Neubildungen irgend ein Nutzen von
meiner Behandlungsart gezogen werden kann, weiss ich nicht.
Wissentlich habe ich solche nie behandelt, sondern wo ich dergleichen vermuthet, habe ich die Patientin stets den Aerzten zur
Diagnose und eventuellen Behandlung überwiesen. Es wäre wohl
auch im besten Falle höchstens ein palliativer Nutzen zu erreichen.

Fibromyome des Uterus habe ich in zahlreichen Fällen, und zwar manche in langer Dauer (mehrere Monate) behandelt, ohne grosse Freude damit zu erleben. Wahr ist, dass die verschiedenen Beschwerden gelindert werden können, niemals aber sah ich, dass solche harte, breitaufsitzende Knollen kleiner oder weicher geworden wären.

Meine Erfahrung scheint jedoch zu zeigen, dass die Massage nicht ganz ohne Einfluss auf die Entwicklung der Fibromyome ist, so dass man hoffen kann, dass durch frühzeitige Behandlung ihre Entwicklung mehr oder weniger gehemmt oder vielleicht unterbrochen werde.

Die Beschwerden bei Fibromyomen sind, wie bekannt, vielerlei Art. Manchmal, auch wenn sie multipel und nicht besonders klein sind, machen sie keine Beschwerden und geben keine Veranlassung zur Behandlung. Manchmal verursachen sie, auch wenn sie nur erbsengross sind, gewaltige Blutungen, welche in der Regel mit grossem Erfolge wie sonstige Metrorrhagien behandelt werden können, auch dann, wenn mehrere sehr grosse Fibromyome vorhanden sind.

Bei grösseren Fibromyomen klagen die Patientinnen in vielen Fällen über zeitweiliges Stechen und Schneiden, oder über häufigen Harndrang mit mehr oder weniger Schmerzen beim Harnlassen. Mechanisch bilden sie mitunter ein Hinderniss für den Stuhlgang. Oft scheinen die Schmerzen durch die entstandenen peritonealen Anlöthungen bedingt zu sein; oft auch durch directen Druck auf Nervenstämme oder gegen die knöcherne Beckenwand, gewöhnlich wohl durch Contractionen des Uterus selbst. Wenn man bedenkt, wie schmerzhaft bei einer Untersuchung der Druck eines Fingers auf einen Darm ist, worin ein Excrementknollen sich befindet, ist es einleuchtend, wie leicht Schmerzen auf die Därme von diesen harten Knollen, besonders bei trägem Stuhlgang, entstehen können. Es geht daraus hervor, wie wichtig es ist, diese Erscheinung möglichst zu beseitigen oder zu lindern.

In vielen Fällen sieht man auch die Schmerzen schnell verschwinden, wenn es gelungen ist, die Adhärenzen zu lockern und die Gebärmutter beweglicher zu machen. Dies muss jedoch mit grosser Vorsicht versucht werden, und nur allmählich darf die dabei angewandte Kraft zunehmen, indem man anfangs die Gebärmutter und die Knollen nur massirt, später dies mit etwaigem Hin- und Herführen oder Rütteln verbindet; allmählich werden behutsame Dehnungen von einer oder der andern Seite hinzugefügt. Wenn die Adhäsionen gelöst sind, folgen Hebungen (3. Form). Ebenso haben sich Hebungen von Nutzen gezeigt, wo eine durch Fibromyome vergrösserte Gebärmutter noch ganz beweglich war, aber Druckerscheinungen veranlasste.

Obwohl nicht zu hoffen ist, diese Krankheit damit heilen zu können, finde ich doch die gymnastische Behandlung in folgenden Fällen zweckmässig:

1. Es ist immer Grund vorhanden, im ersten Anfange der Entwicklung und Vergrösserung, um dem Weiterwachsen vorzubeugen, die Massage zu versuchen.
2. Schmerzen, häufiger Harndrang, gehinderte Abführung, sowie Beschwerden beim Gehen können mehr oder weniger dadurch beeinflusst werden.
3. Bei sehr starker Blutung und daraus folgendem Blutmangel können der Blutabgang vermindert und somit auch die Kräfte erhöht werden, ebenso wie andere Folgeerscheinungen, wie Athembeschwerden, Schwere und Schwindel im Kopfe, kalte Extremitäten, verschwinden.

Auch in der Form von Polypen geben die Fibromyome zu starken Blutungen Veranlassung. Diese überweise ich immer dem Operateur. Nach der operativen Entfernung kann eine etwa gegen Blutungen nöthige gymnastische Behandlung für gewöhnlich bald anfangen. Mehrmals ist es mir und meinen Schülerinnen passirt, dass bei Patientinnen, nachdem die Gebärmutter wegen Blutung eine Zeitlang massirt war, Polypen durch den Muttermund hervorgetrieben wurden, die der ärztlichen Untersuchung aus begreiflichen Gründen entgangen waren.

XI. Tuben und Eierstöcke.

Viele mit Anschwellung in der einen Seite des Beckens und mit spontanen Schmerzen verbundene Leiden, welche ich früher als ovariale auffasste, habe ich in späteren Jahren, seit ich ausgedehntere Erfahrung über Tubenerkrankungen erworben habe, zu den letzteren gehörig erkannt. Immerhin ist es mir manchmal schwierig oder sogar unmöglich gewesen, im Anfange zu entscheiden, ob es sich um eine Tuben- oder eine Eierstockskrankheit handelt. Einige Bemerkungen hierüber erlaube ich mir anbei.

Wenn man bimanuell einen leicht erkrankten Eierstock drückt, wird in der Regel die Patientin eine Empfindung schräg nach hinten oben in der Lendenkreuzgegend derselben Seite wahrnehmen, aber nicht, wenn die kranke Tube in derselben Weise behandelt wird. Kann man das Ligamentum ovarii bis zum Uterus verfolgen, so ist seine Anheftung unterhalb der Uterusecke zu fühlen, die Anheftung der Tube aber an der Ecke selbst. Wenn die Bauchdecken nicht zu dick oder zu gespannt sind, kann man die gesunde Tube, die sich dem geübten Gefühle, zumal wenn man sie zwischen den Fingern rollt, deutlich wie ein dicker Faden oder ganz feine Schnur darstellt, aufsuchen und einerseits bis zur Uterusecke, anderseits bis dicht an den Eierstock verfolgen. Ist sie aber irgendwo krankhaft aufgetrieben, so erscheint sie dicker und ist deutlicher zu tasten; in der Regel ist sie dabei dicht an der Gebärmutter am härtesten, dann je weiter nach dem abdominalen Ende hin um so dicker und weicher und endet oft in eine deutliche grössere oder kleinere elastisch weiche Blase, die mitunter sehr langgestreckt ist. Ich habe keine grössere als etwa zwischen Kastanien- und Wallnussgrösse behandelt. Mitunter ist das Ligamentum ovaricum angeschwollen, und zwar ziemlich fest, kann dann aber leicht von der Tube unterschieden werden, besonders an dem niedrigeren Ansatzpunkt am Uterus.

In mehreren Fällen von Tubenerkrankung sind regelmässig ungefähr eine Woche nach dem Aufhören der Regel heftige spontane Schmerzen entstanden, die mehrere Stunden anhielten, bis eine klare Flüssigkeit aus der Gebärmutter abging, was von den Kranken ungefähr ähnlich empfunden wird, wie das erste Ausfliessen des Blutes bei der Regel. Letzteres ist bei Ovarialschmerzen nie der Fall. In einigen Fällen begannen die Schmerzen schon einige Tage vor der Regel und dauerten während derselben an.

Bei Auftreibungen am äussern Theil der Tube findet man sehr gewöhnlich ihren schmalsten Theil am nächsten der Gebärmutter nicht nur härter, sondern auch immer am empfindlichsten. Mir scheint es wahrscheinlich, dass in diesen Fällen der Verschluss des uterinen Theils der Tube durch die Anschwellung der Tubenwand bei der Ansammlung der Tubenflüssigkeit eine Rolle spielt. Falls man bei der Palpation die Tube und den Eierstock, etwa durch Abtastung oder Verschiebung gegen einander, nicht deutlich unterscheiden kann, nehme ich daher an, dass, wenn der uterine Theil der Tube hart, verdickt oder empfindlich ist, eine Erkrankung der Tube vorliegt. Mitunter kann man das kleine Ovarium an dem nach hinten oben ausstrahlenden Druckschmerz hinter der mehr nach vorn gelagerten Tubencyste erkennen.

Wenn der Eierstock oder seine Umgebung aufgetrieben ist, kann diese Anschwellung nur allmählich und bei jeder Sitzung nur ein wenig durch die Massage vermindert werden. Eine Tube kann aber sich sofort auf einmal entleeren, und zwar häufig mit der oben erwähnten Sensation vom Ausfliessen aus der Gebärmutter.

Hydrosalpinx.

Während der Massage kann sich die Tube entweder durch die Gebärmutter oder in die Bauchhöhle entleeren. Das erstere ist stets ungefährlich; das letztere kann in gewissen Fällen gefährlich werden. Daher suche ich immer, wenn irgend möglich, dieselbe durch die Gebärmutter zu entleeren, und wenn ich unerwartet die elastische Blase nachgebend fühle, unterbreche ich aus Vorsicht sogleich die Behandlung derselben und suche am folgenden Tage behutsam aber genau nach einer Verhärtung im medianen Tubentheil, den ich gegen die Gebärmutter hin zu massiren anfange, um die Flüssigkeit möglichst diesen Weg zu treiben.

In den meisten Fällen ist es mir gelungen, die cystisch aufgetriebenen Tuben durch zweckmässiges Massiren nach der Gebärmutter hin zu entleeren. Die vollständige Entleerung ist jedoch immer in der Zwischenzeit geschehen, so dass die Tube entweder schon am folgenden Tage gänzlich, oder allmählig in einigen Tagen zusammengesunken war. Zunächst suche ich daher bei der Behandlung irgend welche verstopfende Anschwellung des uterinen Tubentheils zu beseitigen und, wenn dies gelungen, die Flüssigkeit ohne jede Gewalt hindurch zu bringen. Häufig nimmt dabei die Patientin die mehrerwähnte Empfindung des Abfliessens bald nach der Sitzung wahr.

In andern Fällen, zu der Zeit als ich noch nicht die Erkrankung als Tubarcyste erkannte, sondern als eine Art Exsudat auffasste, habe ich ohne jedes üble Ereigniss den Tubarsack in die Bauchhöhle entleert. Später habe ich nur in wenigen Fällen, wenn sich die Entleerung in die Gebärmutter eine Zeitlang unmöglich erwies, allerdings gegen meinen Willen dieselbe in der entgegengesetzten Richtung ausgeführt. Dabei fühlt man die Blase zunächst nur etwas kleiner und weicher werden, die Patientin aber hat gewöhnlich davon keine Sensation. Häufig schwillt nach der gänzlichen Entleerung die Tube, meist schon kurz vor den nächstfolgenden Menses, wieder an; ich wiederhole dann das Verfahren mit derselben Vorsicht.

Als Regel für das Vorgehen stelle ich daher auf: Man muss zunächst alle Hindernisse gegen das Vordringen der Flüssigkeit zur

Gebärmutter wegmassiren, dann diese Tubenflüssigkeit in der angegebenen Richtung durchzutreiben suchen.

Die grösste Tubenblase, die ich absichtlich in die Gebärmutter entleert habe, war ungefähr von Pflaumengrösse.[1]) Die grösste, welche unabsichtlich in die Bauchhöhle entleert wurde, war etwa von der Grösse eines männlichen Zeigefingers. Ich habe keine unbedeutende Erfahrung in dieser Hinsicht; üble Ereignisse haben sich dabei nicht gezeigt. Nur in einem Falle sind kurz nach der Entleerung einer älteren Tubarcyste in die Bauchhöhle schwere Schmerzen eingetreten, die jedoch nur von 9 Uhr Abends bis 3 Uhr Morgens anhielten und mit oft gewechselten kalten Wasserumschlägen behandelt wurden.[2])

Wenn die Tuben irgendwo verschlossen sind, entstehen leicht, so lange die Frauen menstruirt sind, Recidive. Dies ist ein gewichtiger Grund, um den Versuch zu unternehmen, die Tuben wegsam zu machen, zunächst nach der Gebärmutter hin, aber wenn möglich auch in dem abdominalen Ende. Auch wäre es ja denkbar, dass Sterilität in dieser Weise gehoben werden könnte, wenn ich auch keinen Beleg dafür geben kann.

Ich füge einige Beispiele bei:

Eine Schustersfrau in den Zwanzigern hatte bei der ersten Untersuchung 1868 eine linksseitige etwa faustgrosse Geschwulst, welche ich damals als einen vergrösserten Eierstock auffasste, jetzt aber als eine Tubencyste betrachte. Sie war während langer Zeit bettlägrig gewesen und glaubte der schweren Schmerzen wegen den Tod erwarten zu müssen. Veranlasst zu mir zu reisen, musste sie dabei gefahren und getragen werden. Eine Woche nach dem Anfange der Behandlung begann ein starker Ausfluss durch die Scheide, welcher so lange dauerte, bis die Cyste ganz leer war. Sie wurde im ganzen 6 Wochen bis zur Heilung behandelt. Ein halbes Jahr darauf briefliche Nachricht, dass sie bis zur Zeit gesund geblieben war.

Die erste Patientin, bei der ich wissentlich eine solche Erkrankung der Tube mit Massage behandelt habe, war (im März 1875) eine junge, etwa in der Mitte der Zwanziger stehende Frau, welche jedesmal, etwa eine Woche nach der Regel, schwere Schmerzen bekam, die einige Stunden andauerten, dann auf einmal mit Abgang von Flüssigkeit aus der Scheide endeten. Die letzten zwei Monate

---

[1]) Vergl. ausserdem den unten erzählten zweiten Fall.

[2]) Hier möchte ich nicht unterlassen, für den Anfänger eine Warnung hinzuzufügen, nicht sorglos diese Entleerung zu versuchen, da dieselbe sehr gefährlich werden kann, wie ich aus Beispielen, die mir von ärztlicher Seite erzählt worden sind, ersehen kann.

war sie von ihrem Arzte ohne Besserung zu Hause gehalten worden. Auf mein Anrathen fing sie an, zu mir zu gehen. Sie unterzog sich einer täglichen Behandlung, die kurz vor der nächsten Regel begann. Das schon vergrösserte linke Tubenende schwoll während der ersten Woche nach der Regel allmählich bis zur Wallnussgrösse an. Bei dem Abgang der Flüssigkeit nach zweistündigen Schmerzen hatte ich Gelegenheit anwesend zu sein und fand diese durchaus wasserklar ohne Farbe und Geruch. Sofort waren die Schmerzen verschwunden. Am folgenden Tage war die Tube zusammengefallen. Während der Behandlung verminderte sich in einigen Monaten allmählich die Anschwellung sowie die Schmerzen, so dass die Patientin gesund wurde und blieb.

Soweit ich mich entsinnen kann, habe ich bei dieser Patientin noch nicht den uterinen Tubentheil zwischen dem Uterus und der Cyste verfolgt. Der Arzt hatte eine Tubenerkrankung angegeben.

Nr. 1. Frau L. H. von F., 25 Jahre alt, kam im April 1890 in meine Behandlung, und hatte die ganze rechte Tube cystenartig ausgeweitet.

Ungefähr die Hälfte davon entleerte sich durch Abdomen, gleich bei der ersten Untersuchung.

Die Uterina-Hälfte entleerte sich den zweiten Tag durch die Gebärmutter. Nachdem wie sich die ganze Tube entleerte, bemerkte ich in der Mitte eine nussgrosse Verhärtung, welche die beiden Säfteansammlungen getheilt hatte.

Diese Verhärtung verschwand erst nach zweitägiger Massage.

Als Patientin im folgenden Jahre in einmonatlicher Schwangerschaft war, bekam sie eine circa 3 Centimeter grosse Auftreibung in dem Uterina-Ende derselben Tube, welche durch besonders leichte Massage in einer Woche verschwand.

Nr. II. Frau A. B. von H. circa 46 Jahre alt, im November 1890 behandelt. Patientin hatte in der rechten Tube eine grössere birnenförmige Cyste, welche sich trotz der leichtesten Untersuchung gleich entleerte.

Dass diese Entleerung durch die Bauchhöhle stattfand, musste ich aus diesem Grunde annehmen, weil weder Patientin noch ich, also keiner von uns Beiden den geringsten Ausfluss bemerkt haben.

Der Patientin Gesundheit hat sich nicht im mindesten durch die Entleerung der Cyste verändert. Nach sechswöchentlicher Behandlung reiste Patientin gesund ab, und blieb von jedem Recidive verschont.

No. III. Im Januar im Jahre 1892 nahm ich als Patientin Frau K. B. von S., 45 Jahr alt, welcher hervorragende Gynäkologen gesagt haben, dass sie seit 24 Jahren einen Tumeur hat, vom rechten

Ovarium, nach vorne gegen die Seite zu ausgehend, der Tumeur war ebenso gross wie die Gebärmutter.

Die Kräfte der Patientin waren sehr geschwächt, von brennenden periodisch sich entleerenden Säften der rechten Tube durch den Uterus, und schweren Blutungen, welche während der ganzen Zeit ihrer Krankheit angedauert hatten.

Der Tumeur war nach leichter Behandlung einen Tag bedeutend verkleinert, den nächsten Tag aber ebenso gross. Alles dies gab mir die Anleitung zu glauben, dass der vermeintliche Tumeur eine Tube ist. Nach zweitägigen Versuch hatte ich das Glück, dass sich die Tube gänzlich durch die Gebärmutter entleerte.

Nach dieser Entleerung stellte sich ein brennender Schmerz in der Gebärmutter und Scheide ein. Und bei der gleich darauf eintretenden Blutung gingen eine Menge kleiner Schleimhäutchen ab.

Ebenso erneuerten sich die Schleimabsonderungen nach jeder Entleerung. Ich nehme an, dass dies eine Folge von der Schärfe der abgehenden Säfte war.

Wie bekannt schuppt sich die äussere Haut bei Leuten ab, die in starker Lauge waschen, so ist auch hier anzunehmen, dass die Blutungen nicht normal sind, so lange die Entleerungen nicht aufhören, oder unschädlich bleiben.

So lange die Säfte auf diese Weise die Schleimhäute loslösen, so können sie auch die Venenwand anfressen, so dass dadurch Blut in unnatürlicher Menge abgeht, wie es hier der Fall ist. Einige leichte zirkelförmige Bewegungen waren genügend um die Tube ganz zu entleeren.

Die durch 24 Jahre ausgeweitete und verdickte Tubenwand kann man vielleicht als eine Neubildung ansehen, welche vielleicht auch so verbleiben wird.

Bei den letzten Entleerungen waren keine Schmerzen und Hitze, aber ein grosser Abgang von Schleimhautstückchen, verbunden mit sehr starker Blutung, welche die Patientin aber doch nicht verhinderte, mich die folgenden Tage zu besuchen.

Dies gibt mir die Hoffnung, dass sich ihr Zustand gebessert hat, und sich noch mehr in der Folge bessern wird.

Die Verhältnisse der Krankheit machen die Behandlung zu einer ungefährlichen.

Nr. IV. Bei Hydrosalpinx unter gleichzeitiger Dysmenoorhöe, muss man unter der freien Zeit versuchen, die Cyste durch die Gebärmutter zu entleeren und durch Massage zu verhindern suchen, dass sie sich wieder füllt.

Dabei wendet man schwache zuleitende Bewegungen an, damit man die Schmerzen bei der Regel vermindert, wie z. B.:

1. Streckstütz-spaltstehende Wechselseitwärts-Beugung.
2. Halbliegende Beinwalkung und Beinausstreckung.
3. Stützgegenstehende Rückenhackung, Lenden- und Kreuz-klopfung.
4. Halbliegende Oberschenkelrollung.
5. Krummhalbliegende Ventricel- und Wechsel-Vesical-Erschütterung.
6. Krummhalbliegende leichte Massage der Tube.
7. Krummhalbliegende Knietheilung unter Kreuzhebung.
8. Hebestehende Brustspannung, Becken zurückhalten.

Man versucht zuerst die Erkrankung der Tuben wegzuarbeiten, bevor man die von mir hier angegebene Behandlung anzuwenden wagt, die zur Erlangung einer schmerzfreien Regel dient.

Ebenso gewiss als man immer die Entleerung einer Tube be-fördern kann, ebenso sicher ist auch, dass trotz aller Vorsicht, gegen unseren Willen, sich auch eine Tube durch die Bauchhöhle ent-leeren kann.

Dislokation und Fixation.

Was unter normaler Lage des Eierstockes zu verstehen ist, ist schwierig zu bestimmen. Bei mancher Patientin, welche freie und gesunde Eierstöcke und niemals krankhafte Erscheinungen an den-selben gehabt hat, findet man z. B. den einen Eierstock nach vorne näher der Leistengegend, den andern ziemlich hoch und etwas rückwärts von der gewöhnlichen Lage, oder den einen dicht an der Gebärmutter, den andern neben der Beckenwand, oder auch beide mehr oben hinten.

Bei Dislokation eines Ovariums nach oben hinten ohne Fixation ist es leicht, dasselbe entweder durch Verschiebung oder durch Ziehen an dem Lig. ovarii herabzuziehen und zu reponiren. Ist aber dasselbe einigermassen festgehalten, wird dies nicht so leicht gelingen. Wenn der Eierstock weit nach rückwärts fixirt ist, so hat die Patientin (ebenso wie bei seitlicher hinterer Fixation des Uteruskörpers) Schmerzen oder ein Gefühl von Schwäche beim Gehen in dem betreffenden Beine.

Im Jahre 1877 hatte ich ein kräftiges Mädchen (Ende der Zwanziger) zu untersuchen. Es hatte während langer Zeit an-haltende Schmerzen rechts in der Lendenkreuzgegend gehabt, welche sich Nachts noch steigerten. Als ich an eine Entzündung im Eier-

stocke dachte, suchte ich diesen aber vergeblich an seiner gewöhnlichen Stelle, fand ihn jedoch endlich rechts am Os sacrum hoch
hinten oben, ungefähr einen Zoll oberhalb des Gebärmutterfundus.
Er war empfindlich und von der Grösse einer grossen Pflaume.
Es erwies sich unmöglich, denselben durch leichte zirkelförmige
Reibungen mit den Fingerspitzen der freien Hand nach unten an der
seitlichen Beckenwand entlang zu führen; dagegen gelang es mir
denselben nach vorn und abwärts über das Ende des durch das
Rectum eingeführten Fingers hinüber nach unten zu bringen, worauf
ich durch vereintes Schieben und Ziehen mit beiden Händen ihn
ohne besonderen Widerstand immer leichter und leichter über die
Hinterseite des Lig. latum nach abwärts und vorwärts längs der
rechten Seite des Fundus bis zu dem rechten Os pubis führte. Am
nächsten Tage war das Ovarium wieder an den alten Platz verschoben, und musste in derselben Weise reponirt werden. Die
Schmerzen hörten gleich nach diesem Vorziehen auf.

Nach einiger Zeit gelang es, den Eierstock nach der Reposition
in der ungefähren Normallage zu erhalten. Die Schmerzen waren
dann verschwunden; jedoch hörte ich später, dass sie wiederge-
kommen sein sollten. Da die Schmerzen mit der veränderten Lage
aufhörten und wiederkehrten, kann nicht die allerdings wahrschein-
liche Entzündung des Eierstocks oder seiner Umgebung die Haupt-
ursache derselben gewesen sein, ich glaube vielmehr, dass dieselben
durch den andauernden Druck oder Zug des verlagerten Eierstocks
auf gewisse Nerven hervorgerufen seien.

Seitdem habe ich mehrere ähnliche, aber mit weniger heftigen
Schmerzen verbundene Fälle behandelt. Die Lage ist auch eine
andere und zwar ziemlich verschiedene gewesen. Oft ist der Eierstock ziemlich tief nach abwärts hinter der Gebärmutter zu finden
gewesen; ich musste ihn erst nach oben und dann nach vorn über
die obere Fläche des breiten Bandes hervorziehen.

Die Losmachung und Reposition des Eierstocks erleichtert
sowohl für den Arzt als für die Patientin die Massage desselben.
In Verbindung mit der Dehnung der Fixation soll auch stets massirt
werden, aber nicht am Eierstock selbst, sondern an der Fixationsstelle. Nothwendig wird die Losziehung in dem Falle, dass der
rückwärts fixirte Eierstock die Gebärmutter nach hinten gezogen
hat, so dass sie nach stattgehabter Reposition immer wieder zurück-
fällt. Man wird hier ohne Lösung des Eierstocks nie der Gebärmutter ihre normale Lage wiedergeben können.

Das Loslösen stärker fixirter Eierstöcke ist oft in den ersten

Sitzungen ziemlich schmerzhaft. Am besten ist, im Anfange nicht zu starke Ausdehnungen zu machen, sie aber täglich und mit Vorsicht zu wiederholen. Sie sind dann auch fast schmerzlos auszuführen und in dieser Weise gefahrlos. Wie schon gesagt, werden immer dabei die gedehnten fixirenden Stränge leicht massirt.

Man darf das Ovarium zum Zwecke der Ausdehnung nicht in beliebiger Weise zwischen dem Stützfinger und der äussern Hand fassen. Ich gehe mit grosser Vorsicht zu Werke. Der Stützfinger wird in schwierigen Fällen im Mastdarm hoch, stets oberhalb der Mastdarmenge und, wenn möglich, hinter dem Eierstock hinaufgeschoben. Mit den Fingerspitzen der freien Hand sucht man durch Druck gegen den Stützfinger die Fixationsstelle zu fassen, möglichst ohne den Eierstock selbst zu drücken. Im Anfange kann man oft der Fixationsbasis nur von beiden Seiten, nicht rund herum, mit Drückungen beikommen, und sucht dann das Ovarium unter Zirkelbewegungen über die Stützfingerspitze hinüberzuschieben, bis die Fixationsbasis endlich gefasst werden kann. Dabei prüft man unter kleinen Zirkelreibungen genau die etwaige Verschiebbarkeit des Eierstocks bis zur straffen Spannung, welche dann festgehalten wird, worauf man eine minimale Ueberstreckung durch etwas stärkere Verschiebung macht, um eine bleibende Relaxation zu erhalten. Darauf wird wieder bei festgehaltener Ausdehnung massirt. Alles dies wird täglich wiederholt, bis man die Fixationsbasis von verschiedenen Seiten zwischen den Fingerspitzen der beiden Hände fassen kann.

Manchmal sitzt das Ovarium zu hoch oder zu weit hinten, um in dieser Weise gleich erreicht zu werden. Dann versuche ich zunächst, durch Ansetzen des Stützfingers gegen die Fixationsbasis, mit feiner Zitterdrückung dieselbe behutsam etwas zu verschieben. dann dasselbe von irgend einer andern Seite zu thun, und wiederhole dies täglich von verschiedenen Seiten, bis der Eierstock so weit beweglich geworden ist, dass er durch die freie Hand ein wenig auf die Fingerspitze niedergeschoben werden kann.

Wenn ich auf eine oder die andere Weise so weit gekommen bin, dass ich die Fixationsbasis zwischen den Fingerspitzen fassen kann, suche ich bei jeder Sitzung zunächst dieselbe möglichst dicht an dem Eierstocke zu fassen, dann unter steter Zirkelreibung diesen am Stützfinger entlang zu schieben und dadurch die Fixation gleichzeitig zu dehnen und zu massiren. Dabei wird das Ovarium von der betreffenden Beckenwand möglichst senkrecht gegen dieselbe immer kräftiger Tag für Tag abgezogen, bis es in die normale Lage gebracht werden kann und in derselben bleibt.

Meine frühere Methode, stets, soweit es sich thun liess, zu ziehen (natürlich nebst Massage), hat nicht so guten Erfolg gehabt, weil der reponirte Eierstock immer wieder sich zurückzog. Das ist vielleicht so zu erklären, dass ich dann mehr das normale Bauchfell dehnte und massirte als die Fixation. Gegenwärtig ziehe ich, wie bei Uterusfixationen, im Anfang nur wenig z. B. einen Centimeter aus, später allmählich stärker, und massire hauptsächlich dicht am Eierstocke.

Wenn nach einer Entzündung der Eierstock gegen die vordere Bauchwand fixirt ist, so ist es viel schwieriger, ihn zu lösen und zu reponiren als bei Fixation nach rückwärts. Vielleicht deshalb, weil es so schwierig ist, ihn in zweckmässiger Weise nach hinten zu ziehen. Am besten geschieht die Losziehung, wenn man mit den Fingern der freien Hand versucht, das Ovarium mittelst kleiner Zirkelbewegungen von dem Bauchfelle nach hinten zu verschieben, indem man von unten mit der Zeigefingerspitze eine Stütze dicht an der Fixation giebt. Am schwierigsten und mitunter überhaupt nicht loszumachen waren Eierstöcke, welche an der inneren Seite der Ligg. sacrouterina fixirt waren. Sie müssen dann zuerst bis oberhalb dieser Bänder hinaufgeschoben werden, bevor die Losziehung gelingt.

Angelöthete Tuben werden mit derselben Vorsicht wie die Eierstöcke losgezogen, indem man von beiden Seiten der Fixation beizukommen sucht, ohne den etwa aufgetriebenen Eileiter selbst zu drücken. Wenn auch die Tuben nicht so druckempfindlich sind wie die Eierstöcke, muss man doch stets strenge vermeiden, selbst mit der geringsten Gewalt auf dieselben zu wirken. Deshalb soll man sie während der Zirkelbewegungen der Fingerspitzen viel mehr durch Rollen oder Streichen lösen, als durch eigentliches Ziehen. Mitunter sind Tube und Eierstock durch ein Exsudat gemeinsam fixirt. Wenn man letzteres wegmassirt, werden gewöhnlich beide zusammen von der Beckenwand losgezogen.

Ist bei Rückwärtslagerungen des Uterus ein vorher fixirtes Ovarium so weit losgezogen worden, dass man die Hebung gegen die Lageveränderung des Uterus anfangen kann, so könnte die Wirkung der Eierstocksreposition durch die Hebung vernichtet werden. Daher behandle ich das Ovarium erst nach der Hebung, sehe aber am Ende genau zu, dass der Fundus vorwärts liegt.

Bei meiner grossen Vorsicht, besonders im Anfange, haben

sich nur wenige Male üble Ereignisse gezeigt, welche in kleinen
schmerzhaften Auftreibungen bestanden und durch Massage bald
wieder verschwanden, die Heilung aber verspäteten. Nur in einem
Falle war diese Auftreibung stärker. Nach einer Losziehung des
rechten Eierstockes am 2. Februar 1885 entstanden spontane
Schmerzen; am 3. war das Ovarium wie eine grosse schmerzhafte
Pflaume zu fühlen. Schon am 11. war jedoch dies nicht nur verschwunden, sondern auch der Eierstock normal gelagert.

Oophoritis, Perioophoritis u. A.

Kleinere empfindliche Anschwellungen eines Eierstocks ohne
Fixation haben sich immer sehr leicht und schnell durch Massage
beseitigen lassen. Etwas mehr vergrösserte (höchstens pflaumen-
grosse) freie Eierstöcke, bei denen ich die pathologische Diagnose
dahingestellt lassen muss, haben sich in der Regel nur ein wenig
im Anfange verkleinern lassen, später bei fortgesetzter Massage ihre
Grösse behalten; die Empfindlichkeit derselben jedoch schwindet
ziemlich rasch. Nur wo Schwangerschaft eingetreten war, habe ich
in mehreren Fällen gesehen, dass nach jeder wiederholten Entbindung das Ovarium etwas verkleinert war.

Unter der nicht unerheblichen Anzahl von Fällen, welche von
mir längere Zeit hindurch behandelt wurden und welche ich später
(manchmal viele Jahre) verfolgen konnte, habe ich noch keinen einzigen gesehen, wo ein erneuertes Wachsthum zu entdecken gewesen
wäre. Nur bei einer Frau, die meinem Rathe entgegen die Behandlung unterbrach, sobald nur die Schmerzen verschwunden waren,
habe ich etwa 5 Jahre später einen sehr grossen Ovarialtumor angetroffen. Ich neige daher sehr zu der Ansicht, dass, wenigstens in
vielen Fällen, durch frühzeitige Massage der Entwicklung eines
Ovarialtumors, am besten noch ehe derselbe die Grösse einer Kastanie
erreicht hat, vorgebeugt werden kann. Man braucht die Massage
nur so lange fortzusetzen, bis man mit Sicherheit feststellen kann,
dass keine Vergrösserung stattfindet, d. h. 2—3 Monate.

Grössere Ovarialtumoren dagegen habe ich regelmässig
der ärztlichen Behandlung überwiesen.

Oftmals habe ich ziemlich grosse Knollen, die ich anfangs als
Ovarien auffasste, und welche ich mit Massage und ableitenden
Bewegungen (mitunter ausserdem mit Eis oder kalten Umschlägen)
behandelte, allmählich sammt den Schmerzen verschwinden sehen,
so dass endlich nur ein normales Ovarium zu fühlen war. Ich nehme
an, dass es sich in diesen Fällen um Exsudate in der Nähe des

Eierstockes handelte, welche vielleicht theilweise auf das Ovarium selbst übergegriffen hatten. Einige, die schon länger als ein halbes Jahr bestanden, sind schnell, sogar durch eine 12tägige Behandlung, verschwunden. Dagegen glaube ich nicht, dass wirkliche Eierstocksgeschwülste sich jemals durch die Massage beseitigen lassen.

Wenn sich die Gebärmutter in der Gegend des inneren Muttermundes gegen die seitliche Beckenwand angezogen und fixirt findet, ist sowohl die Tube wie besonders der Eierstock sehr gewöhnlich in der dick und fest anzufühlenden Masse verborgen oder wenigstens davon so fest fixirt, dass man dieselben nicht besonders unterscheiden kann. Vergebens wird man dann den Eierstock anderswo suchen. Allmählich lässt sich das Exsudat verkleinern, so dass man den Eierstock bez. den Eileiter wahrnehmen und losmachen kann.

Am 15. Mai 1885 fing ich die Behandlung der Frau E. S., 37 Jahre alt, an. Sie wollte vor etwa 2 Jahren einen Abortus gehabt haben und im Januar 1884 eine Entzündung im Becken, seit welcher Zeit sie stete Schmerzen hatte. Bei der Untersuchung zeigte sich unter Anderm ein grösseres weicheres Exsudat, welches eine feste Basis an der Beckenwand von der rechten Seite des Kreuzbeins bis über das rechte breite Band hatte und sich von da einwärts gegen die Gebärmutter erstreckte. Sie wurde von mir einmal täglich bis Ende Mai behandelt, dann bis 15. Juni von einem Schüler, welcher mir dann schriftlich erzählte, dass das Exsudat nahezu weg wäre. Während meiner Behandlung hatte es bestimmte Grenzen und blieb an der Beckenwand durchaus unverschiebbar;· in seinem der Gebärmutter zugekehrtem Theil wurde es täglich mehr und mehr resorbirt, obwohl die Massage ebenso an der entgegengesetzten Peripherie ausgeübt wurde.

Da die Patientin während des Sommers noch Schmerzen hatte, kehrte sie wieder zurück. Am 2. September fand ich eine haselnussgrosse elastische Auftreibung, die nur ein wenig beweglich schien, dicht an der rechten Seite des Kreuzbeins; das rechte Ovarium war nirgends zu finden, und Alles sprach dafür, dass die erwähnte Auftreibung das Ovarium wäre. Mit grosser Vorsicht wurde dann die Losziehung vorgenommen. Am 3. konnte es schon ein wenig nach links verschoben werden, am 4. vorwärts reponirt und bis gegen die rechte Leistengegend herangezogen werden. Im Anfange zog es sich jedoch jeden Tag wieder aufwärts zurück, vielleicht weil ich damals noch immer versuchte, es jedes Mal möglichst weit vorwärts zu ziehen. Endlich fing es doch an, in normaler Lage zu bleiben, und die Patientin fühlte sich dann gesund.

Man sieht, wie eine Reposition durch vorsichtige Ausdehnung leicht gelingt, sobald das Exsudat durch Massage und ableitende Bewegungen vorher zur Resorption gebracht worden ist.

Wiederholt habe ich bei Patientinnen, welche über Schmerzen aussen an der Hüfte klagten, nichts Pathologisches daselbst gefunden; wenn ich aber einen sehr gelinden Druck auf den Eierstock der betreffenden Seite ausübte, rief die Patientin aus: „Ja, da ist es." Bei einem jungen Mädchen hatte ein Professor der Chirurgie (in Norwegen) die Diagnose auf eine Hüftgelenksentzündung linkerseits gestellt und einen Extensionsverband des Nachts verordnet, der bereits ein halbes Jahr angewandt war, ohne dass eine wesentliche Besserung eingetreten wäre. Das Mädchen hatte grosse Schwierigkeit zu gehen und stets spontane Schmerzen, welche es an der äussern Seite der Hüfte fühlte, und die Nachts den Schlaf störten. Bei der Untersuchung konnte ich das Hüftgelenk ohne Beschwerden für die Patientin bewegen und konnte keinen Grund auffinden, eine Erkrankung dieses Gelenkes anzunehmen. Dagegen fand ich im linken Eierstocke eine kleine, aber äusserst schmerzhafte Auftreibung, die nicht grösser war, als eine grosse Erbse, und bei Berührung die wohlbekannten Schmerzen hervorbrachte. — Ich massirte dieselbe während eines Monats, wodurch das Mädchen wieder gesund ward und es auch blieb.

XII. Entzündungen u. Ergüsse verschiedener Art.

Oft hört man Patientinnen, welche eine Entzündung im Bauche überstanden haben, über das eine oder andere Uebel im Bauche oder in den Bauchdecken klagen. Wird dann eine genaue Untersuchung gemacht, so findet man die Bauchdecken steifer, weniger elastisch und nachgiebig als normal, und dabei druckempfindlich. Der regelmässige Stuhlgang wird in Folge der Schmerzen verhindert, welche bei jeder Anspannung der Bauchpresse sowohl in den Bauchdecken wie innerhalb des Bauches oder des Beckens entstehen. Manchmal stellen sich nach jeder Mahlzeit angeblich so grosse Schmerzen ein, dass die Patientinnen das Essen möglichst vermeiden, wodurch natürlich mangelhafte Ernährung und Schwäche entsteht. Der Schlaf ist auch in Folge von Schmerzen bei Seitenlage und Ermüdung von der dauernd eingehaltenen Rückenlage mehr oder weniger gestört.

Jedesmal wenn die Patientinnen von der Rückenlage sich aufrichten oder zurücklegen wollen, empfinden sie bei der Zusammenziehung oder Ausdehnung der Bauchdecken mehr oder weniger heftige Schmerzen. In vielen Fällen bleiben auch grössere Exsudate im Bauche oder im Becken zurück.

In diesen Fällen ist ausser den ableitenden Bewegungen die Massage dieser Exsudate die Hauptsache. In jenen sucht man aber einerseits von den Bauchdecken nach allen übrigen Körpertheilen abzuleiten, andrerseits die Gefäss- und Muskelthätigkeit des Verdauungskanals durch entsprechende passive Bewegungen zu erhöhen. Die nicht infiltrirten Theile der Bauchdecken werden durch Walkungen behandelt, welche anfangs sehr leicht, allmählich aber kräftiger ausgeführt werden, jedoch immer behutsam, damit keine Reizung der kranken Theile entstehe.

Bei grossen harten Exsudaten unter den Bauchdecken wird man sich oft freuen können, wie schnell grössere oder kleinere Partien derselben sich erweichen und schwinden, so dass man das Exsudat sehr deutlich kleiner und circumscripter werden fühlt. Wenn man dann mit dem Stützfinger die innere Fläche des Exsudats genau verfolgt, wird man eine Zeitlang wahrnehmen können, dass die Verkleinerung des Exsudats sich nur auf den oberflächlichen Theil desselben bezieht, während der innere Theil und dessen Umgrenzung unverändert sind. Erst später erreicht die Resorptionsthätigkeit auch die tieferen Lagen des Exsudats.

Da Becken-Exsudate, wenn sich Eiter gebildet hat, durch die Gefahr eines Ergusses in die Bauchhöhle lebensgefährlich werden können, so ist es von grösster Bedeutung, schon im voraus sich über die Beschaffenheit der Anschwellungen zu vergewissern, bevor eine Behandlung begonnen wird. Sonst ist die Behandlung der Exsudate fast stets eine sehr dankbare Aufgabe. Sie werden gewöhnlich bis auf die letzte Spur zum Schwinden gebracht.

Die Behandlung ist theils ganz und gar ableitend, d. h. aus activen Muskelbewegungen für den Rücken, die Brust und die Extremitäten bestehend, welche in der Art ausgeführt werden müssen, dass die Muskeln des Bauches völlig passiv bleiben, theils wird täglich ein- oder zweimal, höchstens dreimal das Exsudat und die Umgebung desselben massirt. Wenn die Exsudate zu tief an der Beckenwand sitzen, um mit der freien Hand erreicht zu werden, ebenso wie bei sehr grossen, muss man mit dem Zeigefinger durch das Rectum massiren. In geeigneten Fällen wird auch sonst die Resorption durch Streichungen per Rectum („Malen") sehr befördert.

Regelmässig wird jedesmal, sowohl anfangs als am Ende eine leichte
Massage der Lymphgefässe an beiden Seiten des Promontoriums
und auf der Vorderseite des Kreuzbeins gemacht.

Chronische Exsudate.

Weiche Exsudate verändern nicht selten ihren Platz, so
dass man z. B. an einem Tage ein Exsudat oben in den Bauchdecken längs dem vorderen Rande des Hüftbeins, am andern Tage
aber innerhalb und gleich oberhalb des Schambeins bis in die
Leistengegend sich erstreckend fühlt. Mitunter kann man durch
die Massage ein ziemlich grosses Exsudat von unten im Becken bis
hinauf in den Bauch und vom Bauche bis in das Becken wieder
zurück treiben.

Die weichen Exsudate werden anfangs sehr leicht massirt. Wo
das Exsudat fester geworden und vielleicht eine Eiterbildung im
Innern zu befürchten ist, muss sowohl bei der Untersuchung, wie bei
den ersten Massagesitzungen, eine wenn möglich noch grössere Vorsicht
und Behutsamkeit beobachtet werden, damit kein Bersten entstehe.
Wenn Schüttelfrost, oder fieberhafter Puls oder erhöhte Temperatur vorhanden war, habe ich meistens vorläufig auf die Massage verzichtet. Alle Fälle, bei denen ich Veranlassung hatte
eine Eiterbildung zu vermuthen, habe ich immer Aerzten überwiesen.

Wenn feste Exsudate chronisch geworden, mehrere Monate
oder sogar Jahre alt sind, ist eine langwierige Behandlung erforderlich, die auf viele Monate zu berechnen ist. Die Exsudate wechseln
von der Grösse einer Schlehe bis zu solcher Ausdehnung, dass das
ganze Becken sich wie eine zusammenhängende Masse anfühlt, so dass
es wunderbar erscheint, wie die Blase und der Mastdarm functioniren
können, was allerdings, besonders anfangs, keineswegs ohne erhebliche
Schwierigkeiten geschieht. Auch hoch oben im Bauche findet man
solche Exsudate, oft von grösserer Ausdehnung, welche den Patientinnen schweres Leiden verursachen. Die Consistenz dieser Exsudate ist gewöhnlich sehr fest, etwa wie die einer Rübe. In vielen
Fällen findet man bei der Untersuchung durch die Scheide, die rectovaginale Scheidewand wie ein Gewölbe ausgespannt, sich nach vorn
gegen die Bauchwand erstrecken. Bei der Untersuchung durch den
Mastdarm zeigt sich derselbe verengt und in der Gestalt einer offenen
runden Röhre, mit harter gewölbter Umgebung. Hoch oben am
Kreuzbein trifft man eine nach links sich biegende Oeffnung. Das
ganze Bild entsteht dadurch, dass das Rectum von allen Seiten von

harten Exsudatmassen eingeschlossen ist. Die Oeffnung links oben macht die Möglichkeit des Durchtritts der Faeces erklärlich. In allen Fällen, die ich zu beobachten Gelegenheit gehabt habe, hat es sich später herausgestellt, dass die Gebärmutter gegen das Schambein festgezogen war, wodurch die Scheiden- und Mastdarmwand so fest und gewölbartig ausgespannt worden war.

Die Massage der festen Exsudate muss in schwierigen Fällen sehr kräftig ausgeführt werden. Die Gefahr ist dabei natürlich die, dass die nunmehr chronisch gewordene Entzündung wieder acut werde. Daher beobachte ich die Regel strenge, im Anfange mit der grössten Vorsicht vorzugehen und nur leicht mit den Fingerspitzen zu massiren. Allmählich aber kann und muss man die Kraft vermehren. Nachdem ich mich vergewissert hatte, dass einerseits keine Eiterbildung mehr zu befürchten war, andrerseits aber die gewöhnliche Massage mit den Fingerspitzen erfolglos blieb, fing ich an mit der Handwurzel Zitterdrückungen und Knetungen zu machen, die allmählich immer kräftiger wurden, bis ich in aufrechter Stellung und mit gestrecktem Arme dieselben mit dem grösstmöglichen Drucke ausführte. Kaum brauche ich wohl zu erwähnen, dass ich auch bei dieser kräftigen Massage jede Sitzung mit leichten Zirkelreibungen anfange, so dass allmählich die Partie gegen das immer kräftigere Vorgehen gleichsam abgehärtet wird, sowie dass nachher eine leichte Massage den Schluss bildet.

Man sollte denken, dass, zumal bei so umfangreichen Anschwellungen, die innere Stütze überflüssig sei, aber die Erfahrung hat wenigstens mir das Gegentheil gezeigt. Deshalb halte ich stets während der Massage den Stützfinger im Mastdarm oder der Vagina, um die Wirkung des Druckes zu beobachten und ihn darnach moderiren zu können. Nur so habe ich es gewagt, allmählich die Kraft so zu steigern, wie ich es unerlässlich fand, um merklich auf die harten und unempfindlichen Theile einzuwirken.

Einige Beispiele der erwähnten grossen harten Exsudate mögen angeführt werden:

1. Eine Aufsehersfrau, die 5 Monate in einem Krankenhause lag, wurde der Sache überdrüssig. Nachdem sie 14 Tage zu Hause gelegen, liess sie mich kommen. Sie lag nach dem Rath des Arztes im Bett. Ich liess sie aufstehen, um sich im Hause mit leichteren Arbeiten zu beschäftigen, und behandelte sie in ihrem Heim Morgens und Abends 2 Wochen, worauf sie täglich ein Mal zu mir ging; sie wohnte 3 Treppen hoch und hatte einen ziemlich langen Weg zurückzulegen. Nach 45 tägiger Behandlung war die Patientin gesund.

2. Ein Mädchen war in einem Krankenhause 10 und in einem andern 7 Monate behandelt worden, und erfuhr von der Frau, deren Fall soeben beschrieben worden ist, von ihrer Besserung. Nun verliess sie das Krankenhaus, kam täglich ein Mal, ein Stück Weges zu Fuss und dann mit der Pferdebahn, zu mir. Die Patientin wurde nach 5monatlicher Behandlung gesund.

Nach der Behandlung von Exsudaten mit Massage treten nicht selten Recidive ein, besonders wenn die Behandlung zu frühzeitig aufhört. In einem Falle, wo rechterseits im Becken weiches Exsudat schon seit 2 Monaten wegmassirt war, während die Behandlung eines linksseitigen Exsudats noch fortgesetzt wurde, fing die Patientin eines Tages an, obgleich täglich rechterseits noch ein wenig massirt wurde, um ein Recidiv zu verhüten, wieder über rechtsseitige Schmerzen zu klagen. Anfangs konnte bei der genauesten Untersuchung nichts Objectives wahrgenommen werden; erst zwei oder drei Tage später konnte ich ein neues Exsudat an der alten Stelle entdecken. Die Patientin wurde somit durch den vorläufigen Schmerz schon lange vorher gewarnt, ehe ich trotz meines sehr geübten Gefühls das Geringste auffinden konnte. Auch andere ähnliche Fälle sind vorgekommen. Es scheint als ob die Recidive in der Regel durch Unvorsichtigkeit der Patientinnen, etwa Erkältung der Füsse oder Schenkel, oder zu anstrengendes Gehen verursacht werden.

Oft ist eine recidivirende Anschwellung mehr diffus verbreitet, bekommt aber während der Behandlung eine begrenztere Form, wird resorbirt und verschwindet, ebenso wie das frühere Exsudat. Jede solche Angabe einer Patientin, wie die eben erwähnte, muss man daher sofort verfolgen, denn wenn dieselbe einen objectiven Grund hat, wird man das frische Exsudat öfters sehr schnell, wenn auch manchmal mit etwas mehr Schmerz als gewöhnlich, wegmassiren können. Immerhin ist es sehr wichtig, die Massage hinreichend lange Zeit fortzusetzen.

Wiederholt habe ich beobachtet, dass die vorhandenen Exsudate während und am meisten am Ende der Regel die Neigung haben zu wachsen, und die schon wegmassirten die Neigung zu recidiviren. Es ist daher gerade während dieser Zeit nothwendig die Behandlung schon deswegen fortzusetzen, damit die sich jeden Tag anstauenden Flüssigkeiten sofort wieder wegmassirt werden. Andererseits scheinen Blutungen, und zwar besonders etwas stärkere und anhaltendere, die Resorption der Exsudate zu befördern. Die Massage verkleinert während der Menses die Exsudate stets am wirksamsten. Bei dem Aufhören der Regel findet man jedoch nicht selten eine vorübergehende Vergrösserung des Exsudates, was wohl darin begründet ist, dass der Blutdruck im Becken erhöht wird, indem einerseits die Blutung aufhört, andererseits die Blutcongestion nach dem Becken noch nicht ausgeglichen ist.

So lange sich, nachdem das Exsudat wegmassirt war, bei der nächsten Sitzung die geringste frische Anschwellung wiederfindet, muss selbstverständlich die Behandlung fortgesetzt werden. Erst ein paar Wochen später, oder wenn bei der nächsten Menses keine frische Anschwellung mehr entsteht, kann die Behandlung beendet werden.

Bei alten harten Exsudaten, besonders wenn dieselben kräftig und mehrmals täglich massirt werden, entstehen häufig mehr oder weniger ausgeprägte Fiebererscheinungen. Nicht sehr selten übersteigt die Abendtemperatur 39°; einzelne Male kann dieselbe sogar 40° erreichen. Da mir von ärztlicher Seite immer und immer wieder Warnungen vor der Massage der Exsudate gegeben worden sind, bin ich mit der grössten Vorsicht bei der Behandlung stets zuwege gegangen, und habe niemals ein Unglück dabei gehabt. Deshalb fahre ich, obwohl mit Vorsicht in der Ausführung, mit der Behandlung auch unter schwierigen Umständen fort. Wenn bedeutendere Fiebererscheinungen auftreten, wird jedoch nicht nur die Massage leichter und kürzer ausgeführt, sondern auch statt zwei- oder dreimal täglich auf einmal (in gelinden Fällen auf zweimal) täglich beschränkt. Ausserdem werden dann schnelle Bestreichungen mit kaltem Wasser an allen Extremitäten und, wenn die Schmerzen es nicht verhindern, auch auf dem Rücken gegeben, worauf jede befeuchtete Körperstelle ebenso schnell, ohne Reibung, getrocknet und dann eingehüllt wird. Diese Wasserbehandlung wird mehrmals, sowohl Nachts wie Tags, je nach der Stärke des Fiebers wiederholt. Gut ist es, wenn man die Patientin in Schweiss versetzen kann. Diese Wasserbestreichungen dürfen nicht zu bald gänzlich aufhören.

In dieser Weise ist bei einer Patientin, welche 130 Pulsschläge und 40° C. hatte, das Fieber schon nach einigen Tagen vorübergegangen, so dass die Patientin wieder ausgehen konnte. Mitunter, besonders ehe ich's verstand wie stark und wie oft die Massage zu geben oder zu beschränken sei, ist z. B. nach einem oder zwei Tagen das Fieber wieder gekommen und nochmals durch obige Behandlung überwunden, was sich 2—3 mal wiederholen kann, bevor das Exsudat überwunden ist. Auch eine Eisblase ist in schweren Fällen sehr vortheilhaft gewesen; zu der Zeit (August 1882), als ich die erwähnte Person behandelte, hatte ich die Eisblase noch nicht erprobt.

Schliesslich werde ich noch einige Beispiele von Exsudatbehandlung mittheilen:

1. Im Jahre 1880 massirte ich mit Erfolg ein weiches Beckenexsudat bei einer Frau; im folgenden Jahre gelang es mir bei derselben Patientin ein hartes Exsudat durch einmonatliche Behandlung zu heilen. Im Jahre 1884 hatte sie wieder ein weiches Exsudat, das ich zu massiren anfing. Da hierbei das gewöhnliche Resorptionsfieber sich zeigte, wurde die Behandlung wiederholt vom Arzt der Patientin verboten, weshalb ich auf dieselbe verzichtete. Ein Jahr später war die Patientin noch in Folge dieses Leidens bettlägrig. Die Patientin war zart gebaut und sehr lebhaft, pflegte einen regen Verkehr mit ihren Bekannten zu haben, und konnte nicht davon abgehalten werden viel umherzugehen, Treppen zu steigen etc.

2. Frau A. W. war 1887 35 Jahre alt, seit 10 Jahren verheirathet, hatte 4 Kinder, das jüngste 18 Monate alt. Sie hatte 1864 eine Darmocclusion gehabt, wobei der Stuhlgang 22 Tage angehalten gewesen sein soll. Eine leichte Bauchentzündung während einiger Wochen 1866. Erste Entbindung 1868, wobei die Nachgeburt nicht spontan folgte. Nach der dritten Entbindung Gebärmutterentzündung (?). Noch eine Bauchentzündung vom October 1875 bis Juli 1876. Im Herbst desselben Jahres wegen Ulcerationen ärztlich behandelt. Im März 1877 wieder Bauchentzündung.

Am 18. April 1877 fing meine Behandlung an. Die Patientin war damals bettlägrig, hatte unter den Bauchdecken noch schmerzhafte Exsudatreste, von der vorhergehenden Entzündung; abwechselnd Diarrhoe und Obstipation. Menses war regelmässig aber gering, 3—4 tägig. Die Gebärmutter gross, stark retrovertirt, aber beweglich. Ein grosses Exsudat im linken breiten Bande. Beine schwach, Füsse kalt und feucht. Es wurde ihr gesagt, am folgenden Tage aufzustehen. Sie wurde einen Monat einmal täglich in folgender Weise behandelt:

1. Streckneigspaltsitzend, Armbeugung.
2. Krummhalbliegend, Massage der Gebärmutter, des Exsudates etc. (später Reposition der Gebärmutter).
3. Gespannthalbliegend, Wechselstreichung am Bauch und
   a. Quere Leibstreichung (bei Obstipation angewandt).
   b. Quere Baucherschütterung (bei Diarrhoe angewandt).
4. Krummhalbliegend, Kniezusammendrückung unter Kreuzhebung.

5. Halbliegend, Kniebeugung.
6. Halbliegend, Unterschenkelknetung, Fussbeugung, Streckung und Drehung.
7. Neiggegensitzend, Wechseldrehung.
Am 18. Mai war die Patientin gesund und blieb es.
3. Nach einer Erkältung erkrankte eine Frau, 23 Jahre alt, an einer Bauchentzündung den 5. Mai 1887. Am folgenden Morgen hinzugerufen, fand ich im Becken weder irgend eine Anschwellung, noch abnorme Pulsation oder Hitze, und rieth, den Arzt herbeirufen zu lassen. Einer unserer angesehensten Specialisten erklärte der Patientin sie müsse sich darauf vorbereiten, vielleicht noch eine lange Zeit mehr oder weniger zu kränkeln.
Am 1. Juni wurde ich wieder hinzugerufen; es fanden sich kleinere Exsudate in den breiten Bändern, besonders rechts, vor. Trotzdem der Arzt ihr die grosse Gefahr etwaiger Massage vorhielt, wurden die Exsudate in Angriff genommen und verkleinerten sich immer mehr. Am 19. Juni traten die Menses, etwa eine Woche verspätet, ein. Kurz nach der Beendigung derselben war die Patientin gesund.

Ueber acute Exsudate.

Die Erfahrung hat mich belehrt, dass, wenn man Exsudate, sofort nachdem sie entstanden, zweimal täglich massirt, während die Patientin in Ruhe bleibt, das Wachsthum derselben sehr schnell aufhört, mitunter sogar schon am zweiten Tage. Wenn es auch nicht so schnell gelingt, dass dieselben resorbirt werden, so nimmt der Schmerz während dessen doch ab. Da aber die Gefahr und die Schmerzen meist vorüber sind, sobald der acute Process aufhört, so ist es dann nicht mehr nothwendig, dass die Patientinnen die Ruhe so strenge beobachten, sondern sie dürfen dann zweimal täglich zu mir kommen, wenn nicht der Weg zu lang oder zu beschwerlich ist. Natürlich muss die Behandlung, je nach der Widerstandsfähigkeit der Patientin modificirt werden. Anfangs werden kalte Umschläge oder noch besser eine Eisblase angewandt. — Vergleiche übrigens sowohl was im Cap. VIII des speciellen Theiles über üble Ereignisse bei Ausdehnung von Fixationen, wie in diesem über recidivirende Exsudate gesagt ist.
Alle Aerzte scheinen darin übereinzustimmen, dass sie die Massirung aller acuten Entzündungen im Becken der angeblich grossen Gefahr halber untersagen, besonders wenn eine wirkliche Peritonitis vorhanden wäre. Ich habe jedoch viele Male Auftreibungen, die mit acuten Symptomen unmittelbar nach Ueberstreckungen bei

13 *

der Behandlung entstanden sind, sofort mit vorsichtiger Massage, öfters zweimal täglich, und zwar mit besonderem Erfolge behandelt. Wahrscheinlich handelte es sich in den meisten der Fälle um Blutergüsse. Ob in diesen Fällen das Bauchfell mit afficirt war, kann ich nicht entscheiden. Wenigstens in zwei Fällen, wo die Patientinnen plötzlich mit Fieber und heftigen Schmerzen spontan erkrankten, und grössere Exsudate sich im Bauche bildeten, habe ich sehr leicht, sogar 4—5 mal täglich, auf dem Bauche, und zwar mit solchem Erfolge massirt, dass die Patientin im Zimmer herumgehen und bald zu mir gehen konnte. Allerdings wurde im Anfange eine Eisblase angewandt. In solchen Fällen scheint mir die frühzeitige Massage ein Segen zu sein, da die Patientinnen bald ausserhalb des Bettes bleiben und mehr oder weniger thätig sein können, und in nicht besonders langer Zeit wieder hergestellt werden.

Scheinbare (zurückkehrende) Exsudate.

So alltäglich die gewöhnlichen Exsudate vorkommen, so vereinzelt habe ich dies folgende Uebel beobachtet.

In den 1870er Jahren fand ich bei einer Patientin zum ersten Male eine platte, abgerundete weiche, aber deutlich begrenzte Anschwellung in der regio hypogastrica, etwa in der Mitte zwischen Gebärmutter und Darmbein. Ausserdem fanden sich noch mehrere ähnliche, theils kleinere an dem vorderen Rande des Knochens entlang, theils grössere an der seitlichen Beckenwand, zwischen der Wirbelsäure und der seitlichen Befestigung des breiten Bandes. Bei der versuchten Massage verschwanden einige derselben in wenigen Secunden. Ich suchte dann durch behutsameres Vorgehen das Verhältniss zu ermitteln, und gewann dabei die Ueberzeugung, dass es sich um Flüssigkeiten handelte, welche sich sehr leicht nach oben gegen den Bauch, entweder in das Hypogastricum oder in den retroperitonealen Raum des Bauches treiben liessen. Angeblich waren die Schmerzen nicht gering.

Von Tag zu Tag konnte ich danach die Auftreibungen an denselben Stellen wiederfinden. Entweder müssen dieselben infolge der Schwere wieder heruntergesunken sein, oder neue Flüssigkeiten durch die ursprünglichen Ursachen sich angesammelt haben. Jetzt versuchte ich durch Massage d. h. Knetungen und Kreisreibungen, sammt ableitenden activen Bewegungen, das Uebel zu heben, was auch allmählich gelang.

Mir ist eine Frau bekannt, die 7 Jahre lang an ähnlichen Leiden gelitten hat. Vergebens habe ich hinsichtlich derselben sowohl Aerzte persönlich, wie ärztliche Bücher zu Rathe gezogen, und möchte daher die Aufmerksamkeit Sachverständiger auf dies Uebel lenken. Ich glaube gefunden zu haben, dass man gegen dasselbe durch örtliche Behandlung allein oft nicht viel ausrichten kann; es scheint völlig ungefährlich zu sein, und durch gewöhnliche Massage, wo solche ausführbar ist, andernfalls aber durch Hebebewegungen, sowie Walkungen der Bauchdecken, immer aber im Vereine mit ableitenden Bewegungen, gewöhnlich leicht behoben werden zu können. In späterer Zeit habe ich mehrfach bei der Behandlung solcher Leiden, sowohl durch das Gehör wie durch das Gefühl, deutlich wahrgenommen, wie die Flüssigkeiten bei der Massage rauschend entwichen, das eine Mal vom Becken in den Bauch, das andere Mal von einer Stelle im Bauche zur andern.

Noch einige Beispiele.

Im August 1882 hatte ich eine Patientin, verheirathet, IV para, einige 30 Jahre alt, welche unter Anderm an einer grossen Anschwellung dieser Art litt. Dieselbe erstreckte sich hinten im Becken rechts bis zum hintern Theil der seitlichen Anheftung des breiten Bandes und links bis auf die linke Hälfte des Kreuzbeins, und kam mir wie ein gewöhnliches weiches Exsudat, vielleicht ein wenig weicher, vor. An einem der ersten Tage der Behandlung fand ich zu meiner grossen Beunruhigung während der Massage, dass sich dasselbe in wenigen Augenblicken völlig entleerte. Da die Patientin keinen Schmerz verspürte, beruhigte ich mich bald wieder. Dasselbe füllte sich wieder, so dass ich diese vollständige Entleerung und Wiederfüllung sofort 4—5 mal beobachten konnte. Später ermittelte ich, dass diese Entleerung in der Richtung nach oben und rückwärts stattfand, sowie dass ich regelmässig durch eine gewisse Bewegung diese augenblicklich an der ursprünglichen Stelle und in der ursprünglichen Grösse wieder hervorrufen konnte. Diese Bewegung war eine Gebärmutterhebung, leicht und behutsam von einer Gehülfin ungefähr in der Art gegeben, wie ich sie sonst bei Schwangern ausführe. Somit konnte ich je nach Belieben die Flüssigkeit vertreiben oder sich ansammeln lassen. Die Behandlung wurde täglich eine Zeitlang fortgesetzt, die Flüssigkeit resorbirt, und alle Unannehmlichkeiten dieses Uebels verschwanden.

Im folgenden Jahre hatte ich wieder eine solche Patientin (Fräulin M. S., 28 Jahre alt). Die Anschwellung war zwar schon bei ihrer Ankunft ziemlich unbedeutend, jedoch sehr empfindlich und wie eine dicke Auftreibung in der rechten Beckenseite bis in den untersten rechten Theil des Bauches zu fühlen. Während der Massage verschwand dieselbe ziemlich schnell mit einem Knistergefühl unter den Fingern. Sie wurde nur eine Woche behandelt. Im Mai des folgenden Jahres war die Patientin (in Betreff dieses Leidens) noch gesund geblieben.

Harte Auftreibungen an den Beckenknochen.

Die erste Patientin, bei der ich ein solches Leiden am 19. October 1880 antraf, war unverheirathet, 50 Jahr alt aber noch menstruirt, und war schon seit 14 Tagen in Behandlung, als meine Aufmerksamkeit von der Patientin auf eine schmerzhafte Stelle gelenkt wurde. Ich fand dann auf der Innenseite des linken Sitzbeinstachels einen Knollen, welcher sich ein wenig auf das Lig. spinoso-sacrum erstreckte, von der Grösse einer Muscatnuss und so festsitzend und hart war, dass ich, als ich durch den Mastdarm an der innern Seite des Sitzbeins entlang, vom Sitzbeinknochen nach oben untersuchend, Streichungen ausführte, denselben vom Knochen weder trennen noch unterscheiden konnte. Die Patientin gab an, vor mehreren Jahren bei einem Fall auf einer steinernen Treppe einen schweren Stoss bekommen zu haben. Daher nahm ich anfangs an, dass die Knochenspitze bei dieser Gelegenheit gebrochen und eingedrückt, dann aber knöchern verwachsen sei, und dass die Schmerzen in Folge dessen entstanden seien.

Da aber die Patientin seit zwei Jahren ein schmerzhaftes Geschwür an der Zunge hatte, befürchtete ich die Möglichkeit eines Krebses und sandte sie daher zum Arzte. Dieser, sowie ein hinzugerufener Chirurg, riethen möglichst bald eine operative Entfernung des Beckentumors vorzunehmen. Ausserdem wurde ein Zahn ausgezogen, worauf das Zungengeschwür bald heilte.

Nach der Rückkehr der Patientin stand es mit dem Appetit, Schlaf und Gemüth schlecht. Ich rief einen Gynäkologen herbei, welcher mit mir einverstanden war, dass meine Behandlung vorläufig fortgesetzt werden solle, da die Patientin in jeder Hinsicht sich während meiner Behandlung besser befunden hatte, die Operation jedenfalls eine ernste wäre und ja später noch stets unternommen werden könnte. Dieser Rath wurde befolgt. Die Patientin wurde besser, dann der Untersuchung ihres Arztes gemäss am 4. Februar 1881 gesund befunden. Zuletzt wurde die Patientin in diesem Jahr (1890) untersucht, ohne dass ich eine Spur der Krankheit wieder auffinden konnte.

Am 16. November 1880 kam eine unverheirathete Frau, 25 Jahr

alt, welche kräftig gebaut aber etwas aufgedunsen war. Sie war an abnormen Blutungen und Bauchentzündung während mehr als 2 Monate seit März dieses Jahres krank gewesen, und soll dann eine sichtbare Auftreibung mit Schmerzen in der linken regio inguinalis gehabt haben. Ich fand ein kleines Exsudat linkerseits in der Uebergangsgegend zwischen Bauch und Becken dicht an der Beckenwand, ausserdem aber einen harten Knollen am Sitzbeinstachel, welcher sich weiter auf das Ligament erstreckte und grösser und ausgebreiteter, sowie feinhöckriger an der Oberfläche, als der vorige war. Dieser Knollen wurde am 30. Jan. vom Arzt untersucht. Bei seiner zweiten Untersuchung am 20. Febr. war derselbe erweicht und nicht unerheblich beweglich; bei der folgenden, am 10. April war der harte Knollen verschwunden, aber eine Anschwellung daselbst noch vorhanden; bei der letzten Untersuchung am 1. Mai war Alles verschwunden.

Diese Fälle wurden hauptsächlich mit Massage vermittelst des Zeigefingers vom Mastdarm aus behandelt. Dieselbe war sehr schmerzhaft, weshalb ich jedesmal zuerst leicht und behutsam eine Weile um den Knollen herum Streichungen machte, um die Schmerzhaftigkeit zu vermindern und die Patientin so zu sagen abzuhärten. Dann führte ich sehr kurze, aber an Stärke und Schnelligkeit zunehmende Reibungen 3—4 mal mit kurzen Pausen auf und am oberen Umfange des Knollen aus, worauf eine kurze Ruhe mit sanften Streichungen folgte. Diese Reibungen wurden dann einige Male wiederholt.

Bei der Besserung und Heilung solcher Leiden haben sich stets dieselben eigenthümlichen Erscheinungen gezeigt. Die harten Knollen fingen allmählich an zu erweichen, wobei sie zuerst an dem gegen den Knochen gekehrten Umfang weicher und loser wurden, gleichzeitig aber trat theils beim Stuhl, theils aber auch dazwischen eine Menge blutigen Schleimes auf, und die Rectalschleimhaut über dem Knollen zeigte tiefe Falten. Allmählich aber verwandelte sich der Knollen in einen ziemlich weichen, länglichen und beweglichen Wulst, welcher sowohl nach oben wie nach unten über der ursprünglichen Stelle verschoben werden konnte. Nach einer längern Zeit verschwand aber allmählich auch der Blutschleim, die Schleimhaut zog sich zusammen und nahm ihre normale Beschaffenheit wieder an, indem dann alle Beschwerden der Patientin beseitigt waren. Bei der letzterwähnten Patientin verminderte sich der blutige und eitrige Schleim, sowie die Schmerzhaftigkeit der Massage schon etwa am 5. Mai, bestand aber in geringem Grade bis gegen das Ende der Behandlung fort.

Späterhin habe ich ähnliche Auftreibungen, theils grössere, theils kleinere, an der Innenseite des Kreuzbeins, gewöhnlich linkerseits, bei mehreren Patientinnen mit demselben Erfolg massirt. Oft haben dieselben eine nicht unerhebliche Länge, Breite und Dicke. Sind dieselben klein, so sind sie leicht mit gegen das os sacrum fixirten Eierstöcken zu verwechseln, welchen sie täuschend ähnlich sehen. Man erinnere sich dann einerseits, dass ein ziemlich leichter Druck auf ein so kleines Ovarium in der Weiche und Lende schmerzhaft empfunden wird; andrerseits dass der Knollen weit härter und durchaus fest gegen den Knochen fixirt ist — beides Verhältnisse, welche nie bei einem Eierstock so ausgeprägt sind.

Auf Grund der Ausleerungen blutigen Schleims dürfte es anzurathen sein, die Massage nur einmal täglich auszuführen, was ich stets befolgt habe. Bei Massage aller solcher knochenharten Knollen in den hintern Theilen des Beckens müssen der gerade Arm, die Hand und der Zeigefinger in einer Linie gehalten werden, und die Bewegung des Fingers durch ein Hinundherwiegen des ganzen Rumpfes zu Stande kommen. Man sitze dabei unterhalb der Füsse der Patientin, derselben zugekehrt und den Arm zwischen den angezogenen stark gespreizten Beinen derselben. Die übrigen Finger werden geschlossen, aber nahezu gerade gehalten und gegen den Boden, den Handrücken nach aufwärts gerichtet.

Neuerdings habe ich wieder eine Patientin in Behandlung gehabt, die eine knochenharte längliche Anschwellung kaum von der Grösse einer Bohne an der Hinterseite des linken Schambeins bei der oberen inneren Ecke desselben hatte. Die Patientin, welche 47 Jahre alt und steril verheirathet war, wurde mir wegen Vaginalprolaps überwiesen. Der Knollen, welcher nur wenig schmerzhaft war, wurde per vaginam mit dem Zeigefinger massirt. Nach etwa einem Monat war derselbe ein wenig verkleinert und fing an gegen den Knochen etwas verschiebbar zu werden; darauf erweichte derselbe allmählich wie die obigen und war nach einem Monat gänzlich verschwunden.

Anhang.
Entzündung des Blinddarms.

Diese erst nach behobener acuter Entzündung in Frage kommende Behandlung, muss auch dann mit grösster Vorsicht ausgeführt werden, um keine Rückfälle herbeizuführen, und ist demnach eigentlich gegen die Rückstände der Krankheit gerichtet. Da ich gefunden, dass meine eigene Methode, männliche Patienten bimanuell durch das Rectum und die Bauchwände, weibliche aber durch die Vagina, das Rectum und die Bauchwände zu untersuchen, die sicherste, beste und wenigst schmerzhafte ist, so habe ich dieselbe angewandt, besonders da sie mir besondere Vorzüge, gegenüber anderen mir mitgetheilten Methoden, gezeigt hat. Was meine Art betrifft den hinteren Theil, die Seiten des Beckens, sowie die rechte Fossa illiaca bei Blinddarm-Entzündungen zu untersuchen, will ich erwähnen, dass die am schwersten zugänglichen Punkte auf diese Weise, ohne den geringsten Schmerz für die Patientin oder risico für den Arzt untersucht werden können.

Dies hängt davon ab, dass man die gewöhnliche Stellung der Patientin bei der Untersuchung verändern lässt, in der Weise, dass die Seite, die man untersuchen will, ohne Drehung des Körpers, eingebogen wird, wodurch Kopf, Schulter und Hüfte näher zu einander kommen.

Wenn der Arzt zwischen den Knieen untersucht, und mit seiner Brust das Knie derselben Seite aufwärts und nach aussen von der eingebogenen Seite drückt, oder, wenn es nothwendig ist, dies dadurch thut, dass der Arzt den Fuss auf die Schulter der untersuchenden Hand setzt, jedoch in der Weise, dass die Hand des Arztes nicht durch den Schenkel gehindert wird, so kann er bimanuel und besser als sonst untersuchen.

Will man es z. B. auf einem kranken Blinddarm, oder auf einer andern ungewöhnlich schmerzhaften Stelle thun, so verfährt man auf folgende Weise: nachdem man mit dem untersuchenden Finger tangierend die kranke Stelle aufgesucht und den Finger nachher ein wenig davon gezogen hat, so sucht man mit der freien Hand ebenso vorsichtig dieselbe Stelle unter kleinen langsamen Cirkelbewegungen auf; wenn man endlich abwechselnd mit der einen Hand, ohne Gegendruck von der andern tangierend, aber doch so genau wie möglich die Beschaffenheit und die Form des Uebels umzufühlen und aufzufassen sucht, so kann dies ohne Schmerzen für die Patientin gelingen; falls man feines Gefühl genug besitzt, um alles dies ordentlich ausführen zu können. Dass bei der Untersuchung die beiden Hände die Entdeckungen gegenseitig vervollständigen müssen ist natürlich.

Die Untersuchung wird auch erleichtert, wenn die Patientin das Becken etwas hebt.

Wenn die Patientin findet, dass dies ohne Schmerzen geschehen kann, so darf man das nächste Mal, auf ebenso vorsichtige Weise, die Untersuchung mit beiden Händen auf einmal ausführen, doch so, dass man nur eine Hand jedesmal gebraucht, während dem die andere Hand ohne Gegendruck, nur eine sehr elastische Stütze auf der entgegengesetzten Seite des kranken Organs abgiebt.

Wenn man auf diese Weise die eine Hand tangierend und langsam bewegt und nicht aus alter Gewohnheit denkt, dass man ebenso gut fühlen kann, wenn man so zu sagen im Bauche leicht umherrührt, so wird man täglich besser diese Krankheit behandeln können.

Dass man auf diese Weise nach oben Drüsen, Ductus thoracicus und Venen mit der freien Hand etwas höher massiren kann, als mit dem untersuchenden Finger, ist natürlich.

Diese Weise zu untersuchen ist für Diejenigen zu empfehlen, welche kleine Hände haben, besonders wenn sie nur einen Finger und offene Hand anwenden.

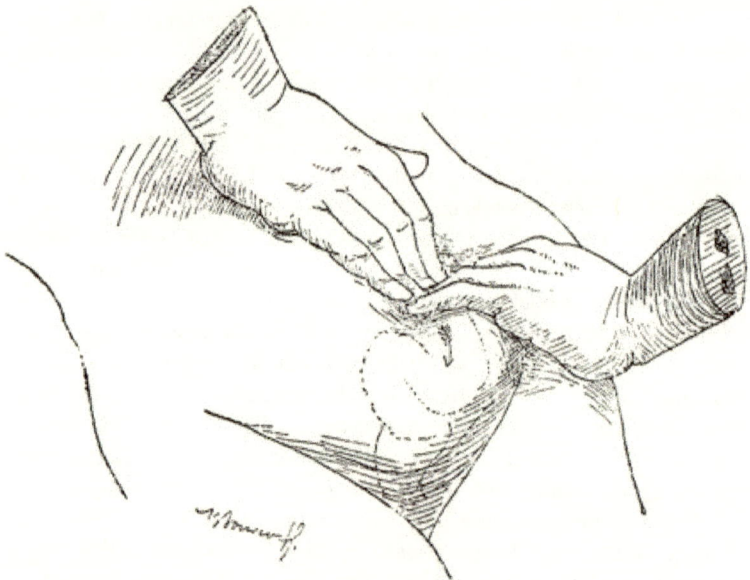

Fig. 53.

Die Hauptsache der Behandlung besteht darin, die Empfindlichkeit zu beseitigen, und in der kranken Darmschlinge die normale Thätigkeit wieder herzustellen, so dass der Patient vor Allem normalen Stuhlgang bekommt, und allmählig zur Erfüllung

seiner Pflichten und einem thätigeren Leben zurückkehren kann.
Zunächst habe ich mit Massage in der linken Leistenbeuge begonnen,
um nach abwärts gegen das S-Romanum und Rectum, aus diesem
Winkel des Darmes die stagnirten Excremente wegzudrücken.
(Fig. 53). Hernach ging ich allmählig höher hinauf bis an die Ueber-
gangsstelle und Colon transversum in das Colon ascendens, von
wo ich mit tangirender Massage-Behandlung mich allmählig der
kranken Darmschlinge näherte, ohne in den ersten Tagen direct auf
dieselbe einzuwirken. In dieser Weise kann man, wenn man ein
feines Gefühl hat, und geschärfte Aufmerksamkeit dem Patienten zu-
wendet, der schon von Anfang her aufgefordert wird, sofort den
geringsten Schmerz oder Unbehagen mitzutheilen, recht bald nicht
nur dem Darm in der Nähe folgen, sondern auch mit solcher tan-
girenden Massage direct auf den Blinddarm und das Colon einwirken.
Die tägliche Erfahrung, auf eignes feines Gefühl und die Angaben
der Patienten fussend, lehrt uns, allmählig, aber immer vorsichtig,
den Druck ohne schädliche Einwirkung auf den Patienten zu vermehren; jedoch habe ich erfahren, dass es nicht nur sicherer, sondern
auch vortheilhafter ist, diese Behandlung anfangs kurz und vorübergehend, mehr einer Untersuchung ähnlich, auszuführen, und später
täglich ein wenig bestimmter. Hierbei möge man aber nicht vergessen, dass auch die gesunden Theile des Bauches besonders vorsichtig behandelt werden müssen, da jede Verschiebung oder Ziehung
sogar auf der entgegengesetzten Seite des Bauches eine schädliche
Reizung der kranken Stelle hervorrufen kann. Nebenbei empfiehlt
sich die Anwendung heilgymnastischer Bewegungen.

Da die Erfahrung gelehrt, dass die Hinzufügung einer einzigen
heilgymnastischen Bewegung für die Muskeln des Rückens hinreichend gewesen, den vorher regelmässigen Stuhlgang aufzuheben,
so muss natürlich bei diesen Uebeln eine solche Bewegung ganz
vermieden werden, und durch ein unschuldiges Mittel z. B. ein ge-
lindes Klystier, täglicher Stuhlgang erzielt werden. Dass die
Patientin während der Zeit eine vernünftige Diät, wenn sie gesunden
will, beobachten muss, ist selbstverständlich. Bei diesem Uebel habe
ich Folgendes angewandt, von welchem Alles für andre Patienten
Unnöthiges demnach gestrichen wird:

1. Streckstützspaltstehend, Wechselseitenbeugung.
2. Halbliegend, Unterschenkelwalkung. Fussbeugung und
   Streckung.
3. Neiggegensitzend, Wechseldrehung.
4. Halbliegend, Beinausstreckung.

5. Neiggegenstehend, leichte Lendenkreuzklopfung.
6. Krummhalbliegende Massage des Bauches, S-Romanum Hebung und Dilatation sans force.
7. Kniezusammendrückung unter Kreuzhebung.
8. Hebestehend, Brustspannung. (Der Unterleib wird mit der freien Hand zurückgehalten.)

Aber während der Regel:

1. Streckneigspaltsitzend, Wechseldrehung und No. 2, 4, 5, 6, 7 und 8.

FÜRSTLICH PRIV. HOFBUCHDRUCKEREI (F. MITZLAFF), RUDOLSTADT

www.ingramcontent.com/pod-product-compliance
Lightning Source LLC
Chambersburg PA
CBHW021705210326
41599CB00013B/1521